KARIN SCHREINER
KULTURELLE VIELFALT RICHTIG MANAGEN

fischer **&** *gann*

KULTURELLE VIELFALT RICHTIG MANAGEN

KARIN SCHREINER

DIE NEUEN HERAUSFORDERUNGEN DER GLOBALISIERTEN ARBEITSWELT

fischer **&** *gann*

Bibliografische Information der Deutschen Nationalbibliothek:
Die Deutsche Nationalbibliothek verzeichnet diese Publikation
in der Deutschen Nationalbibliografie; detaillierte bibliografische Daten
sind im Internet über http://dnb.d-nb.de abrufbar.

© Verlag Fischer & Gann, Munderfing 2017
Umschlaggestaltung | Layout: Gesine Beran, Turin, Italy
Umschlagmotiv: shutterstock/light spring
Gesamtherstellung | Druck: Aumayer Druck + Verlag Ges.m.b.H. & Co KG, Munderfing
Printed in The European Union

ISBN 978-3-903072-48-0
ISBN E-Book 978-3-903072-54-1

www.fischerundgann.com

INHALT

01 | KULTURELLE VIELFALT IST EINE TATSACHE

KULTURELLE VIELFALT IM ARBEITSLEBEN

WER HEUTZUTAGE BERUFSTÄTIG IST, begegnet fast unweigerlich Menschen aus anderen Ländern und Kulturen – unser Arbeitsalltag ist also ständig Schauplatz interkultureller Begegnungen. Wie leben wir diese kulturelle Vielfalt? Wird sie überall gleich bewertet und gleich genutzt? Zu welchen Situationen kommt es in den täglichen interkulturellen Begegnungen in Beruf und Arbeit? Diese und andere Fragen werden uns in diesem Buch beschäftigen.

Immer mehr Mitarbeiter und Mitarbeiterinnen in Unternehmen stammen aus unterschiedlichen Ländern. Sie sind immigriert oder leben als Expatriates in Österreich, Deutschland oder in der Schweiz. Auch in Institutionen im Gesundheitsbereich und Bildungsbereich zeigt sich die kulturelle Vielfalt im Arbeitsalltag.

Welche Kulturen begegnen uns bei der Arbeit?

IN DER EUROPÄISCHEN UNION ERLEBEN WIR eine beständige Zuwanderung von Arbeitsmigranten aus EU-Ländern, aber auch aus anderen Staaten. In Deutschland ist zum Beispiel Polen das Hauptherkunftsland der Zuwanderer innerhalb der EU, gefolgt von Bürgern aus Rumänien und Bulgarien. Aus den Drittstaaten ist Syrien auf Grund der Flucht vor dem anhaltenden Krieg dort am stärksten vertreten, allerdings vor allem unter Geringverdienern.

In Österreich überwiegen Arbeitsmigranten aus der Türkei und dem ehemaligen Jugoslawien, die im Zuge des Abkommens mit der Türkei 1964 und der Flüchtlingsbewegung im Jugoslawien-Krieg 1989/90 aufgenommen wurden. Heute kommen Arbeitsmigranten vorwiegend aus anderen EU-Ländern, vor allem aus den Nachbarstaaten. Auch in Österreich machen Bürger aus Drittstaaten einen großen Anteil im niedrigqualifizierten Bereich aus, und generell sind Arbeitsmigranten in Österreich oft ungelernte Arbeitskräfte.

In der Schweiz leben heute so viele ausländische Erwerbstätige wie in keinem anderen europäischen Land. Sie stammen vor allem aus den Nachbarländern der Schweiz, zum Beispiel Italien, aber auch aus Portugal. Wegen der Flüchtlingsbewegung während des Jugoslawien-Kriegs stammt ein hoher Anteil auch aus Serbien, Montenegro, Bosnien-Herzegowina und Kroatien. Die Gruppe der Deutschen ist jedoch die größte unter den erwerbstätigen Ausländern.

Probleme am Arbeitsmarkt

BEI DEN ARBEITSMIGRANTEN IN ÖSTERREICH, Deutschland und der Schweiz handelt es sich um eine sehr heterogene Gruppe. Migrantinnen und Migranten aus Nord- und Westeuropa weisen eine hohe Erwerbsbeteiligung auf und sind eher im höherqualifizierten Bereich vertreten.

Die Arbeitsmigranten aus Südeuropa und Staatsangehörige aus dem ehemaligen Jugoslawien und der Türkei bilden in sich ebenfalls keine homogene Gruppe. Teilweise verfügen sie über eine sehr gute Ausbildung und sind gut am Arbeitsmarkt vertreten, andere sind weniger gut ausgebildet und verstärkt im Einzelhandel und im sogenannten Ethnic Business, also im ethnischen Unternehmertum – Unternehmen, die von Migranten bzw. Menschen mit Migrationshintergrund selbst geführt werden –, vertreten. Für viele Migranten und Migrantinnen aus Drittstaaten ist der Zugang zum Arbeitsmarkt erschwert. Gerade sie sind verstärkt kultureller Diskriminierung ausgesetzt. Darüber hinaus werden häufig Ausbildungsabschlüsse nicht anerkannt, und langwierige Anerkennungsverfahren erschweren die Lage der Betroffenen.

Die zunehmende sprachliche und religiöse Vielfalt wird heute oft als Problem gesehen. Das gilt vor allem für Bildungs- und Gesundheitseinrichtungen, weniger für Unternehmen, weil die gegebene Sprachenvielfalt durch die Arbeitsmigranten auch ein hohes wirtschaftliches Potenzial in sich trägt, und das wird in der Wirtschaft durchaus gesehen. Die Bildungs- und Gesundheitssysteme stehen vor großen Herausforderungen, mit der kulturellen Vielfalt umzugehen, und tiefgreifende strukturelle Veränderungen sind nötig, um diese Vielfalt richtig zu nutzen.

WIE GEHEN WIR IM ARBEITSALLTAG MIT VIELFALT UM?

HÄUFIG BERICHTEN BETROFFENE in sehr international besetzten Unternehmen, dass die nationale Herkunft der Arbeitnehmer im Arbeitsalltag eigentlich keine große Rolle spielt. Je kulturell gemischter eine Abteilung oder ein Team ist, desto eher ist kulturelle Vielfalt »normal«. Kulturelle Unterschiede treten dann schon deshalb in den Hintergrund, weil Menschen, die über einen längeren Zeitraum in einer internationalen Umgebung arbeiten, sich verändern. Sie entwickeln Verhaltensweisen, die »international« sind: Sie sind respektvoll, empathisch im Blick auf kulturelle Unterschiede, sprachlich einfühlsam, sprechen fließend Englisch und oft noch andere Sprachen; sie sind außerdem flexibel und umgänglich, anpassungsbereit und weltoffen.

Dies bestätigt auch die jüngste interkulturelle Forschung in diesem Zusammenhang: Man fand heraus, dass bei Personen, die in einem internationalen Umfeld arbeiten, die kulturelle Herkunft zwar prägend ist, es aber immer von der jeweiligen Person abhängt, wie stark diese in ihrer Herkunftskultur verankert ist. Je mehr internationale Erfahrungen eine Person hat, desto eher ist sie geneigt, sich kulturell unterschiedliche Verhaltensweisen anzueignen und sie anzuwenden.[1]

In diesem Umfeld entwickelt sich also eine neue Kultur, eine Art Synergie, das heißt, das Zusammenwirken von Personen unterschiedlicher kultureller Herkunft führt zu einer Leistungssteigerung. In diesem Prozess handeln die beteiligten Personen miteinander neue Umgangsformen aus.[2] Dabei wird ein sogenannter Ethnorelativismus gelebt. Das bedeutet, die eigene kulturelle Herkunft wird nicht als Mittelpunkt der Welt betrachtet, sondern als ein kultureller Bereich unter vielen anderen. Die eigenen Werte sind damit nicht mehr der Maßstab für alles. Dazu erzählte ein Human Ressource Manager einer großen österreichischen Bank, die in Osteuropa sehr aktiv ist:

> In der internationalen Abteilung haben wir Mitarbeiter aus über vierzig Nationen. Die Arbeitssprache ist Englisch. Der Umgang miteinander respektvoll und empathisch. Die internationalen Mitarbeiter passen sich an österreichische Gepflogenheit an, die Österreicher genießen den Umgang mit Kollegen aus der ganzen Welt. Es ist ein gutes Miteinander. Ich würde sagen, es entsteht fast eine eigene Kultur, die sehr international ist. Am Ende ist es egal, wer woher kommt.

Eine solche Situation hat Vorbildcharakter. Auch der Leiter einer großen Abteilung bei der ÖBB (den österreichischen Bundesbahnen) setzt sich seit Jahren für Vielfalt in seinem Arbeitsumfeld ein. Er erzählte im Gespräch:

> Die ÖBB war traditionell eine männerdominierte Welt. Frauen waren in den klassischen Eisenbahnerberufen fast nicht vertreten. Ich war damals noch in der Spedition und machte die ersten Schritte. Ich startete meine Abteilung mit drei Frauen und es lief ausgezeichnet. Ich bin drauf gekommen, dass ich mit Frauen sehr gern zusammenarbeite – sie sind direkter und unmittelbarer, man weiß, woran man ist. In der Zwischenzeit ist der Frauenanteil bei der ÖBB erheblich erhöht worden. In meinen fünf Abteilungen ist der Frauenanteil bei 62 Prozent und darauf bin ich stolz! Auf internationaler Ebene hat sich ebenfalls viel getan. Seit 2011 werden die Auslandsbeteiligun-

gen zentral gesteuert und ich habe die fachliche Führung der Auslandsmitarbeiter in meiner Unit. Daher bin ich an interkultureller Weiterbildung für alle sehr interessiert und setze das auch um.

Offenheit wird besonders gut möglich in einem internationalen Umfeld, in dem große kulturelle Durchmischung vorherrscht, denn diese macht es den Beteiligten leicht, Vielfalt als positive Ressource zu erleben und zu nutzen. Die Mobilität in Europa nimmt zu, wird aber auch kontrovers diskutiert (man nehme nur die »Brexit«-Diskussion im Juni 2016, aber auch die Forderungen bestimmter EU-Mitgliedsländer, die Arbeitsmobilität in einigen Branchen einzuschränken).

Wenn Personen aus unterschiedlichen kulturellen Kontexten so zusammenarbeiten, dass das Ergebnis sowohl anders als auch besser ist, als würde man die Arbeit dieser Personen einfach addieren oder mischen, dann entsteht interkulturelle Synergie. Dabei streben Menschen aus verschiedenen Kulturen zusammen nach einem gemeinsamen Ziel. Das beschreibt auch der Leiter einer Unit bei der ÖBB:

Der Arbeitsalltag ist bei uns so, dass die Unternehmenskultur ganz klar der Maßstab für alle Mitarbeiter und Mitarbeiterinnen ist. Aber die Unternehmenskultur hat sich in den letzten Jahren erheblich verändert. Durch die kulturelle Vermischung ist ein neues Ganzes entstanden. Man nimmt mehr aufeinander Rücksicht. Vieles ist selbstverständlich geworden und wird nicht mehr eigens thematisiert.

Wenn verschiedene nationale Gruppen aufeinandertreffen

ANDERS IST ES, WENN SICH EINE ABTEILUNG aus zwei oder drei größeren nationalen Gruppen zusammensetzt. Dann kann es sein, dass sich die Gruppen voneinander abgrenzen, weil eine ethnozentrische Haltung vorherrscht – also die eigene Kultur in den Mittelpunkt gestellt wird. Das geschieht oft, indem eine Gruppe untereinander die jeweilige Nationalsprache spricht und kulturspezifische Besonderheiten betont. Diese Gruppendynamik hat mitunter Konflikte zur Folge. Dazu meine eigenen Beobachtungen an einer Bildungsinstitution:

Ein Master-Studiengang für internationale Wirtschaft ist mit Studierenden aus mehreren Ländern besetzt. Die Gruppe der Deutschsprachigen ist die größte, gefolgt von Studierenden aus Russland, Weißrussland, der Ukraine und Kasachstan, deren gemeinsame Sprache Russisch ist. Die kleinste Gruppe besteht aus Studierenden unterschiedlicher Länder wie Frankreich, dem Libanon, der Türkei, Indien und Tunesien. Sie alle sprechen untereinander Englisch.

Bei Gruppenarbeiten fiel mir auf, dass sich immer wieder die gleichen Studierenden zu Gruppen zusammenfanden, oft auf Grund nationaler Herkunft. Eine Vermischung fand kaum statt, sofern sie nicht explizit gefordert wurde. Zuweilen gab es Konflikte beim Zeitmanagement und Unterschiede bei Präsentationsformen.

Kulturelle Vermischung beugt Ausgrenzung vor

DIE LEISTUNG ALLER GRUPPEN WAR GUT, hätte aber durch eine stärkere kulturelle Vermischung gesteigert werden können. Dies wurde deutlich, als für eine Präsentation die Studentin aus Indien zu einer Gruppe von Deutschsprachigen dazustieß und aus ihrem indischen Kontext einen Input geben konnte, auf den der Rest der Gruppe ohne sie nicht gekommen wäre. Kulturelle Vermischung kann also positiv wirken, wenn man sich auf sie einlässt. Gleichzeitig tendieren die Menschen aber dazu, lieber unter sich, in vertrauter Umgebung zu bleiben. Daraus entstehen Aus- und Abgrenzungen, und diese drücken sich sehr oft über Sprache aus.

Dazu erzählte ein Ingenieur aus Schottland, der für ein großes internationales Technologie-Unternehmen in Südösterreich arbeitet und an einem meiner interkulturellen Trainings teilgenommen hatte:

In meinem Team gibt es eine jeweils größere Gruppe Franzosen und Österreicher, ich bin in der Minderheit. Im gewöhnlichen Arbeitsalltag sprechen die Franzosen und Österreicher häufig ihre eigenen Sprachen untereinander und ich verstehe nichts. Ich fühle mich dann ausgeschlossen, obwohl alle offen sind und in den Meetings Englisch sprechen. Aber dass man gern mit den Kollegen in der Muttersprache spricht, lässt sich in so einer Gruppe nicht verhindern. Für mich ist es auch o.k. so, solange es keine wirklichen Probleme gibt.

Wenn Probleme auftauchen, dann sind Sprachbarrieren oder andere Hemmschwellen ein Hindernis für eine Zusammenarbeit, aus der sich Synergien entwickeln könnten.

Solche Hemmschwellen sind in der Gruppendynamik begründet. Die Beteiligten vergleichen sich mit anderen so, dass die eigene Gruppe (Innengruppe) positiv dasteht und sich bewusst von den anderen abhebt. Die einzelnen Mitglieder der anderen Gruppe werden nicht als eigenständige Individuen wahrgenommen, sondern als Träger der (abgelehnten) Merkmale dieser Gruppe: Sie kommen immer unpünktlich, sind nicht strukturiert, bereiten sich nicht gut vor, nehmen das Studium nicht ernst usw.

So entstehen Stereotype zwischen den unterschiedlichen Nationalitäten, das heißt, die individuellen Eigenschaften werden nicht erkannt und auch nicht in die Bewertung einbezogen, Menschen werden stigmatisiert und nicht als Person wahrgenommen. Kurz: es entstehen Vorurteile.[3]

KULTURELLES BEWUSSTSEIN
KANN MAN LERNEN

VORURTEILE SIND VERINNERLICHTE URTEILE, die von der eigenen kulturellen Umgebung oft bestätigt werden. Sie haben bestimmte Funktionen und halten sich deshalb hartnäckig in unseren Einstellungen. Vor einiger Zeit erzählte mir ein Kollege, der aus Vorarlberg stammt, aber in Wien lebt und arbeitet, dass er zwei verschiedene Visitenkarten habe – eine Version für Vorarlberg und eine für Wien. Er erzählte:

In Wien ist ja der Titel auf der Karte wichtig, um entsprechend eingeschätzt zu werden. Aber in Vorarlberg kommt das gar nicht gut an. Es wirkt dort angeberisch.

Dieses Beispiel konnte ich gleich in einem meiner interkulturellen Trainings anwenden, um darauf hinzuweisen, dass man mit Stereotypisierungen nicht weit kommt. Stereotype sind gutmütige Verallgemeinerungen von Gruppen und gelten als nicht so verfestigt wie Vorurteile.

Eine Teilnehmerin aus Finnland war sehr daran interessiert, mehr über den Gebrauch der akademischen Titel in Österreich zu erfahren. Ich erklärte, wann in Österreich der akademische Titel vor dem Familiennamen verwendet wird und wann nicht. Sie war erstaunt, dass es regional sehr unterschiedliche Gebrauchsweisen gibt. Dann sprachen wir über Stereotype, die Finnland betreffen. Sie bemerkte:

Für Finnland existiert ja das Stereotyp der schweigsamen und stoischen Finnen. Aber ich komme aus dem karelischen Teil Finnlands und entspreche gar nicht diesem Stereotyp.

Vorurteile und Stereotype – wie lassen sie sich vermeiden?

VORURTEILE KÖNNEN NUR ABGEBAUT WERDEN, indem man Wertungen zwischen der eigenen Gruppe und den anderen vermeidet. Dies gelingt, wenn man die Kategorisierungen für die Vergleiche erweitert. Dazu muss man Kategorien einsetzen, die nicht zur Bestätigung der eigenen Überlegenheit dienen, die aber im Vergleichsprozess von Bedeutung sind.[4] Das erfordert ein kulturelles Bewusstsein und Sensibilität für den Umgang mit Vorurteilen. Dazu erzählte eine Managerin in einer Versicherung in Wien:

Frau Habib ist neu in der IT-Abteilung unseres Versicherungsunternehmens. Sie wurde eingestellt, weil sie langjährige Erfahrungen in der Branche hat. Ihre Deutschkenntnisse sind gut, aber gerade die Fachsprache macht ihr zu schaffen. Ihre Kollegen müssen mit ihr Englisch sprechen, was bei einigen nicht gut ankommt. Sie beklagen sich bei mir:»Frau Habib ist ja o.k. und macht ihre Arbeit sehr gut, aber sie spricht nicht gut Deutsch. Das führt zu Verzögerungen, weil wir ihr alles erst auf Englisch erklären müssen. Englisch ist aber auch nicht unsere Muttersprache. Wir tun uns da nicht so leicht.« Ich machte ihnen einen Vorschlag:»Lassen wir einmal die deutsche Sprache beiseite. Die wird sie mit der Zeit schon lernen. Fragen wir stattdessen: Was kann denn Frau Habib gut? Was kann sie, was ihr nicht könnt? Wie könnt ihr von eurer Kollegin profitieren?« Mein Team bemühte sich sehr, meinem Rat zu folgen – mit Erfolg!

Mit dieser Zugangsweise konnte das Muster aufgebrochen werden, das zuvor den Umgang mit der Kollegin Habib geprägt hatte – nämlich dass der Fokus auf ihrem Defizit lag, also ihren mangelnden Deutschkenntnissen. Nun wird das Augenmerk auf ihre Fähigkeiten gelegt, die eine Ressource sind. Damit kann sie als gleichwertiges Mitglied der Gruppe gesehen werden. Die Mühe, die sich die Gruppe mit ihr macht, indem sie mit ihr Englisch spricht und die Fachausdrücke auf Deutsch erklärt, wird ausgeglichen, indem sich Frau Habib durch ihre fachliche Erfahrung, ihre Sprachkenntnisse (hervorragendes Englisch, Französisch und Arabisch) und eine andere Sichtweise einbringen kann – eine Win-Win-Situation, aus der Synergien entwickelt werden können.[5]

Stereotypisierungen und Diskriminierung können vermindert werden, wenn man vermeidet, ständig die beiden Gruppen miteinander zu vergleichen. Wenn beide Gruppen eigenständige oder komplementäre Leistungen erbringen und diese unter einem gemeinsamen Ziel betrachtet und gewürdigt werden, dann können Synergien erreicht werden. Hier liegt der Nutzen aus kultureller Vielfalt darin, dass wir lernen, soziale und emotionale Gruppendynamiken zu steuern, und das kognitive Potenzial (also Wahrnehmung, Erforschen und Integrieren von unterschiedlichen Perspektiven) erweitern.[6] Interkulturelle Trainings und internationale Teambuilding-Maßnahmen sind dabei von großem Nutzen, denn durch sie erweitern Führungskräfte und Mitarbeiter ihr kulturelles Bewusstsein und entwickeln mehr interkulturelle Kompetenz.

Die »Nationalkultur« ist nicht zukunftsfähig

IM ZUGE DER FLÜCHTLINGSKRISE IN EUROPA im zweiten Halbjahr 2015 und im Jahr 2016 wurden Toleranzgrenzen in unserer Gesellschaft ausgereizt. Die Bilder der sogenannten »Flüchtlingsströme« erzeugten bei der Bevölkerung jener Länder, die die Grenzen öffneten, Angst – Angst vor Überfremdung, Angst vor Kriminalität, Angst vor Menschen, die ganz anders denken und leben, und Angst, dass die eigenen kulturellen Werte in den Hintergrund gedrängt werden.

Die Diskussionen um die Schließung von Grenzen im EU-Schengenraum und das Errichten von Grenzzäunen wurden im Herbst 2015 sehr emotional geführt, und heute sind nicht selten Statements zu hören wie: »Wir wollen keine Ausländer hier. Die sind ganz anders als wir. Und es sind zu viele.« Sich von den anderen, dem Fremden abzuschirmen, das Eigene schützen zu wollen und sich auf den eigenen kulturellen und politischen Mikrokosmos zu konzentrieren – diese Einstellung macht sich in Europa breit. Diese Haltung birgt aber viele Gefahren.

Die Herausforderung liegt darin, dass wir uns vom Konzept der »Nationalkultur«, in der alle Nationalstaatsangehörige aus einer homogenen Kultur stammen, verabschieden müssen, weil dieses Bild nicht mehr zu unserer heutigen Gesellschaft passt. Wir in Europa leben in Einwanderungsländern, und die kulturelle Vielfalt ist unsere Realität. Dazu sagt der Politologe und Migrationsforscher Rainer Bauböck:

> Wenn man in einer homogenen Gesellschaft aufgewachsen ist, dann erzeugt das die Vorstellung, dass die politische Gemeinschaft auch eine Kulturgemeinschaft ist. Davon müssen wir uns verabschieden. Das gilt sowohl im einzelnen Staat als auch für Europa insgesamt.[7]

Doch wie kann man Menschen davon überzeugen, dass die kulturelle Vielfalt in unserer Gesellschaft erstens nicht mehr rückgängig zu machen ist und zweitens einen Mehrwert bringt? Wissenschaftliche Erklärungen und sogar Fakten- und Datenmaterial zu den Vorteilen kultureller Diversität haben für viele Menschen keine Überzeugungskraft, weil sie die emotionale Ebene nicht berücksichtigen.

Vielfältige Ressourcen nützen allen

DIE FRAGE, WELCHE RESSOURCEN genutzt werden können, ist für Unternehmen wichtig. Mögliche Ressourcen sind Sprachkenntnisse und Wissen über andere Kulturen, aber auch ein neuartiges Netzwerkdenken und Loyalität, sobald gute Beziehungen aufgebaut sind, oder Enthusiasmus bei einem Neuanfang in einer neuen kulturellen Umgebung. All das sind Vorteile der kulturellen Vielfalt in einer Gesellschaft. Marwa aus Mumbai, die mit ihrem indischen Mann seit einigen Jahren in Wien lebt und arbeitet, erzählte:

Das Leben in Wien ist viel angenehmer als in New Delhi. New Delhi ist eine so große Stadt und die Lebensqualität ist sehr schlecht. Die Luftverschmutzung ist besonders groß und für Kinder gefährlich. Wir fühlen uns wohl in Wien und haben beide einen guten Job im IT-Bereich hier. Viele meiner Arbeitskollegen kommen aus sehr unterschiedlichen Ländern, und alle bringen ihre Sichtweisen ein. Das ist spannend in der Zusammenarbeit mit den österreichischen Kolleginnen. Ich habe schon viel gelernt hier und auch neue Blickwinkel kennengelernt, aber ich merke, dass mein Input auch gut angenommen wird.

Marwa fühlt sich in ihrer Arbeitsumgebung wohl, weil es dort eine große Offenheit gegenüber unterschiedlichen Sichtweisen gibt. Sie hat Glück, denn die Zusammenarbeit mit Kollegen aus ganz anderen Kulturen wie Indien kann auch eine Herausforderung sein. Eine Managerin in einem österreichischen Versicherungsunternehmen erzählte:

Zu uns in die IT-Abteilung werden immer wieder Fachleute aus Indien geschickt, die wir einarbeiten, da sie später in Bangalore für die Umsetzung des Programms selbst verantwortlich sein werden. Ich muss sagen, dass es am Anfang sehr ungewohnt war und wir viele Vorurteile hatten, aber ich für meinen Teil habe viel von meinen indischen Kollegen gelernt. Sie sehen vieles anders, erklären anders – viel detaillierter – und haben einen anderen Zugang zu den Dingen. Am Anfang gab es deshalb Spannungen. Wir haben dann auch über diese Unterschiede diskutiert, sogar ein interkulturelles Training gab es. So kam es zu einem besseren gegenseitigen Verständnis. Aber es hat gedauert.

Interkulturelle Zusammenarbeit bedarf kultureller Sensibilität und Offenheit. Erst dann kann man gegenseitiges Vertrauen aufbauen und voneinander profitieren, weil jeder Einzelne sich durch die Auseinandersetzung mit anderen Sichtweisen und Blickwinkeln persönlich weiterentwickelt.

Die Reflexion der eigenen Werte ist nötig

BESONDERS GUT KÖNNEN WIR die eigenen kulturellen Werte reflektieren, wenn wir uns mit anderen kulturellen Kontexten auseinandersetzen. Erst über Unbekanntes und Neues, für das es keine Entsprechung bei den eigenen Werten gibt, können wir den eigenen kulturellen Kontext reflektieren. Dazu ein Beispiel aus meiner eigenen Zeit im Ausland:

Mein erster außereuropäischer Aufenthalt war Indien. Ich ging für drei Jahre nach New Delhi. Das Straßenbild unterscheidet sich heute noch sehr von europäischen Städten. Nicht nur die Vielzahl an unterschiedlichen Fortbewegungsmittel, auch die zahlreichen bettelnden Frauen und Männer und auch Kinder, die oft in Kartonhäusern am Straßenrand leben, sind ein ungewohnter Anblick für Menschen aus Europa. Ich fuhr öfters mit meinen indischen Kollegen im Auto mit und beobachtete ihre Reaktionen, wenn wir an der Kreuzung anhielten und die Bettler mit bittenden Blicken und Gesten unser Auto umringten. Meine Kollegen würdigten sie keines Blickes. Es war, als wären diese Menschen für sie gar nicht da. Für meine indischen Kollegen waren sie Luft, da sie zu ihnen keinerlei Beziehung hatten. Ich jedoch empfand Mitleid für sie, sah aber keine Möglichkeit, mit einer kleinen Spende ihre Situation maßgeblich zu verändern. Solche Erlebnisse riefen Ratlosigkeit in mir hervor. Mir wurde mit einem Schlag bewusst, dass ich in einer abendländisch-christlichen Tradition stand, in der Nächstenliebe ein hoher Wert ist.

Diese Erkenntnis war für mich damals sehr wichtig, da ich mir zum ersten Mal meiner kulturellen Herkunft als abendländische Europäerin bewusst wurde. Mir wurde klar, welche Werte für mich wichtig sind, die in meiner neuen Umgebung so nicht gelebt wurden. Später lernte ich dann, dass meine indischen Kollegen sehr wohl ein soziales Empfinden für arme Menschen haben, allerdings in anderer Weise, und sie zeigen ihre Solidarität in einem anderen Kontext.

Ein Unit-Leiter bei der ÖBB erzählte, wie er sein kulturelles Bewusstsein entwickelt hat:

In meiner Weiterbildung an der Donau-Universität faszinierte mich das Thema Interkulturelles Management. Ich schrieb dann auch meine Masterarbeit zum Thema Interkulturelle Kompetenzen im Unternehmen. Gleichzeitig wollte ich mich vertiefen und suchte nach Anbietern. So kam ich auf Sie! Was mir wirklich in unserer Zusammenarbeit geholfen hat, war die spezifische Vorbereitung auf einzelne Länder. Ich konnte die Situationen vor Ort besser einschätzen und bewusster darauf reagieren. Ich wusste, wann ich falsch reagierte und wann es gut war. Das hilft ungemein, wenn man in einer neuen Situation ist.

Kulturelles Bewusstsein ist nötig, damit wir erkennen, dass in anderen kulturellen Kontexten ganz andere Werte hochgehalten werden – dass also die Werte, die in unserer eigenen Kultur gelten, nicht der Maßstab für alle anderen Kulturen sind. Dieses kulturelle Bewusstsein legt den Grundstein dafür, die eigene ethnozentrische Haltung schrittweise aufzugeben. Was aber bedeutet ethno-zentrisch?

ETHNOZENTRISMUS –
DAS EIGENE WELTBILD ALS MASSSTAB

ALS ETHNOZENTRISCHE HALTUNG bezeichnet man die Konzentration der Aufmerksamkeit auf das eigene Weltbild. Drei Stadien zeichnen diese Haltung aus: die unbedarfte Leugnung kultureller Unterschiede, die verzweifelte Verteidigung des eigenen Weltbilds und die Minderung oder Verniedlichung kultureller Unterschiede.[8]

Ethnozentrismus besagt im Grunde, »dass nicht sein kann, was nicht sein darf« – um mit dem Dichter Christian Morgenstern zu sprechen. Weil es an kulturellem Bewusstsein und einem differenzierten Blick auf die Vielfalt kultureller Kontexte fehlt, werden kulturelle Unterschiede ausgeblendet. Das eigene Weltbild steht zu sehr im Vordergrund, so dass wir nicht wahrnehmen, welchen Nutzen oder Vorteil das andere hat.

Dazu möchte ich zwei Beispiele aus Gesprächen nennen, die ich mit unterschiedlichen Personen geführt habe. Ich fragte Ahmad, der vor über zwei Jahren aus Syrien nach Österreich geflüchtet war und sich hier als Raumplaner eine Existenz aufbauen konnte, wie er die kulturellen Unterschiede hier erlebt hat:

Ich finde, es gibt gar keine so großen Unterschiede. Eigentlich ist hier alles wie bei uns in Damaskus. Ich arbeite mit anderen Raumplanern zusammen, die denken ganz ähnlich wie ich. Nein, einen Kulturschock habe ich nicht erlebt.

Wer kulturelle Unterschiede ausblendet, vergibt Chancen
KULTURELLE UNTERSCHIEDE WERDEN OFT auch aus Selbstschutz nicht wahrgenommen. Der Syrer war mit seinem Anpassungsprozess in

Österreich zu sehr beschäftigt, um sich um die kulturellen Unterschiede zu kümmern. Die Unterschiede auszublenden und sich vielmehr auf die Ähnlichkeiten zu konzentrieren, war in seiner Situation eine wichtige Überlebensstrategie.

Und eine Kollegin erzählte von ihrer kanadischen Schwiegermutter, die bis heute nicht versteht, weshalb ihr Sohn, der seit zwanzig Jahren in Österreich verheiratet ist, Deutsch lernt. Sie berichtete:

> Sie regt sich auf und meint, wozu er denn Deutsch brauche, wenn er in der internationalen Schule arbeitet und ich sowieso Englisch spreche. Sie hat einfach keine Sensibilität dafür, dass etwas wertvoll sein kann, auch wenn es anders ist!

Wenn es um kulturelle Unterschiede geht, verkennen wir selbst heute noch oft, dass Mehrsprachigkeit eine Ressource ist und professionell genutzt werden kann. Durch die Konzentration auf Deutsch, also die Sprache unserer Mehrheitsgesellschaft, tritt die Bedeutung der anderen Sprachen, die Einwanderer beherrschen, in den Hintergrund.[9] Damit werden bei Migranten die Defizite und nicht ihre Ressourcen oder Fähigkeiten betont. Eine Schuldirektorin in Wien hat das erkannt:

> Wenn wir wollen, dass die Kinder motiviert sind, dann müssen wir ihr Selbstbewusstsein stützen. Die meisten sind zweisprachig, warum also nicht diese Zweisprachigkeit als Ressource nutzen, sie positiv bewerten, auch wenn die Unterrichtssprache natürlich Deutsch ist. Aber jede Sprache ist wertvoll und im Fall der Kinder eine Zusatzkenntnis, die anerkannt werden sollte.

Wenn die eigene Kultur zum Maßstab wird

DAS WIRD NICHT IMMER SO GESEHEN. Die Verteidigung der eigenen Kultur, des eigenen Weltbilds basiert darauf, dass wir den eigenen kulturellen Kontext als besser und höher entwickelt wahrnehmen. An ihm muss sich alles andere messen lassen. Die Folge ist, dass wir all das, das anders ist, negativ bewerten und ablehnen: andere Wertehaltungen und Einstellungen, andere Gepflogenheiten und Lebensweisen, eine andere äußere Erscheinung – alles andere wird abgewehrt, weil es das eigene Weltbild, das die Grundlage der eigenen Wirklichkeit ist, erschüttert.

Während ich damit beschäftigt bin, mein eigenes Weltbild zu verteidigen, nehme ich anderes nicht wirklich wahr. Dadurch wird das Blickfeld eingeschränkt, da sich meine Aufmerksamkeit immer nur auf das Eigene, das Vertraute und Gewohnte richtet. Das andere erweckt Misstrauen oder wird sogar als Bedrohung wahrgenommen – und deshalb abgelehnt. Auf der Basis »wir und die anderen« wird ein Vergleich angestellt. Hier zwei Beispiele aus dem Tourismusbereich:

Eine Fünf-Sterne-Hotelanlage an der ägyptischen Mittelmeerküste, beste Ausstattung. In den Bewertungsbögen, welche die deutschen Touristen am Ende ihres Aufenthalts ausfüllen sollen, wird am häufigsten angemerkt: »Wunderschöne Anlage, großzügiges und gutes Essen, freundliche Bedienung, Sauberkeit könnte verbessert werden – es sollte mal eine deutsche Reinigungsfachkraft hier das Sagen haben, dann würden die hier schon lernen, was Sauberkeit wirklich bedeutet.«

Eine Straßenszene in Jaipur in Nord-Indien: Man sieht Menschen am Straßenrand in ihren Pappkartonhäusern leben.

Kinder spielen auf dem Gehsteig, an dem Lastkraftwagen, Autos, Mopeds, Rikschas vorbeifahren. Niemand scheint sich um diese Kleinen zu kümmern. »Ein Menschenleben hat hier halt keinen Wert«, meint eine Mitreisende im Bus.

Der Maßstab für die Beurteilung ist hier das eigene Welt- und Wertebild: der Grad an Hygiene und Sauberkeit, das häusliche Umfeld, die Umgebung, in der Kinder aufwachsen und betreut werden. Der eigene Kontext ist also ausschlaggebend dafür, wie wir eine neue Umgebung beurteilen. Und das Ergebnis sind eine negative und oft abwertende Interpretation des anderen und eine eurozentrische Haltung, welche die sogenannte westliche Kultur hochhält und höher bewertet.[10]

Kulturelle Unterschiede oder Ähnlichkeiten?

WENN WIR SAGEN, DASS KULTURELLE UNTERSCHIEDE nicht so gravierend sind, bedeutet das eine Offenheit, die allerdings begrenzt ist. Kulturelle Vielfalt wird so lange geschätzt, wie sie für uns selbst angenehm ist: Ethno-Restaurants, Ethnostil in Bekleidung und Wohnraumgestaltung, Feng-Shui-Raumplanung, Konzentrations- und Meditationspraktiken aus verschiedenen kulturellen Kontexten, internationale Zusammenarbeit mit Kollegen, Schüler- und Studentenaustauschprogramme innerhalb und außerhalb Europas gehören dazu.

Die Auseinandersetzung mit anderen Kulturen wird dann als Bereicherung angesehen, wenn die eigenen Werte gewahrt werden. Denn zu der ethnozentrischen Haltung gehört auch, dass man die eigenen Werte als allgemeingültig betrachtet und Menschen aus anderen kulturellen Kontexten daran misst. Unterschiede werden an der Oberfläche festgestellt und auch wertgeschätzt, wobei man Ähnlichkeiten in den Vordergrund rückt. Wir gehen davon aus, dass wir als Menschen alle die gleichen humanen Werte vertreten.

Werte wie Freiheit, Selbstverwirklichung, Ehrlichkeit und Authentizität werden dann unhinterfragt als allgemeingültig betrachtet und sind die Grundlage für jede Interaktion. Ein paar Beispiele mögen das verdeutlichen:

Eine Universitätsprofessorin in Wien, die an Universitäten in verschiedenen Ländern forschte und dabei mit ihrer kleinen Tochter unterwegs war, meinte:»Familien gibt es auf der ganzen Welt, daher auch immer die gleichen Sorgen und Bedürfnisse.«

Ein Projektleiter erzählte:»Ich arbeite nun schon seit Jahrzehnten im internationalen Projektmanagement und mit internationalen Teams zusammen. Menschen mit ausgeprägter internationaler Erfahrung haben viel gemeinsam: Sie sind tolerant, respektvoll und offen. Auf dieser Basis treten die spezifischen kulturellen Gewohnheiten immer in den Hintergrund.«

Eine Dolmetscherin aus Deutschland, die drei Jahre in Mexiko gelebt hatte, erzählte:»Bis zum Tag meiner Abreise hatte ich mir eigentlich keine großen Gedanken darüber gemacht, wie es wohl sein würde, in Mexiko zu leben und zu arbeiten, und ob ich dort auch zurechtkommen würde. Ich sah dem Umzug in meine neue Heimat relativ sorglos und optimistisch entgegen, da ich das Land bis dato nur im Rahmen eines in jeder Hinsicht perfekten fünfwöchigen Urlaubs kennengelernt und mich sonst eigentlich nicht weiter vorbereitet hatte. Ich hielt das auch nicht wirklich für nötig. Ich vertrat die Auffassung, alle Menschen seien doch irgendwie gleich und aufgrund meiner Sprachkenntnisse würde ich ja auch nicht mit den sonst vielleicht üblichen Verständigungsschwierigkeiten zu kämpfen haben.«

Diese Haltung ermöglicht Zusammenarbeit in einem Kontext, in dem Ähnlichkeiten vorherrschen – auf professioneller Ebene, in der Ausbildung, in Bezug auf Geisteshaltung und politische Gesinnung. Und für eine internationale Teamarbeit ist diese Ebene sehr bedeutend. Aber auch diese Haltung wird dem Bereich des Ethnozentrismus zugeschrieben. Ausgangspunkt ist immer noch die eigene Kultur auf der Basis humaner Werte (internationale Menschenrechte), geringfügig erweitert durch eine pragmatische Wertschätzung kultureller Unterschiede.

PERSPEKTIVWECHSEL
ALS ZIEL

BEI INTERKULTURELLEN BEGEGNUNGEN ist es wichtig, Verhalten und Interaktionsweisen genau zu beobachten und im jeweiligen Kontext zu deuten. Fragen wie: In welcher Situation verhält das Gegenüber sich sehr höflich? In welcher nicht? Was kann ich daraus schließen? Kulturelle Kontexte beziehen sich auf konkrete Umgebungen, in denen bestimmte Regeln und Umgangsformen gelten. Die wiederum basieren auf Werten und Normen, die in der jeweiligen Kultur geteilt werden. Ein Beispiel soll dies verdeutlichen:

Ein Professor aus Schweden ist neu in einem Department einer österreichischen Universität. Jeden Morgen geht er schnurstracks in sein Büro, ohne seine Kollegen und Kolleginnen zu begrüßen. Da er seine Bürotür aber offen lässt, ist er sehr erstaunt darüber, dass seine Kollegen und Kolleginnen, wenn sie morgens an seinem Büro vorbeigehen, ihren Kopf zur Tür hereinstrecken und ihm ein freundliches »Guten Morgen!« zurufen. Er findet dieses Verhalten ziemlich übergriffig und fühlt sich in seiner Privatsphäre gestört. Als er einmal mit einer Kollegin in der Kaffeeküche gemeinsam Kaffee trinkt, kommen sie auf das morgendliche Ritual des Grüßens zu sprechen. Sie erwähnt, dass sie und ihre Kolleginnen es ziemlich unfreundlich finden, wenn er morgens, ohne zu grüßen und links oder rechts zu schauen, in sein Büro geht. Ein freundliches »Guten Morgen« sei hier üblich und gehöre zum guten Ton. Da gesteht der Professor, dass er das Verhalten der anderen als übergriffig empfindet, wenn diese in sein Büro »Guten Morgen« hineinrufen. Sie lachen beide befreit und können gut die Sicht des anderen nachvollziehen. Der schwedische Professor ändert daraufhin sein Verhalten.[11]

Alltagsrituale sind kulturell sehr unterschiedlich, und um sie zu verstehen, muss man etwas über die jeweiligen kulturspezifischen Hintergründe wissen. In Schweden ist es durchaus nicht üblich, jeden Einzelnen zu begrüßen – sei es im Aufzug, im Treppenhaus, im Büro oder in einem Geschäft. Das hat nichts mit Unfreundlichkeit zu tun, sondern vielmehr mit einer interpersonellen Distanz, die in dieser Kultur gewahrt wird. In Österreich ist das Ritual des Grüßens – sei es am Morgen, zu Mittag oder beim Weggehen – sehr bedeutend und Ausdruck einer Beziehungsorientierung. Fehlt dieses Verhalten, wird dies als Desinteresse und sogar Arroganz ausgelegt.

Genau hinschauen – der differenzierte Blick

WER WEISS, WARUM EIN ANDERER sich auf bestimmte Weise verhält, kann die Situation aus seinem Blickwinkel sehen und sein Verhalten anpassen. So betrachtet, lassen sich verschiedene kulturelle Eigenarten voneinander unterscheiden, aber auch Überschneidungen kann man sehen. In einem Führungskräfte-Coaching erzählte meine Gesprächspartnerin:

Ich erkenne viele Ähnlichkeiten zur finnischen Kultur hier in Wien, wie zum Beispiel das Zeitmanagement oder die Bedeutung der Privatsphäre. Aber ich sehe große Unterschiede in der Anwendung von Regeln – aus meiner Sicht ist man in dieser Hinsicht hier in Wien sehr flexibel. In Finnland ist eine Regel unumstößlich. Ich werde hier also in vielen Situationen ein Auge zudrücken müssen.

Indem wir ein Verhalten einer bestimmten Kultur zuordnen, können wir die dahinterliegenden soziokulturelle Strukturen wie Familie, soziale Rollen, Verpflichtungen, Hierarchien usw. erkennen, aber auch tiefer liegende Wertehaltungen identifizieren. Der differenzierte Blick führt dazu, dass wir Verhaltensweisen in einem kulturellen Kontext verstehen. Dazu wieder meine Gesprächspartnerin aus Finnland, die in Wien für ein globales Unternehmen arbeitet:

Ich sehe, dass es hier vor allem darauf ankommt, außerhalb des Unternehmens Kunden korrekt zu begegnen und sie zum Beispiel mit einem akademischen Titel anzusprechen. Hier im Unternehmen kommunizieren wir sehr informell. Es stehen nirgends Titel auf den Namensschildern. Aber ich verstehe jetzt, dass es hier in Wien wichtig ist, da man Menschen, die man noch nicht kennt, gern mit Respekt und Höflichkeit begegnet.

Die Bereitschaft, bei der Begegnung mit anderen Menschen genau zuzuhören und hinzuschauen, erweitert den Blickwinkel und führt zum Perspektivwechsel: Ich sehe die Situation mit den Augen der anderen Person. Das schafft Raum für mehrere unterschiedliche Sichtweisen, und die Unterscheidung in richtig und falsch wird aufgehoben. Man sieht mögliche Verhaltensweisen in verschiedenen Kontexten, und es gibt nicht »die« richtige oder »die« falsche Sichtweise.

Dass unser Blick sich öffnet und wir die Perspektive wechseln, ist die Grundlage, auf der sich interkulturelle Kompetenz entwickeln kann.

WOZU BRAUCHEN WIR INTERKULTURELLE KOMPETENZ?

DIE ENTWICKLUNG INTERKULTURELLER KOMPETENZ ist im Arbeitsalltag nützlich, weil dadurch die Ressourcen und nicht die Defizite in den Blick genommen werden. Dann gilt nicht mehr die Haltung: »Die sind ja nicht so wie wir. Sie können unsere Sprache nicht, sie wissen nicht, wie wir arbeiten und worauf es uns ankommt!«, sondern: »Sie können zwar nicht so gut Deutsch, sie arbeiten anders, aber sie verfügen über andere Ressourcen, die wir gut nutzen können.« Der Blick auf das, was anders ist und gut genutzt werden kann, führt dazu, dass ich mich öffne und die anderen als gleichwertig und damit aus nicht-ethnozentrischer Sicht betrachte.

Das ist eine Herangehensweise, die im Diversity-Management üblich ist: Vielfalt zu nutzen und ökonomisch zu verwerten.[12] Der »interkulturelle Blickwinkel« macht es möglich, die Ressourcen einer kulturell vielfältigen Gesellschaft zu nutzen. Deshalb nimmt die Entwicklung interkultureller Kompetenz heute in immer mehr Unternehmen eine zentrale Stellung in der Personalentwicklung ein. Führungskräfte und Manager, die mit einem interkulturellen Coach zusammenarbeiten, erweitern kontinuierlich ihr kulturelles Bewusstsein und ihre interkulturelle Kompetenz. Damit sind sie Vorbilder für ihre Mitarbeiter und geben bei der Wertschätzung von kultureller Vielfalt den Ton an.

Der Leiter einer Unit bei der ÖBB berichtete im Gespräch:

In meinem Arbeitsumfeld wird Interkulturalität groß geschrieben – das hat sich in der Zwischenzeit bis zum Vorstand durchgesprochen und ist jetzt Teil eines neuen Strategieprogramms für Führungskräfte. Ich selbst bin überzeugt davon, dass interkulturelle Trainings wichtig sind. Ich habe schon meine Kollegen und Mitarbeiterinnen auf das Thema neugierig gemacht. Ich möchte auch, dass ein interkulturelles Training für alle Abteilungsleiter und -leiterinnen angeboten wird.

Dieses Kultursensibilisierungstraining wurde dann auch unter den besten Bedingungen durchgeführt, da alle Teilnehmenden vom Nutzen überzeugt waren. Da die Gruppe kulturell sehr divers war, kam es zu lebhaften Diskussionen und Auseinandersetzungen während des Trainings. Der Lerneffekt war daher besonders groß.

Kulturelle Unterschiede sind kontextgebunden

KULTURELLES BEWUSSTSEIN BEDEUTET, sich klar zu machen, dass alle Menschen durch kulturell unterschiedliche Werte und Normen geprägt sind und ihre Umgebung durch eine sogenannte kulturelle Brille wahrnehmen. Kulturelle Werte entstehen in konkreten kulturellen Kontexten und können immer aus der Geschichte, Soziokultur, Religion, Wirtschaft und Politik heraus erklärt werden. Das heißt, kulturelle Unterschiede sind immer kontextgebunden. Verhaltensweisen haben daher in unterschiedlichen Kulturen unterschiedliche Bedeutungen. Und interkulturelle Kompetenz haben wir dann, wenn wir diese Unterschiede in ihrem jeweiligen Kontext sehen und entsprechend darauf reagieren, indem wir unser Verhalten anpassen.

Ich führte einmal ein interkulturelles Training mit einer Managerin durch, die aus Indonesien kommt und in Österreich in einem großen IT-Unternehmen arbeitet, und sie erzählte mir:

Ja, wissen Sie, in meiner Kultur sagen wir immer »Ja« und geben nicht zu, wenn wir etwas nicht verstanden haben. Am Anfang habe ich das hier im Unternehmen auch gemacht. Als ich neu war, wurde viel erklärt, und ich sagte immer ja – aber einmal war es unangenehm, weil ich einen wesentlichen Punkt nicht verstanden hatte. Ich habe daraus gelernt. Seitdem sage ich immer gleich, wenn etwas für mich unklar ist. Ich habe mein Verhalten geändert. Und ich komme damit bei meinen Kollegen gut an.

Das Beispiel zeigt, dass situative Anpassung an lokale Gepflogenheiten dazu führt, den Erwartungen in der jeweiligen Situation zu entsprechen. Oft sind es alltägliche Gepflogenheiten, die erkannt und angewandt werden und die dazu führen, dass man das Gefühl hat, die Situation gemeistert zu haben.

Werte und Weltsicht

ZU INTERKULTURELLER KOMPETENZ gehört auch kulturspezifisches Wissen, das aufgebaut werden kann. Fundiertes Kulturwissen ist heute eine wichtige Voraussetzung, um mit der kulturellen Vielfalt unserer Gesellschaft positiv umzugehen. Dabei geht es darum, sich mit den Wertehaltungen und soziokulturellen Hintergründen von Verhaltensweisen in unterschiedlichen kulturellen Kontexten aktiv auseinanderzusetzen. Ein Beispiel aus meiner eigenen Erfahrung mag das verdeutlichen:

Ich erinnere mich an das Gespräch mit einem amerikanischen Trainerkollegen. Wir kamen auf den Umgang mit Essen zu sprechen und ich erzählte, dass meine Generation von Eltern erzogen worden ist, die den Zweiten Weltkrieg miterlebt haben. In vielen Städten in Österreich und Deutschland herrschte nach dem Krieg akuter Lebensmittelmangel; für ein Stück Brot musste man sich oft lange anstellen. Meine Mutter tauschte ihr Fahrrad in einem Vorort von Wien gegen einen Sack Kartoffeln. Diese Situation wurde mir immer wieder geschildert und setzte sich tief in meinem Gedächtnis fest. In diesem Umfeld lernten wir, dass Essen nicht weggeworfen wird bzw. wir wurden dazu angehalten, mit Essen sorgsam umzugehen. Dieser Hintergrund war für meinen amerikanischen Kollegen eine plausible Erklärung für ein Verhalten, das er hier beobachtet hatte; denn er konnte sich bis dahin nicht erklären, weshalb ihn einmal ein österreichischer Freund fast angeschrien hatte, als er Brot wegwerfen wollte.

Der Blick auf die Werte, die hinter unterschiedlichen kulturellen Erscheinungsformen stehen, liefert uns zahlreiche Erklärungen und zeigt grundsätzlich unterschiedliche Weltsichten auf. Interkulturelle Kompetenz besteht somit auch darin, Kulturwissen aufzubauen und damit ganz andere Wertehaltungen in ihrem kulturellen und historischen Kontext zu sehen und nachzuvollziehen.

02 | HERAUSFORDERUNGEN IM INTERKULTURELLEN UNTERNEHMENSALLTAG

KOMMUNIKATION IM INTERKULTURELLEN ARBEITSALLTAG

IM BERUFSALLTAG MITEINANDER ZU KOMMUNIZIEREN, funktioniert nicht immer reibungslos. Ein falscher Ton oder eine unüberlegte Bemerkung kann leicht zu Unstimmigkeiten am Arbeitsplatz führen. Auf internationaler Ebene verdichten sich potenzielle Missverständnisse noch, weil verbale und nonverbale Signale unterschiedlich eingesetzt werden. In der Kommunikation gelten Codes, die in unterschiedlichen Kulturen angewendet werden, jedoch nicht überall die gleichen Werte beinhalten.

In geschäftlichen Zusammenhängen ist es beispielsweise entscheidend, wie eine Anweisung gegeben wird. Idealerweise wird sie an die Erwartungshaltung des Empfängers angepasst. Die Aussage:»Könnten Sie bitte die Unterlagen bis nächste Woche für das Meeting vorbereiten?«, wird in einem mitteleuropäischen Kontext als höflich ausgedrückte, aber klare Anweisung verstanden. Bei einem Mitarbeiter aus dem indischen New Delhi, der in einem deutschen oder österreichischen Unternehmen arbeitet, kann diese Formulierung Verwirrung auslösen, denn er weiß nicht, was er tun soll: Wird er gefragt, ob er es tun kann, oder muss er es tun? Eine Frage bedeutet in seinem kulturellen Kontext keine Anweisung. Es kann daher sein, dass er mit»Ja« antwortet, weil er denkt, er kann es tun, es aber trotzdem nicht tut, weil er dazu nicht explizit aufgefordert wurde. Ihm müsste die österreichische Vorgesetzte eine klare Anweisung geben:»Die Unterlagen bereiten Sie bis nächste Woche Montag, 15.00 Uhr, für das Meeting vor.«

Eine deutsche Führungskraft, die auch Erfahrungen in Indien gemacht hatte, formulierte das so:

Ram, deine Aufgabe ist es, die Unterlagen vorzubereiten. Du musst die Unterlagen zuerst durchschauen, ob sie vollständig sind und mit den Punkten auf der Agenda vergleichen. Wenn du einen Fehler bemerkst, kommst du sofort zu mir. Dann musst du die Unterlagen zehn Mal kopieren und die einzelnen Bündel zusammenheften und in diese Mappen hier legen. Es müssen insgesamt zehn Mappen sein. Die Mappen bringst du dann am Montag um 15 Uhr in den Meeting-Raum und legst jeweils eine Mappe auf einen Platz am Tisch. Ich komme dann und schaue, ob alles in Ordnung ist.

Wir können nicht davon ausgehen, dass die Mitarbeiter aus einem anderen kulturellen Kontext genauso denken wie wir selbst. Daher sollten wir Anweisungen immer an die Erwartungshaltung der angesprochenen Person anpassen. Dazu muss man sich vergegenwärtigen, aus welchem Kontext der Ansprechpartner kommt; man muss seinen kulturellen Hintergrund, Bildungshintergrund, Auslandserfahrungen, Erfahrungen im internationalen Kontext usw. kennen.

In einem meiner interkulturellen Seminare erzählte eine Teilnehmerin, wie sie ihre Kollegen aus Indien erlebt hat, die mit ihr gemeinsam ein Praktikum machten:

Mir fiel auf, dass meine indischen Kollegen sehr genau und detailliert beschrieben, was zu tun sei. Offenbar wird man so geschult oder erzogen. Wir in Österreich geben Anweisungen in allgemeinerer Weise und setzen voraus, dass die Ansprechperson eine aktive oder kritische Haltung hat und auch klärende Fragen stellt, falls nötig.

Anpassung des Kommunikationsstils als Weg zum Erfolg

GELINGENDE KOMMUNIKATION in einer internationalen Umgebung erfordert daher auch Kenntnisse über Kommunikationsstile wie direkt – indirekt, kontextbezogen – faktenbezogen, formell – informell. Wir alle wenden diese unterschiedlichen Stile in verschiedenen Situationen an, und im eigenen kulturellen Kontext fällt uns das nicht schwer, weil wir die Codes kennen. Mit Mitarbeitern aus anderen Ländern ist es jedoch nicht so einfach, denn die Codes decken sich nicht.

Ein Ingenieur aus Großbritannien, der für ein internationales Technologie-Unternehmen in Österreich arbeitet, erzählte mir im Training Folgendes:

Als Engländer stelle ich die Frage an mein Team in den Raum: »Wir sollten den Bereich XX nochmals überprüfen.« Alle wissen dann, dass etwas zu tun ist, alle fühlen sich angesprochen und besprechen unter sich, wer was genau tut. Oft ergibt es sich aus den Arbeitsschwerpunkten von selbst. Hier in Österreich war mir nach einiger Zeit klar, dass diese Frage von meinen Teammitgliedern so nicht verstanden wird. Ich nahm das »wir« aus der Frage heraus und ersetzte es durch »ihr« und fügte hinzu: »Wer von euch macht das?« Damit war allen klar, wer was zu tun hat.

Der Ingenieur hat rasch die Kommunikationscodes in seinem neuen Arbeitskontext in Österreich verstanden und seine Ausdrucksweise daran angepasst. Eine situative Anpassung des Kommunikationsstils führt unmittelbar zum Erfolg. Sie ist eine wichtige interkulturelle Kompetenz.

Der Wert des Gesicht-Wahrens ist ebenfalls ein wichtiger Bestandteil der Kommunikation. Eine Führungskraft erzählte mir eine Anekdote über einen Praktikanten aus Finnland, der an einer österreichischen Bank sein Praktikum absolvierte:

Wir unterhielten uns darüber, wie unterschiedlich die Umgangsformen sind, und er erzählte: »Wenn ich in Helsinki eine Kollegin frage, ob sie mit mir ausgehen möchte, sagt sie entweder Ja oder Nein. Hier in Wien sagen die Mädchen zu mir: ›Ich habe keine Zeit.‹ Ich brauchte eine Weile, bis ich das verstanden hatte.«

So eine umschreibende oder kontextbezogene Antwort ist nicht eindeutig und lässt Raum für weitere Interpretation. Sie zeigt in diesem Beispiel an, dass in Wien der Wert des Gesicht-Wahrens in der beschriebenen Situation vorherrschend ist. Dahinter steht die Absicht, den anderen nicht zu beleidigen oder zu verletzen, und natürlich ist die Antwort auch abhängig vom persönlichen Kommunikationsstil der jeweiligen Person.

Es ist wichtig, genau hinzuhören, was wie gesagt wird, um die dahinterliegende Botschaft zu erhalten.

DIREKTE UND INDIREKTE KOMMUNIKATION

DIREKTE UND INDIREKTE KOMMUNIKATION sind zwei wichtige Kategorien in der interkulturellen Kommunikation. Direkte Kommunikation beschränkt sich auf das Wesentliche und ist möglichst eindeutig. Diese Kommunikationsform wenden wir in allen Gefahrensituationen an, da wir rasch Informationen weitergeben wollen und Erklärungen im Moment nicht wichtig sind, wie in dem folgenden Beispiel:

Bei einem Unfall in der Produktionsabteilung weist eine Managerin, die erste Hilfe leistet, den neben ihr stehenden Kollegen an:»Notarzt, sofort den Notarzt rufen!«

Direkte Kommunikation bezieht sich auf einen Sachverhalt und stellt diesen in den Vordergrund. Die Beziehung zum Gesprächspartner ist sekundär. Es geht vielmehr um Informationen, Fakten, Argumente, Entscheidungen. Man konzentriert sich auf das Wesentliche, um zu einem Ergebnis zu gelangen.

In meinen kulturspezifischen Trainings zu Österreich sind meine Kunden häufig aus Deutschland. Ein großer Unterschied in der Kommunikation zwischen Deutschen und Österreichern liegt im Kommunikationsstil. In Deutschland kommuniziert man tendenziell eher direkt, im Vergleich dazu in Österreich jedoch eher indirekt. Das zeigt das folgende Beispiel aus dem interkulturellen Arbeitsalltag:

Eine Managerin aus Hamburg ruft ihrer Assistentin zu:»Die Unterlagen unseres Kunden XXX! Rasch bitte.«

In Wien formuliert die Managerin ihre Anweisung so:»Frau Alexandra, sein's so lieb, ich bräucht' ganz schnell die Unterlagen vom Kunden XXX. Ich hab ihn jetzt gleich am Telefon, bitte, so rasch wie möglich, wenn's geht, ja?!«

Während im ersten Fall die Betonung auf Sache und Dringlichkeit liegt, betont der zweite Fall trotz Dringlichkeit die Beziehung zur Assistentin. Beide Formulierungen können im jeweils anderen Kontext falsch verstanden werden. Eine Wienerin würde in Hamburg viele sprachliche Formulierungen weglassen, eine Hamburgerin in Wien müsste ein paar Höflichkeitsfloskeln hinzufügen, um richtig anzukommen. Ich unterhielt mich zu diesem Thema mit einer Führungskraft aus Finnland, die in Wien in einem internationalen Pharmaunternehmen arbeitet und meinte:

In den Seminaren, die ich zur Stärkung von Führungskompetenz absolvierte, lernte ich, ich solle möglichst keinen Konjunktiv verwenden, da dieser Unsicherheit ausdrückt. Hier in Wien soll ich aber im Konjunktiv sprechen, vor allem, wenn ich jemanden um etwas bitte. Bei meinem Team muss ich jedoch in bestimmten Situationen sehr explizit sein, um eine Dringlichkeit auszudrücken. Ich lernte hier, sehr zu differenzieren, wann ich welchen Stil einsetzen muss.

Kommunikationsstile sind immer kontextgebunden, und es ist wichtig, den jeweiligen kulturellen Kontext zu sehen.

Wenn Höflichkeit das oberste Gebot ist

IN DER KOMMUNIKATION UND INTERAKTION mit Kollegen und Kolleginnen aus asiatischen Ländern, mit denen man auf der gleichen Hierarchieebene steht, gilt Direktheit als gesichtsgefährdend und ist daher unhöflich. Die Beziehung steht immer im Vordergrund. Allerdings hängt es im Gespräch immer von der hierarchischen Position beziehungsweise der Funktion der Beteiligten ab, welchen Grad von Höflichkeit sie an den Tag legen. Auch Japaner können Aufforderungen in sehr direkter Weise weitergeben. Der Leiter eines Meetings einer japanischen Niederlassung in Wien formulierte die folgende Anweisung:

Wir setzen das Meeting nach einer kurzen Pause fort. Bitte seien Sie alle um 13 Uhr wieder zurück.

Die Direktheit dieser Anweisungen ergibt sich aus der Funktion und Autorität des Sprechers. Indirekte Aufforderungen würden dieser Situation nicht entsprechen, da sie Unsicherheit ausdrücken und damit nicht mit der sozialen Position des Sprechers korrespondieren würden. Deshalb ist es in solchen Fällen wichtig, dass Außenstehende – in diesem Fall die österreichischen Kollegen – auch die soziale Position der Interaktionspartner beachten. Die einfache Annahme, alle Japaner würden indirekt kommunizieren, ist ein Stereotyp und lässt sich keinesfalls auf alle Situationen anwenden.

Die Kenntnis und korrekte Anwendung der Höflichkeitsregeln hat in der Zusammenarbeit mit Menschen aus asiatischen Ländern einen hohen Stellenwert und zeugt von guter Erziehung und Bildung.[13] Nach konfuzianischer Lehre ist es wichtig zu wissen, welche Position jemand in der Gesellschaft einnimmt und wie man sich ihm gegenüber zu verhalten hat. Dies ist ein Zeichen von »Kultiviertheit«, wie es Konfuzius nennt. Bis heute hat diese Art von Empathie in sozialen Interaktionen eine hohe Bedeutung. In der internationalen Zusammenarbeit können wir daher mit einem Basiswissen über die asiatischen Höflichkeitsregeln sehr punkten.[14]

Anpassung des eigenen Stils bei schriftlicher Kommunikation

BEI SCHRIFTLICHER E-MAIL-KOMMUNIKATION sollte man überlegen, wer genau der Adressat ist, welche Position diese Person hat und in welchem kulturellen Kontext die Korrespondenz stattfindet. Wenn wir darauf achten, in welchem Stil das Gegenüber antwortet, können wir uns anschließend daran anpassen. Im Idealfall entsteht auch hier eine Synergie unterschiedlicher Herangehensweisen.

»Guten Tag, Frau Professor Meier,
ich wende mich an Sie mit einem persönlichen Anliegen. Da Sie in Ihrem Fachgebiet eine ausgewiesene Expertin sind, würde ich Sie gern zu bestimmten Fragen interviewen. Ihre Expertise wäre für meine neue Publikation zum Thema von äußerst großem Wert. Ich würde mich freuen, wenn Sie Interesse und Zeit hätten, mit mir ein Gespräch zu führen.
Ich freue mich auf Ihre Antwort.
Mit sehr freundlichen Grüßen
Karin Schreiner«

»Hallo, Frau Schreiner, schön von Ihnen zu hören. Sehr gern! Rufen Sie mich doch einfach an.
Beste Grüße
Erna Meier«

»Liebe Frau Meier, wunderbar! Ich melde mich morgen Vormittag bei Ihnen.

Freundliche Grüße

Karin Schreiner«

So eine Anpassung ist in einem vertrauten kulturellen Kontext nicht schwierig. Wir wägen Distanz und Höflichkeit sowie Direktheit, Nähe und Zwanglosigkeit ab und setzen sie entsprechend ein, weil wir die Codes kennen. In englischsprachigen Kulturen, aber auch im französischen oder finnischen Kontext, verwendet man in der gleichen Situation spätestens bei der zweiten E-Mail den Vornamen. Für Deutschsprachige ist das ungewohnt und ich selbst verspüre bis heute einen inneren Widerstand, die Person dann ebenfalls mit dem Vornamen anzuschreiben, obwohl ich es tue. Diese Muster sind sehr verinnerlicht und man muss sie bewusst wahrnehmen, um sie zu reflektieren.

Beziehung oder Sachebene – davon hängt der Kommunikationsstil ab

BLICKEN WIR AUF DIE WERTEHALTUNGEN, die sich hinter diesen beiden Kommunikationsstilen verbergen, so sind sie sehr unterschiedlich. Die indirekte Kommunikation mit ihren Sprachritualen und Höflichkeitsfloskeln hat immer ganz viel mit Beziehung zu tun, ausgehend von hierarchischen Strukturen und unterschiedlichen sozialen Positionen der Beteiligten. Zum Beziehungsaspekt in der Kommunikation gehören Hierarchie, sozialer Status, Aufrechterhalten der Beziehung, Gastfreundschaft und Harmonie – daher wird Kritik nur indirekt geäußert und ein Nein selten gesagt. Mehr dazu später.

Die direkte Kommunikation hingegen richtet sich auf eine Sachlage, eine Absicht, ein konkretes Ziel, wobei die beteiligten Personen in ihrer Funktion oder als Sprachrohr betrachtet werden. Auseinandersetzungen auf der Sachebene konzentrieren sich darauf, ein Problem zu lösen, auf den Punkt zu kommen oder eine Entscheidung zu treffen. Die dahinterliegenden Werte sind Wahrhaftigkeit, Effizienz, Sachlichkeit sowie Zielorientierung. Die Beteiligten als Personen stehen dabei im Hintergrund.

Kommunikationsrituale

DIE FOLGENDEN BEISPIELE für vier unterschiedliche Kommunikationsrituale rund um die Frage »Kann ich Ihnen eine Tasse Kaffee anbieten?« sind mit sehr verschiedenen Wertehaltungen verbunden:

1. Direkte Frage, direkte Antwort: Ja oder nein.
2. Höflichkeits-Pingpong: Bitte – nein – bitte – nein – oh, bitte – dann ja!
3. Angebot, das man nicht ablehnen kann: Bitte, nehmen Sie eine Tasse Kaffee – den müssen Sie jetzt nehmen, keine Widerrede!
4. Indirekte Frage bzw. gar keine Frage, sondern man informiert sich im Vorfeld über das bevorzugte Getränk des Gastes.

Im ersten Beispiel möchte ich wirklich wissen, ob Sie Kaffee wollen oder nicht, und akzeptiere sowohl ein Ja als auch ein Nein, da in diesem kulturellen Kontext ein Nein möglich ist. Mir liegt daran, dass Sie sagen, was Sie möchten, und damit ehrlich und authentisch sind. Das sind Werte, die in unserem kulturellen Kontext zentral sind.

Im zweiten Beispiel befinde ich mich in einem kulturellen Kontext, in dem Beziehungen sehr wichtig sind. Daher stehen Höflichkeitsrituale im Vordergrund, wobei ich als Gastgeberin mehrfach nachfragen muss, denn der Gast muss zuerst mehrmals ablehnen, bevor er den Kaffee annehmen darf. Hier ist nicht der Kaffee bedeutend, sondern die Beziehung zwischen den Beteiligten und das Zurückstellen der eigenen Wünsche, um sich der gegebenen Situation anzupassen.

Im dritten Beispiel befinden wir uns in einem Kontext, in dem Gastfreundschaft über allem steht. Ein Ablehnen des Angebots kommt nicht in Frage. Damit würde die Gastgeberin das Gesicht verlieren. Das angebotene Getränk dient zum Beziehungsaufbau und ist Mittel zum Zweck. Die Beziehung, die über das Kaffeeangebot entstanden ist, führt zu einer Verpflichtung. Das ist durchaus beabsichtigt. Die Werte in diesem Beispiel sind Gastfreundschaft, Beziehungsorientierung und Gesicht-Wahren.

Das vierte Beispiel, das mir von einem Kollegen aus China berichtet wurde, ist sehr speziell. In diesem Kontext frage ich nicht, ob Sie eine Tasse Kaffee möchten, sondern serviere Ihnen Ihr Lieblingsgetränk, denn ich habe mich im Vorfeld über dritte Personen informiert, was Sie gerne trinken. Eine direkte Frage nach Ihrem Wunsch wäre in diesem Kontext unhöflich und viel zu direkt. Denn wenn Sie einen Wunsch äußern, den ich nicht erfüllen kann, verlieren wir beide das Gesicht. Die Werte, die hier ausschlaggebend sind: Gesicht-Wahren, Risikovermeidung, Konfliktvermeidung und Harmonie.

Diese vier Arten, einen einfachen Sachverhalt auszudrücken, begegnen uns im Alltag in unterschiedlichen Zusammenhängen.

Wie spricht man kritische Punkte an?

IN INTERKULTURELLEN ARBEITSSITUATIONEN ist daher kulturelle Sensibilität wichtig. Zum Thema Feedback und Ansprechen kritischer Themen möchte ich nun das Beispiel eines japanischen Managers mit seinem Kollegen Carlos aus São Paolo anführen. Die beiden arbeiten in der deutschen Niederlassung in Berlin eng zusammen, und der japanische Kollege sagt:

>**»Carlos, ich schätze unsere Zusammenarbeit sehr; ich finde, du leistest großartige Arbeit, und zusammen können wir viel erreichen. Ich habe ein paar Vorschläge für dich und hoffe, dass ich dir nicht zu nahe trete. Aber im Sinne unserer guten Zusammenarbeit und für die Führung unseres Teams möchte ich gern mit dir über einige Punkte sprechen, die wir verbessern sollten.«**

Hier zeigt sich deutlich eine gesichtswahrende Kommunikationsweise, die darauf abzielt, die gute Beziehung zwischen den beiden Kollegen zu wahren und vorsichtig kritische Punkte aufzuzeigen.

Ein anderes Gesprächsverhalten zeigt sich im nächsten Beispiel aus einem österreichisch-indischen Kontext. Ein indischer Manager, der das indische Team leitet, und sein Mitarbeiter, der in einer österreichischen Versicherung im IT Bereich arbeitet, sprechen miteinander:

>**Indischer Manager:»Nicht wahr, hier stoßen wir auf ein Problem, das wir gemeinsam lösen sollten.« Darauf der junge Mitarbeiter:»Ja, Sie haben recht!«**

Damit ist die Harmonie zwischen den beiden hergestellt. Die Möglichkeit ist geschaffen, auf etwas Gemeinsames und Verbindendes hinzuweisen.

Im deutsch-amerikanischen Kontext klingt schon mal eine andere Sichtweise durch, wie eine deutsche Expatriate, die in den USA lebt, erzählte:

Allerdings sagte mir auch einmal jemand:»Nora, I love your honesty!« Eine nette Umschreibung für:»Du bist zu direkt.«

Interkulturelle Kommunikationskompetenz zeigt sich darin, eine Sensibilität für den Kontext und die jeweilige Situation zu entwickeln, in der man interagiert: Was ist es für eine Situation, welche sozialen Positionen sind vertreten, welche Hierarchien sind betroffen? Welche Position habe ich selbst? Welche Rolle nehme ich ein? Welches Verhalten wird von mir erwartet?

PRÄSENTATIONEN – ABGESTIMMT
AUF DEN KULTURELLEN KONTEXT

PRÄSENTATIONEN SPIEGELN DIE GESCHÄFTSKULTUR eines Landes sehr anschaulich wider. Daher ist es wichtig zu wissen, wie sie gestaltet sein sollen. Welche Form ist angemessen? Wo soll der Akzent liegen: Auf den Fakten und Daten oder auf frei erzählten Geschichten? Was kommt gut an: Viel Text oder weniger? Fotos oder Tabellen? Was gut ankommt, ist immer an einen konkreten kulturellen Kontext gebunden.

Die folgenden Beispiele sind Reaktionen von Personen, die aus unterschiedlichen kulturellen Kontexten kommen und daher verschiedene Erwartungen an eine Präsentation hatten, Story-Telling versus Fakten und Struktur. Beides sind Reaktionen zu ein und derselben Präsentation:

Es gab keine Struktur in der Präsentation. Für meine Begriffe wurden zu viel Story-Telling und zu wenig relevante »Hard Facts« gebracht.

Die Seminarleiterin brachte das Thema sehr abwechslungsreich mit relevanten Fallbeispielen und vielen Beispielen aus ihrer eigenen Erfahrung. Ich konnte viel mitnehmen.

Menschen reagieren unterschiedlich auf Inhalte. Die einen denken deduktiv und hören gern Theorien, die sie dann auf Beispiele anwenden können. Die anderen gehen umgekehrt vor und schätzen es, anhand von anschaulichen Beispielen Sachverhalte zu erfassen. Sie denken induktiv. Theorien sind für sie langweilig und überflüssig. Bei einer kulturell diversen Zuhörerschaft ist es daher ratsam, von allem etwas zu bringen, um diesen unterschiedlichen Zugängen Rechnung zu tragen. Aus meiner eigenen Trainertätigkeit weiß ich, dass dies positiv aufgenommen wird:

> Meine Kunden für ein kulturspezifisches Seminar zu Indien waren aus dem IT-Bereich. Sie arbeiten mit Zahlen und Fakten, denken oft pragmatisch und lösungsorientiert. Um den vorherrschenden Kommunikationsstil in Indien zu erklären, zeigte ich Filmsequenzen und arbeitete mit passenden Fallbeispielen, um danach auf die verschiedenen Kategorien der Kommunikationsstile einzugehen.

Auch was die Ausführlichkeit betrifft, gibt es große kulturelle Unterschiede. In einigen Kulturen werden möglichst kurze Präsentationen geschätzt, allerdings aus unterschiedlichen Gründen. Ein amerikanischer Kollege bemerkte einmal, dass er sich mit dem »Herumgerede« in Wien schwer tue. In den USA würde man sich bei Präsentationen sehr kurz halten und das Wesentliche herausstreichen. Auf Diskussionen würde er immer nur sehr kurz eingehen.

In der Kürze liegt die Würze

IN EINEM KULTURELLEN KONTEXT, in dem Zeit kostbar ist, muss für die Zuhörer der Nutzen des Präsentierten sofort offensichtlich sein. Ein klarer Aufbau, der die Vorteile deutlich hervorhebt, und anschauliche Beispiele, die den Nutzen unterstreichen, kommen in diesem Kontext gut an. Man kommt sofort zum Wesentlichen. Für Details, Zahlen und Statistiken sowie Hintergründe gibt es Handouts. Ziel ist es hier, in möglichst kurzer Zeit so effizient wie möglich Inhalte und Kundennutzen zu vermitteln.

In der Zusammenarbeit mit Kunden aus arabischen Ländern geht es zwar auch um Kürze, aber mit einer anderen Intention. Hier ein Beispiel aus einer arabisch-österreichischen Zusammenarbeit:

Der arabische Kunde unterbrach die Präsentation des österreichischen Anbieters und meinte:»Lassen Sie uns hier mit der Präsentation aufhören. Wir können uns ausführlich beim Mittagessen darüber unterhalten.« Er stand auf und ging mit seinen Leuten hinaus.

In diesem kulturellen Kontext, in dem der persönliche Kontakt zwischen Anbieter und Kunden im Zentrum steht, ist es wichtig, Präsentationen sehr kurz zu halten und den vorgetragenen Inhalt durch Bildmaterial zu veranschaulichen. Damit wird dem Aufbau der Geschäftsbeziehung genügend Raum gegeben. Ziel ist es hier, eine persönliche Beziehung und Vertrauen aufzubauen. Die Tatsache, dass dieser Termin überhaupt zustandegekommen ist und der Anbieter seine Produkte vorstellen kann, bedeutet schon, dass seine Expertise geschätzt wird. Er muss sie nicht zusätzlich durch eine Präsentation hervorheben.

Wozu dient der Geschäftstermin?

ALS ÖSTERREICHER oder Deutsche oder Schweizer neigen wir dazu, auf sachlicher Ebene die Produktqualität zu betonen. Für arabische Kunden steht dieser Aspekt jedoch nicht im Vordergrund. Ziel eines Treffens ist es, herauszufinden, ob »die Chemie stimmt« und Vertrauen aufgebaut werden kann.

Dem gegenüber steht ein sehr sachorientierter Präsentationsstil, bei dem Struktur und Information im Vordergrund stehen. Die Kernaussage wird zu Beginn kurz vorgestellt und in der Präsentation in analytischer Weise ausführlich dargelegt. In diesem kulturellen Kontext ist die Präsentation der Beweis für die Expertise der Vortragenden und die Qualität der Produkte. Die Betonung liegt daher auf den Inhalten und der Art der Präsentation durch die Experten.

Wenn Ausführlichkeit zum Ziel führt

IN JAPAN WIRD EINE PRÄSENTATION genau umgekehrt aufgebaut. Bei einem Meeting in einer japanischen Niederlassung in Wien erlebte ich die Präsentation eines japanischen Kollegen. Er begann mit folgenden Worten:

Ich begrüße sie, meine verehrten Zuhörer, sehr freundlich. Wir werden uns heute mit wichtigen Fragen der Unternehmensentwicklung beschäftigen. (Er zeigt die Unternehmensgeschichte auf und spricht über Herrn XXX, der dieses Unternehmen vor 30 Jahren gegründet hat). Seine Philosophie können Sie in diesem Zitat lesen. (Ein langes Zitat ist auf der Folie zu lesen) Bis heute besteht dieser Grundsatz. Die Entwicklungsschritte, die das Unternehmen gemacht hat, zeigen auch den Weg in die Zukunft. (Zeigt mehrere Meilensteine der Entwicklung auf) Das führt uns dazu, in Hinkunft unser Augenmerk auf die strukturelle Entwicklung zu legen. (Bringt Details dazu) Aus dem eben Ausgeführten ergibt sich, dass wir folgende Ziele vereinbart haben, die es in den nächsten zwölf Monaten zu erreichen gilt. (Zählt die Ziele auf) Ich bedanke mich für Ihre Geduld.

In diesem kulturellen Kontext werden Überraschungen vermieden, deshalb wird die Kernbotschaft gut nachvollziehbar und Schritt für Schritt entwickelt. Ziel ist es, den Zuhörern die Inhalte so darzulegen, dass sie ein gutes Gesamtbild mit allen Hintergründen und Details erhalten (kontextbezogene Kommunikation). Der Referent orientiert sich somit an den Zuhörern und nicht am Inhalt seines Vortrags. Er nimmt sich also persönlich sehr zurück, tritt bescheiden auf und stellt sich ganz hinter seine Ausführungen, aus denen sich gewisse Konsequenzen ergeben. Er steht auch hinter einer anderen Person, im Beispiel oben dem Unternehmenseigentümer. Diese Präsentationsweise stellt die Person oder die Sache in einen Gesamtzusammenhang, der im Vordergrund steht. Hier kommt das Wichtigste zum Schluss.

Für international besetzte Unternehmen empfiehlt es sich, Standards für Präsentationen zu formulieren. Das könnte in kurzen Einführungs- oder Weiterbildungsseminaren passieren. Dabei sollte auch Raum zur Reflexion darüber sein, welche Präsentationsformen die einzelnen Mitarbeiter gelernt haben.

SPRACHENVIELFALT –
HERAUSFORDERUNG UND CHANCE

IN INTERNATIONAL TÄTIGEN UNTERNEHMEN setzt sich die Belegschaft heute aus einer Vielzahl von Nationalitäten zusammen – Mitarbeiter aus fünfzig bis sechzig Ländern sind keine Seltenheit mehr. Meistens ist die Unternehmenssprache daher Englisch, und inländische Mitarbeiter und Mitarbeiterinnen sind aufgerufen, diese Sprache in ihrem Arbeitsalltag anzuwenden. In Meetings und bei offiziellen Anlässen funktioniert das in der Regel gut. Es funktioniert weniger gut in informellen Situationen, also während der Kaffee- oder Raucherpause, wenn Kollegen und Kolleginnen zusammenkommen, die sich schon sehr lange kennen und Deutsch als gemeinsame Muttersprache haben. Die neuesten Informationen werden gern rasch und informell in der vertrauten Sprache ausgetauscht.

Eine Führungskraft aus Finnland, die in Wien in einem multinationalen Unternehmen arbeitet, schildert dies aus ihrer Sicht:

Ich spreche kein Deutsch, oder nur ganz wenig. Ich lerne es jetzt. Aber ich fühle mich oft schlecht, da meine Mitarbeiter nur wegen mir Englisch sprechen müssen. Nun ist Englisch unsere Unternehmenssprache, aber ich weiß, dass sich vieles leichter in der Muttersprache ausdrücken lässt. Deswegen möchte ich gern besser Deutsch sprechen, damit ich besser verstehen kann, was rund um mich gesprochen wird.

Wenn ich mit Führungskräften spreche, weise ich häufig darauf hin, wie wichtig es ist, mit der Sprachenvielfalt flexibel umzugehen und verständnisvoll zu sein, wenn sich einzelne Gruppen in ihrer Muttersprache unterhalten. Auch darin zeigt sich interkulturelle Kompetenz – dass man Situationen mit dem nötigen Einfühlungsvermögen einschätzt. Die Vielfalt der Sprachen birgt in sich Herausforderungen und Chancen. Das zeigen zwei Beispiele aus einem internationalen Technologieunternehmen in Österreich, in dem über sechzig Nationen vertreten sind. Tim und George sind seit kurzem im Unternehmen tätig:

Tim aus Irland arbeitet in einem Team, das vorwiegend aus Österreichern besteht, die im Arbeitsalltag ausschließlich Deutsch miteinander sprechen. Tim versteht gut Deutsch, da er eine gute Basis aus der Schulzeit hat. Er kann den großen Zusammenhängen der Gespräche folgen und daher gezielte Fragen stellen, die er meistens auf Englisch formuliert. Da er Deutschstunden nimmt, geht er davon aus, dass er seine Kollegen mit der Zeit immer besser verstehen wird. Für ihn ist diese Situation sehr nützlich, da er während der Arbeit nur mit Deutsch konfrontiert ist und ständig dazulernt.

George aus Großbritannien arbeitet in einem Team, das aus zwei größeren Gruppen von Österreichern und Italienern besteht, die gern in ihren jeweiligen Sprachen sprechen; sein Kollege Matthieu aus Frankreich und er sprechen kaum Deutsch und verstehen nichts, wenn sich die anderen beiden Gruppen auf Deutsch oder Italienisch unterhalten. Im Arbeitsalltag bekommen sie daher nicht mit, worüber die anderen im Team sprechen. Erst in den Meetings erhalten sie die Informationen, die für sie wichtig sind. Sie beklagen, ihren Kollegen sei offenbar nicht bewusst, dass George und Matthieu von vielen Gruppenprozessen ausgeschlossen sind. Diese Tatsache führen die beiden auf ihre mangelnden Deutschkenntnisse zurück, aber sie glauben nicht, dass sie jemals gut genug Deutsch verstehen werden, um den Gesprächen der Kollegen folgen zu können.

Im selben Unternehmen sind dies zwei unterschiedliche Ausgangssituationen, die auch ganz unterschiedlich bewertet werden. Solche Gruppendynamiken lassen sich nur schwer steuern, vor allem, weil Sprachgruppen eine hohe Identität besitzen und der Gruppenzusammenhalt groß ist. Die Minderheit muss sich in diesem Fall anpassen – Tim hat keine Probleme damit, für ihn stellt sich die Situation sehr positiv dar und er profitiert, auch wenn er (noch) mit der deutschen Sprache kämpft.

Für George und Matthieu ist es hingegen schwierig, da ihre Deutschkenntnisse sehr gering sind. Für die beiden ist es das Beste, wenn sie so aktiv wie möglich agieren, fortwährend Fragen stellen, sich (auf Englisch) einmischen und zeigen, dass sie Teil der Gruppe sind. So werden die beiden von den anderen ständig wahrgenommen und in die Gespräche miteinbezogen. Ihr Sprachdefizit würde dann in den Hintergrund treten und ihre fachliche Kompetenz eher beachtet.

Das Übersetzen kann Internationalität bewusstmachen

EIN WEITERES THEMA IM UMGANG mit der Sprachenvielfalt ist das Übersetzen. Vor einiger Zeit fragte mich der Mitarbeiter eines Transportunternehmens, ob ich bei der Verkäufertagung des Business Units, an der nationale und internationale Verkäufer teilnehmen würden, einen einführenden Teil zum Thema Interkulturalität halten könnte. Er beschrieb meine Aufgabe folgendermaßen:

> Es werden insgesamt etwa 80 Teilnehmende anwesend sein, nationale und internationale, und viele sprechen kein Deutsch. Deshalb bitte ich Sie, den Workshop zweisprachig auf Deutsch und Englisch zu halten und ebenso die Folien der Präsentation zweisprachig zu gestalten. Es ist mir sehr wichtig und für mich ein Gebot der Höflichkeit, dass alle Anwesenden Sie als Vortragende verstehen.

Es war zwar eine Herausforderung für mich, abwechselnd Englisch und Deutsch zu sprechen, die Zweisprachigkeit kam jedoch sehr gut an. Durch den Gebrauch beider Sprachen wurde allen Anwesenden die Internationalität im Publikum bewusst. Manchmal wurde Deutsch und Englisch durcheinander gesprochen und auch ich brachte manchmal beide Sprachen durcheinander, aber das machte nichts. Wichtig war, dass beide Sprachen präsent waren und sich niemand ausgeschlossen fühlte.

Der Kunde erzählte im Interview für dieses Buch auch von seiner neuen Führungstruppe, die nicht nur aus Österreichern besteht:

> Wir haben drei ungarische Mitglieder, zwei davon sprechen sehr gut Deutsch. Sie verstehen aber kein Wienerisch oder einen anderen Dialekt aus einem der Bundesländer. Also sind wir Österreicher aufgefordert, deutlich und langsam deutsch zu sprechen, damit sie uns verstehen. Mit einer neuen Kollegin in unserem Team sprechen wir, sofern wir sie direkt ansprechen,

immer nur Englisch – alle halten sich daran. Dieses Sprach-
bewusstsein ist für mich sehr wichtig und Zeichen einer
Grundeinstellung. Es fördert die gute Stimmung und wirkt
vertrauensaufbauend.

Dieses Beispiel zeigt gut auf, wie wichtig es ist, Bewusstsein zu
schaffen und als Führungskraft selbst Vorbild zu sein. Das sind
die Grundregeln, damit der Umgang mit kultureller Vielfalt im
Arbeitsalltag gelingt.

Das Überbringen schlechter Nachrichten

IM BERUF KOMMT ES IMMER WIEDER VOR, dass etwas nicht nach Plan
läuft und Termine abgesagt werden müssen oder Geschäfte nicht
zustandekommen. Entgegen unserer direkten Art, schlechte Nachrichten in angemessener Form, aber unverblümt zu vermitteln, ist es
wichtig, bei Kunden oder Kollegen aus asiatischen und arabischen
Ländern mit unangenehmen Nachrichten vorsichtig umzugehen.

So sollten Sie eine schlechte Nachricht erst dann überbringen,
wenn Sie sicher sind, dass der Adressat in einer Situation ist, in der
er sie auch aufnehmen kann, ohne das Gesicht zu verlieren. Das
heißt, wieder ist der Kontext wichtig: Ist die Privatsphäre gewährleistet? Wie ist die Stimmung zwischen dem Überbringer und dem
Adressaten? Habe ich ausreichend Zeit, um die unerfreuliche
Nachricht in Ruhe zu überbringen? Gibt es genügend Zeit, in aller
Freundlichkeit über das Thema zu reden? Auch mit höflichen
Worten Probleme direkt anzusprechen, ist nicht immer die beste
Vorgehensweise. Die Herausforderung liegt darin, dem Kontext,
der Umgebung und den nonverbalen Signalen genügend Auf-

merksamkeit zu schenken, um herauszufinden, welche Reaktion in der jeweiligen Situation angemessen ist.

In China könnte man auch einen lokalen Agenten einsetzen, der ganz genau weiß, wie man wem eine unerfreuliche Nachricht überbringt. Natürlich hängt es vom Empfänger ab: Welche Position hat derjenige inne? Welchen Einfluss hat er? Ist es besser, einer zweiten, untergeordneten Person die Nachricht zuerst zu übermitteln, damit sie die Nachricht dann weiterleitet? In China sind Überraschungen nicht gern gesehen, denn unvorbereitet eine unerfreuliche Nachricht zu erhalten, führt zum Gesichtsverlust. Daher ist es auch üblich, zunächst nur Andeutungen zu machen – für Nicht-Chinesen absolut unverständlich bzw. unübersetzbar – und in einem zweiten Schritt mehr Einzelheiten folgen zu lassen. In jedem Fall geht es darum, gesichtswahrende Kommunikation zu betreiben und positiv zu bleiben – Lösungen aufzuzeigen, Offenheit zu zelebrieren, auf Vertrauen zu setzen und die Verbindung nicht abreißen zu lassen. All das erfordert großes Fingerspitzengefühl.

Ein Problem nicht anzusprechen, hat in diesem kulturellen Kontext auch eine Bedeutung. Für Europäer zwar undurchschaubar, wird diese Weise der (nonverbalen) Kommunikation gerade bei Problemen und Konflikten oft eingesetzt. Der Geschäftsführer eines Branding-Unternehmens in Wien erzählte von einem Vorfall bei einem Projekt mit chinesischen Kollegen in Wien:

Es ist so, dass nichts zu sagen auch eine Bedeutung hat, nach dem Motto:»Wenn ich nichts sage, kannst du dir ja denken, dass ich ganz anderer Meinung bin.«Es ist für Europäer ganz schön schwer, auf dieses Schweigen zu reagieren, es wahrzunehmen und eine Bedeutung herauszuhören.

Ein Blick auf die Erziehung zeigt, dass chinesische Kinder von Anfang an geschult werden, darauf zu achten, wie die anderen Personen ihrer Umgebung auf sie reagieren. Die Aufmerksamkeit ist immer auf den anderen gerichtet und kaum auf sich selbst.

Im Kontext von schlechten Nachrichten ist es wichtig, gut zu beobachten und herauszufinden, welche Situation am besten geeignet ist, um das Gespräch zu führen.

JENSEITS VON SPRACHE –
AUCH DAS VERHALTEN IST KULTURELL BEDINGT

INTERKULTURELLE SENSIBILITÄT IST AUCH NÖTIG, um Verhalten und
Gesten richtig zu deuten. Der nonverbale Bereich der Kommunikation ist sehr komplex,
da wir hier unbewusst agieren und reagieren. Zur nonverbalen
Kommunikation gehören Gestik, Mimik, Blickkontakt, Tonfall und
Lautstärke beim Sprechen sowie die äußere Erscheinung.

Der Blickkontakt während eines Gesprächs zum Beispiel ist
in unserer Kultur ein wichtiges Zeichen für Aufmerksamkeit und
Interesse. Er drückt aber auch aus, dass wir zuhören. Auf dieser
Ebene geben wir unbewusst und subtil Feedback, welches ein
wichtiger Bestandteil von Gesprächen beziehungsweise Interaktionen ist.

Wie viel Blickkontakt darf sein?

INWIEWEIT WIR BLICKKONTAKT EINSETZEN, hängt von unserer Kultur
ab. Direkter Blickkontakt zeigt, dass wir uns unmittelbar mit
unserem Gegenüber auseinandersetzen, und ist ein Zeichen der
Ebenbürtigkeit der Beteiligten. Sobald wir mit Menschen aus
Kulturen zu tun haben, die in vertikalen Hierarchien strukturiert
sind und in denen die hierarchische Position des Einzelnen eine
große Bedeutung hat, nimmt der Blickkontakt ab. Personen, die
im unteren Bereich der Hierarchie stehen, vermeiden direkten
Blickkontakt gegenüber höherstehenden Personen aus Gründen
des Respekts. Die Regel:»Schau mir in die Augen, wenn ich mit
dir spreche«, gilt in diesem Zusammenhang nicht.

Direkter Blickkontakt zwischen Männern und Frauen wird in
allen Ländern, in denen Geschlechtertrennung vorherrscht, ver-

mieden beziehungsweise auf das Nötigste reduziert. Weibliche Führungskräfte oder Managerinnen fühlen sich oft herausgefordert, wenn sie aufgrund des mangelnden Blickkontakts den Eindruck haben, ignoriert zu werden. Hier hilft das Wissen, dass dies ein Zeichen des Respekts ist und keine Missachtung der Frau bedeutet. Um in solchen Ländern als Frau in ihrer beruflichen Funktion ernstgenommen zu werden, sind ein sehr bestimmtes und selbstsicheres Auftreten sowie Professionalität von höchster Bedeutung. Damit kann sich eine Frau im Berufsleben auch in arabischen Ländern mühelos durchsetzen. Das zeigt die folgende Beobachtung einer Expatriate:

Diana arbeitet schon seit einigen Jahren mit arabischen Kunden aus den Emiraten Dubai und Abu Dhabi zusammen. Sie erzählt begeistert:»Die Araberinnen sind sehr professionell und zuverlässig. Allein durch ihr Auftreten zeigen sie ihre Autorität. Aber sie sind auch sehr stolz auf ihre Tradition. Ich habe gelernt, das zu respektieren und nie ein Wort über ihre Situation als Frau aus unserer Sicht zu verlieren. Auf Geschäftsreisen halte ich mich strikt an die Regeln und werde immer hundertprozentig respektiert.«

Es ist auch wichtig zu wissen, wie viel Emotionalität in der Körpersprache erlaubt ist. Dass dies je nach Kultur unterschiedlich ist, wird an einem Beispiel aus meiner eigenen Erfahrung deutlich:

Ich hielt ein Seminar zum Thema Interkulturelle Sensibilität in einer französischen Niederlassung in Wien und war überrascht über die emotionale Erregtheit der französischen Teilnehmenden während der Diskussion. Irgendwann riefen alle durcheinander, gestikulierten und verschafften sich lautstark Gehör. Der expressive Ausdruck von Emotionen in Verbindung mit einem analytischen Disput war sehr vorherrschend. Nach kurzer intensiver Diskussion beruhigten sich alle wieder und signalisierten Bereitschaft, weiteren Themen zuzuhören.

In solchen Situationen ist interkulturelle Kompetenz gefragt, um die emotionale Expressivität richtig zu deuten und die nonverbalen Signale zu verstehen.

Was bedeuten Berührungen?

KÖRPERLICHE NÄHE IST NICHT ÜBERALL gleichbedeutend mit psychischer Nähe. Das wird im interkulturellen Kontext oft missverstanden. Während wir in Deutschland oder Österreich bei guten Kontakten (Freundschaften, gute Arbeitsbeziehungen, Familienbeziehungen) uns auch körperlich näher sind und uns öfters mal umarmen und an Schultern oder Armen berühren, bedeuten diese Gesten nicht immer auch eine psychische Nähe. Dazu erzählte eine Managerin aus Singapur, die in Salzburg lebt und in der Marketing-Branche arbeitet:

In Singapur sind wir bei der Arbeit immer sehr emotional und tauschen dabei auch private Erlebnisse aus. Berührungen sind üblich. Aber es bleibt eine Distanz, die ich hier in Österreich nicht kenne. In Singapur hilft man sich und unterstützt einander, man ist sehr solidarisch. Aber eine enge Freundschaft, wie es sie hier in Österreich gibt, so eine seelische Verbundenheit, existiert nicht. Es bleibt eine Distanz, die man aber erst auf den zweiten Blick wahrnimmt. Ich habe erst hier in Österreich erkannt, dass es in Singapur so ist.

Die Codes sind unterschiedlich. Die in vielen Ländern praktizierte körperliche Nähe betrifft nicht zwangsläufig eine psychische Nähe. Freundschaft ist ein kulturgebundener Begriff, der immer in der jeweiligen Situation gedeutet werden muss.

Gerade in der nonverbalen Kommunikation urteilen wir schnell, ob eine Person sich angemessen verhält oder nicht. Denn nur wer die entsprechenden Verhaltenscodes kennt und sie richtig anwendet, wird zur Innengruppe (zur eigenen sozialen Gruppe) gezählt. Die interpersonelle Distanz wird in verschiedenen Kulturen auf unterschiedliche Weise gewahrt, und räumliche oder physische Nähe geht oft mit einer psychischen Distanz einher (oder umgekehrt), je nachdem, in welchem kulturellen Kontext wir uns befinden.

Gute Sitten und mehr –
was unser Habitus über unsere Kultur verrät

FEINE NUANCEN IN BEWEGUNG, Haltung oder Sprechweise werden unbewusst registriert, um das Gegenüber einzuordnen. Der soziale Habitus einer Person drückt die kulturelle Herkunft, den gesellschaftlichen Status und den Bildungsgrad aus.[15] Innerhalb der Kultur weitergegeben wird dieses Verhalten über die Sozialisierung und das Körpergedächtnis. Kulturelle Unterschiede im nonverbalen Verhalten spiegeln sich dabei im Habitus der verschiedenen kulturellen Gruppen einer Gesellschaft wider.

In kulturellen Überschneidungssituationen kann es daher sehr leicht zu Fehlern und Missverständnissen kommen. Wissen über gutes Benehmen und geschäftliche Etikette ist daher im internationalen Kontext sehr gefragt. Ein paar Beispiele aus meinen Trainingserfahrungen illustrieren dieses weite Feld. Meine Kollegin erzählte von einem Erlebnis bei einem Geschäftsessen in einem Fünf-Sterne-Hotel in Wien:

> Ich habe einen sehr guten Kollegen, er ist Amerikaner, der seit über 20 Jahren in Österreich lebt, wunderbar Deutsch spricht und gut mit der Kultur hier vertraut ist. Aber eines konnte er sich nicht abgewöhnen: Er schneidet sein Essen in kleine Stücke und isst dann mit der Gabel in der rechten Hand. Die verstörten Blicke, die er dann oft erntet, machen ihm offenbar nichts aus. Aber wenn jemand nicht den Normen entsprechend isst, wird das in Wien sehr negativ gewertet!

Welchen Stellenwert die Gewohnheiten rund ums Essen über die Kulturen hinweg haben, erlebe ich selbst ständig:

> Es vergeht kein China-Seminar, ohne dass österreichische oder deutsche Teilnehmende eine abwertende Bemerkung über die Angewohnheit von Chinesen machen, beim Essen zu schmatzen, eine heiße Suppe lautstark zu schlürfen und den Tisch nach dem Essen so zu verlassen, als hätte eine Bombe eingeschlagen. Ich erwähne dann, in China sei es genauso unhöflich, sich bei Tisch oder in Gegenwart anderer Personen zu schnäuzen und das Taschentuch danach einzustecken. Oder bei einer Einladung alles aufzuessen, was in unserer Kultur wiederum eine Frage des guten Tons ist.

Anhand von Tischsitten kann man nicht nur gut kulturelle Unterschiede aufzeigen, sondern auch unterschiedliche Wertehaltungen illustrieren. Tischsitten haben ihren eigenen historischen Hintergrund. In Europa waren die Essgewohnheiten in der Neuzeit ein Mittel sozialer Unterscheidung. Deshalb werden sie bis heute so hoch bewertet, da das Beherrschen der Tischsitten beweist, dass man eine gute Erziehung und Bildung genossen hat. Der Adel war immer Vorbild, und das Bürgertum des 17. Jahrhunderts näherte sich mit der Zeit den Essgewohnheiten des Adels an. Wirtschaftliche Veränderungen durch neue Handelsrouten brachten die Einführung neuer Produkte wie Tee und Kaffee, Zucker und Gewürze mit sich, die sich in Europa unterschiedlich durchsetzten.[16]

China war bis Ende der 1970er-Jahre politisch und wirtschaftlich nach außen abgeschirmt, und es gab keine Vergleiche mit anderen Kulturen. So haben sich bestimmte Sitten, die in Europa längst als überholt galten, länger erhalten, darunter das Schlürfen einer heißen Suppe oder das Rülpsen nach dem Essen. Heute, in Zeiten des internationalen kulturellen Austauschs, sind internationale Etikette-Kurse für chinesische Unternehmer, die international tätig sind, sehr beliebt.

Sitten sind Ausdruck gesellschaftlicher Normen

GESELLSCHAFTLICHE SITTEN sind immer soziale Übereinkünfte und Wertungen von Handlungen und haben deshalb nur in einem konkreten Kontext Geltung. Gerade im Bereich sozialer Etikette wird rasch unbewusst negativ gewertet und an eigenen Maßstäben gemessen. Ich selbst habe erlebt, wie schwierig es sein kann, tiefsitzende Gewohnheiten abzulegen, und schildere hier meine eigenen Erfahrungen zum Essen mit der rechten Hand:

Bei meinem Aufenthalt im Oman wurden wir gemeinsam mit unseren arabischen Gastgebern immer wieder zum Essen eingeladen. Ich wusste, dass man in einem arabischen Land nur mit der rechten Hand isst und oft auch mit den Fingern. Ich bemühte mich, nur mit der Gabel in der rechten Hand zu essen, aber irgendwie kam immer wieder meine linke Hand hoch und half meiner rechten, ohne dass ich es gleich bemerkte. Mir wurde bewusst, wie schwer es ist, eine so stark verinnerlichte Gewohnheit abzulegen und eine eingeübte Tätigkeit wie Essen nach einem anderen Muster zu verrichten.

Das Händeschütteln als Begrüßungsritual

EIN KOLLEGE AUS TAIWAN, der seit seiner Jugend in Wien lebt und beruflich zwischen China und Österreich pendelt, erzählte seine Erfahrungen zum Thema Begrüßen und Händeschütteln:

Wenn ich beruflich in China bin, muss ich immer darauf achten, dass meine chinesischen Mitarbeiter nach dem Begrüßen der Österreicher die Gelegenheit haben, sich die Hände zu waschen. Dieses ganze Händeschütteln ist ihnen zuwider. Sie mögen diesen direkten Körperkontakt einfach nicht.

Dies steht sehr im Gegensatz zum Begrüßungsritual in Österreich oder Deutschland, wie ich es vor Kurzem erst wieder bei einem Seminar mit Führungskräften aus mehreren europäischen Ländern erlebt habe:

Bei der Begrüßung ging man direkt aufeinander zu, sah einander direkt in die Augen und begrüßte sich verbal mit

Grußformel und Namen und schüttelte gleichzeitig die Hand. Der Blick war offen und drückte Neugierde aus. Der Händedruck war kräftig und bestimmt.

Eine Russin nahm an einem meiner interkulturellen Trainings für eine österreichische Firma teil. Sie erzählte zum Thema Händeschütteln:

In meinem Heimatland ist es nicht üblich, dass Männer Frauen beim Begrüßen die Hand geben, und zwar aus Höflichkeit. Man vermeidet eine zu große Intimität zwischen Männern und Frauen. Hier in Österreich ist genau das Gegenteil der Fall. Es wäre sehr unhöflich, bei der Begrüßung männlichen Kollegen oder Kunden nicht die Hand zu geben. Ich schüttle hier beim Begrüßen allen die Hand. Ich habe mich da angepasst. Es ist nicht sinnvoll, an einem Ritual festzuhalten, wenn es hier eine andere Bedeutung hat.

Klarheit über die gesellschaftliche Stellung

BRYAN UND YI ELLIS erzählen von der Höflichkeit, die man in China Frauen entgegenbringt:

Eine chinesische Regierungsbeamtin kommentierte einmal, dass sie nur merkt, dass sie eine Frau ist, wenn sie in westliche Länder reist, weil sie dort wie eine Dame behandelt wird. In China wird sie wie ein Mann in einem von Männern dominierten Beruf behandelt. Keiner würde ihr die Tür öffnen, nur weil sie eine Frau ist, stattdessen geben ihr die Leute den nötigen Respekt wegen ihrer Ranges und ihres Alters.[17]

Der soziale Status ist in vielen Ländern sehr bedeutend und spiegelt sich in zahlreichen Verhaltensweisen wider, die von Inländern gar nicht wahrgenommen werden. Bei einem internationalen Kongress an der Universität in Wien sprach ich mit einem Wissenschaftler aus Mumbai, der als Gastprofessor für Finanzwesen ein Semester lang an der Universität Wien lehrte. Er erzählte mir Folgendes:

Es ist interessant, hier zu erleben, dass ich als Ausländer entweder neutral – an der Uni zum Beispiel – oder als minderwertig – auf der Straße und in der Öffentlichkeit – behandelt werde. Hier in Österreich gibt es doch gar nicht das Kastensystem wie bei uns. Aber ich erlebe Diskriminierung, offenbar aufgrund meines Aussehens. Ich gebe zu, meine Hautfarbe ist dunkler, als es hier üblich ist. Aber in Indien weiß man, wer ich bin, allein durch mein Verhalten, den Ort, wo ich mich aufhalte, wie und worüber ich spreche, mit welchen Menschen ich mich umgebe usw. Man weiß, dass ich einer oberen Kaste angehöre, und behandelt mich auch so, das heißt mit Respekt. Hier in Wien kennt man mich nicht, man kann mich nicht zuordnen und urteilt allein nach dem Äußeren – zumindest auf der Straße. In der Uni ist das anders.

Den Habitus von Menschen aus anderen Ländern einzuordnen ist schwer. Dazu muss man selbst Erfahrungen in den jeweiligen Ländern gesammelt haben. Ich erinnere mich an das Verhalten meiner indischen Freundin Verkäufern gegenüber, als wir sehr bedeutende Höhlentempel besuchten:

Sie war zu allen Verkäufern, die die Touristen umscharten, äußerst freundlich. Sie stellte ihnen sogar Fragen und betrachtete mit Neugierde die Objekte, die zum Kauf angeboten wurden. Aber in ihrem Habitus drückte sie unmissverständlich aus, welchen sozialen Status sie einnimmt und dass sie nichts kaufen würde.

Im interkulturellen Arbeitskontext ist es daher sehr wichtig, das Verhalten der anderen gut zu beobachten. Wir können mit den Kollegen aus anderen Ländern durchaus klärende Gespräche über den unterschiedlichen Habitus führen. Beide Seiten erweitern dadurch ihr Kulturwissen und erweitern ihr Verständnis füreinander.

HÖFLICHKEITSRITUALE

DER AUSTAUSCH VON HÖFLICHKEITSRITUALEN regelt in jeder Kultur, wie man sich in einer bestimmten Situation angemessen verhält. In unserer Kultur ist das Ritual des Sich-Bedankens auf zwischenmenschlicher Ebene sehr wichtig, weil es die Gleichrangigkeit zwischen Geber und Empfänger indirekt unterstreicht. Ohne dieses Kommunikationsritual wird eine Begegnung auf der Geschäftsebene oder im Dienstleistungsbereich als unhöflich empfunden und deshalb negativ bewertet.

In kulturellen Kontexten, in denen die Interaktionspartner ebenbürtig sind, wird daher ritualisierte Höflichkeit eingesetzt, um Respekt zu zeigen. Die Begegnung erfolgt auf Augenhöhe, und dadurch tritt die soziale Position der Akteure in den Hintergrund. Der Gleichheitsgrundsatz bestimmt den Umgang miteinander.

Ein Kunde erzählte mir von seinen Erfahrungen mit einem arabischen Geschäftskollegen aus der Golfregion:

Ich erlebte, wie mein Geschäftskollege Hasan B. sich bei seinem Aufenthalt in Wien nie für etwas bedankte. Mir erschien das sehr unhöflich. Schließlich organisierte ich für ihn im Hotel ein zusätzliches Zimmer für seine Frau und seine Tochter – was gar nicht einfach war – und gab ihm eine Liste an guten Restaurants und Geschäften in der Innenstadt. An einem Abend gingen wir alle gemeinsam essen, auch meine Frau war dabei. Er schien alles für selbstverständlich zu halten. Das ärgerte mich etwas. Ich wurde aber sehr überrascht, denn in der Folge liefen nicht nur die Geschäfte gut, sondern bei meinem Gegenbesuch wurde mir an Gastfreundschaft alles geboten, was man sich nur vorstellen kann!

Gegenleistung statt Dankeschön

IN KULTUREN MIT STEILEN VERTIKALEN HIERARCHIEN erwartet man besondere Dienstleistungen und bedankt sich deshalb nicht ausdrücklich dafür. Die hierarchische Position bestimmt vielmehr, wer sich bei wem bedankt. Darüber hinaus muss im System von Geben und Annehmen von Gefälligkeiten immer ein Gleichgewicht herrschen. Wenn ich einem Freund einen großen Gefallen erweise, dann erwarte ich irgendwann eine Gegenleistung – unabhängig davon, ob er sich bedankt hat oder nicht. In diesem Kontext verlässt man sich auf das unausgesprochene Versprechen der Gegenleistung, das im Rahmen des Ehrenkodex auch gehalten wird. Der »Handschlag« gehört in diesen Kontext und gilt in vielen Ländern als Basis für eine gute Geschäftsverbindung.

In Indien ist es nicht üblich, sich überschwänglich für erwiesene Dienste zu bedanken. Das war eine der Anpassungsleistungen bei meinem dreijährigen Aufenthalt in New Delhi: Ich musste mir abgewöhnen, mich ständig für alles zu bedanken. Denn dienende Hände gibt es im Alltag ununterbrochen. Meine Kollegin aus Bangalore, die in Wien lebt, erzählte:

> **Wenn Tee vom Personal serviert wird, dann bedankt sich niemand. Ich nicke höchstens leicht mit dem Kopf und lächle etwas. Mehr ist nicht angemessen. Ich habe hier in Wien aber gelernt, dass ich mich für alles zehn Mal bedanken muss, sonst gelte ich als unhöflich.**

In Gesellschaften, in denen der soziale Status über Bildung, Leistung und Kompetenz erworben wird, werden Hierarchien weniger betont und man begegnet einander auf gleicher Ebene. Um diese Gleichwertigkeit zu unterstreichen, betont man die Beziehung, indem man sich für Dienstleistungen bedankt, auch wenn diese von untergeordneten Personen durchgeführt werden.

Wenn ein Nein als unhöflich gilt

IN UNSEREM KULTURELLEN KONTEXT können wir ein Angebot direkt ablehnen, ohne die Person, die es ausspricht, zu beleidigen. Denn das Nein bezieht sich auf die Sache und nicht auf die Person.

>»Möchten Sie eine Tasse Kaffee?«
>»Nein, danke.«
>»Ein Glas Wasser vielleicht?«
>»Nein, vielen Dank!«

Ein Nein wird im Zusammenhang mit einer direkten und sachbezogenen Kommunikationsweise akzeptiert und nicht weiter hinterfragt. Dies ist anders in kulturellen Kontexten, in denen ganz bestimmte Höflichkeitsrituale vorherrschen, wie zum Beispiel im Iran. Dazu möchte ich eine iranische Eigenheit näher beschreiben, die im internationalen Business bedeutend ist:

>»Kann ich Ihnen Tee anbieten?«
>»Nein, vielen Dank!«
>»Bitte, nehmen Sie doch eine Tasse Tee. Oder möchten Sie lieber Kaffee?«
>»Nein, nein! Danke! Keine Umstände!«
>»Bitte, nehmen Sie doch!«
>»Nein, nein, ich möchte wirklich gar nichts, danke!«
>»Aber bitte, hier, der Tee, nehmen Sie doch.«
>»Ja, dann vielen Dank.«

Taroof ist ein iranisches Höflichkeitsmuster und bedeutet, Angebote aller Art – seien es Getränke wie Kaffee oder Tee, Essenseinladungen oder Geschenke – zunächst entschieden abzulehnen. Diese Antwort gebietet die iranische Höflichkeit. Sie ist Teil eines ritualisierten Höflichkeits-Pingpongs, das nach einem bestimmten Muster abzulaufen hat. Natürlich wissen alle Beteiligten, dass mehrmals beharrt und abgelehnt werden muss, bis das Angebotene angenommen werden darf. Dieses beliebte Verhaltensmuster wird in allen formellen Interaktionen eingesetzt. Es ist beziehungsorientiert und gesichtswahrend und letztlich ein Spiel, das für gute Stimmung sorgt und sicherstellt, dass die Beziehungen auch weiterhin gut sind. In internationalen Geschäftszusammenhängen lohnt es sich, es zu beherrschen.

In der Zusammenarbeit mit Iranern ist es daher wichtig, mit Feingefühl und Respekt vorzugehen. Das bedeutet in erster Linie, gut zu beobachten, sich selbst zurückzunehmen, viele Fragen zu stellen und älteren oder Senior-Geschäftspartnern besonders respektvoll zu begegnen. Das signalisiert gutes Benehmen, das von Iranern sehr geschätzt wird. Auf dieser Ebene entwickelt sich dann eine gute Zusammenarbeit, die mit der Zeit an gegenseitigem Vertrauen gewinnt und langfristig Früchte trägt. Dabei sind die Regeln von Taroof zu beachten – man gibt vor, etwas nicht zu wollen, das man in Wirklichkeit will; man bietet etwas an, das man gar nicht geben will, und drückt Liebenswürdigkeiten aus, die nicht immer so gemeint sind. In unseren Augen klingt das nach Lüge, aus iranischer Perspektive befindet man sich im Bereich der Höflichkeit, die immer Ausdruck von Respekt ist. In der interkulturellen Zusammenarbeit mit iranischen Kollegen ist man außerdem zur Gastfreundschaft verpflichtet, vor allem im beruflichen Kontext.

Die Beziehung hat oberste Priorität

BEZIEHUNGSORIENTIERTHEIT STEHT AUCH HIER an erster Stelle. Ein Nein würde eine Absage an die Weiterführung der Beziehung oder einen Abbruch des Kontakts bedeuten. Für arabische Geschäftskollegen klingt ein Nein unhöflich und abweisend. Es erweckt den Eindruck, als wollte man mit ihnen nichts mehr zu tun haben. In Verhandlungen, auch wenn sie zu keinem unmittelbaren Ergebnis führen, verabschiedet man sich daher mit verbindlichen Worten:[18]

> Wir denken noch darüber nach. Sie sind bei uns jederzeit willkommen. Möchten Sie noch Kaffee oder Wasser? Entspricht Ihr Hotel Ihren Wünschen?
> Wir melden uns bei Ihnen, sobald wir Näheres wissen.

Entgegen dem deutschen oder österreichischen Anspruch, bei Geschäftsverhandlungen Klarheit zu schaffen und eindeutige Botschaften zu vermitteln, ist es in diesem Kontext wichtig, Optionen offen zu lassen und zu vermitteln, dass noch nicht das letzte Wort gesprochen ist. Gesprächsrituale, die die Beziehungen aufrechterhalten, sind für eine Zusammenarbeit mit arabischen Kollegen sehr wichtig. Dies spiegelt sich in einer positiven, indirekten und höflichen Sprache wider, die alle Türen offen lässt.

Auch in asiatischen Ländern ist ein klares Nein auf formeller Beziehungsebene sehr unhöflich. Das Bemühen um die Beziehungen überwiegt, und positive Kommunikation wird bevorzugt. Eine Kollegin aus China, mit der zusammen ich ein Seminar gehalten hatte, erklärte es mir so:

> Ein Nein ist zu hart. Wir sagen das nicht. Es ist dann unmöglich, die Beziehung weiterzuführen.

Bemerkenswert fand ich ihren Ausdruck »zu hart«, denn er zeigt eine negative emotionale Reaktion auf eine direkte Ausdrucksweise an. Auch in Österreich findet sich zuweilen eine in diesem Sinne »weiche« Sprache im beruflichen Kontext:

> »Danke für dieses informative Gespräch. Wir melden uns gern wieder bei Ihnen.«
> »Wir werden sehen, was sich machen lässt.«
> »Schau' ma mal.«

Diese Formulierungen sind gesichtswahrend und lassen mehrere Deutungen zu. Damit wird signalisiert, dass Interesse am Aufrechterhalten der Beziehung besteht. Interessant ist, dass die Möglichkeit, das Gespräch oder die Beziehung weiterzuführen, in der Äußerung angelegt ist – sowohl im Chinesischen als auch im österreichischen »Schau' ma mal«.

Wenn ein Ja kein Ja ist

BEI INTERKULTURELLEN BEGEGNUNGEN kommt es immer wieder zu Missverständnissen bei Zusagen, die – wie sich häufig später herausstellt – gar keine sind. Grund dafür ist die Bedeutung von Respekt und Seniorität im Umgang mit höhergestellten Personen in Kulturen wie zum Beispiel Indien. Einige Beispiele, die ich in meinen interkulturellen Seminaren gesammelt habe, sollen das illustrieren. Das folgende Gespräch fand zwischen einem deutschen Manager und seinem indischen Mitarbeiter Aryan aus Bangalore in einem Softwareunternehmen in München statt:

> »Das Projekt muss bis übernächste Woche fertig sein, und wir müssen es auf jeden Fall bis zum nächsten Wochenende

finalisieren. Kann ich auf Sie auch am Wochenende zählen?«

»Ja, natürlich. Kein Problem. Ich glaube schon.«

»Am besten, Sie organisieren auch Raj, damit Sie das hinkriegen.«

»Ja, selbstverständlich, kein Problem. Wissen Sie, meine Verwandten kommen dieses Wochenende aus Bangalore. Sie werden ein paar Wochen hierbleiben. Wir möchten Sie auch gern einmal zum Essen einladen. Meine Mutter kocht hervorragend.«

»Wie schön. Ja, ja, es ist eine sehr intensive Zeit. Es ist überall viel los und dann die Arbeit ... Also ich kann auf Sie zählen, ja?«

»Ja, ja, kein Problem, sicher. Ich werde Raj und Vihaan bitten zu kommen.«

In diesem Gespräch liegt das Bedeutende zwischen den Zeilen, die beiden Gesprächspartner reden aber auch aneinander vorbei. Der deutsche Manager orientiert sich allein an seiner Aufgabe. Er schiebt die sozialen Aspekte in der Beziehung zu seinem Mitarbeiter beiseite und schenkt ihnen keine Beachtung. Der indische Mitarbeiter, der natürlich weiß, dass er an dem besagten Wochenende wegen der Ankunft seiner Verwandten gar nicht arbeiten kann, ist in einer schwierigen Lage. Er kann nicht ablehnen und versucht deshalb, seine Situation zu erklären, aber es gelingt ihm nicht. Seine einzige Rettung sind seine Kollegen, die für ihn einspringen müssen.

Anders als in Deutschland oder Österreich spielen die persönlichen Beziehungen für indische Mitarbeiter eine große Rolle. Für den Vorgesetzten ist es daher wichtig, sich über die privaten Hintergründe und Verpflichtungen der Mitarbeiter zu informieren, aber sich auch bei privaten Ereignissen zu involvieren. Aryan sagt in dem obigen Gespräch mehrmals Ja, aber er meint es in diesem Zusammenhang nicht. Sein Ja drückt die Zustimmung zur

Bedeutung des Projekts aus, das fertig werden muss; aber es bedeutet nicht, dass er die Arbeit machen wird. Der Vorgesetzte hätte genauer hinhören müssen, wie dieses Ja gesagt wurde – Tonfall, Kopfbewegung, Blickkontakt und der Nachsatz: »Ich glaube schon.« Hätte er einfühlsam und aktiv zugehört, hätte er die indirekte Botschaft gehört und nachgefragt.

Das Ja von Aryan ist ein höfliches, respektvolles Ja. Er kann seinem Vorgesetzten nicht widersprechen und zieht es vor, indirekt zu vermitteln, dass er unabkömmlich ist. Für Personen, die eher direkt kommunizieren und die kein Problem damit hätten, wenn Aryan gleich gesagt hätte, dass er nicht kommen kann, ist es schwer, diesen indirekten Stil wahrzunehmen. Es empfiehlt sich daher, genau hinzuhören, nachzufragen und vor allem ein Ja nicht einfach als Ja anzunehmen.

Nachfragen ist nicht überall üblich

AUCH IM SCHULUNGSKONTEXT, wenn es um Verständnisfragen geht, kann ein Ja leicht missverstanden werden. Mitarbeitern aus Südkorea, Japan oder China, aber auch Thailand oder den Philippinen, fällt es schwer zuzugeben, wenn sie bei einer Schulung nicht alles verstanden haben. Auch hier steht die Beziehung zur vorgesetzten Person im Vordergrund, die auf keinen Fall gestört werden darf.

Höflichkeitsfloskeln, Zustimmung oder Beschwichtigungen sind für Deutsche oder Österreicher sehr irreführend, wenn sie nicht in Bezug auf den jeweiligen kulturellen Hintergrund interpretiert werden. Kritisches Hinterfragen und klärendes Nachhaken ist im europäischen Kontext auch gegenüber Vorgesetzten üblich und wird durchaus erwartet. Der Grund dafür liegt bereits im Erziehungssystem. Wie wir in der Schule lernen, wie Informationen weitergegeben werden und ob im Umgang miteinander hierarchische oder egalitäre Strukturen im Vordergrund stehen, prägt das Verhalten.

Dazu möchte ich ein Beispiel von einer Schulung im IT-Bereich einer großen österreichischen Versicherung anführen. Die IT-Fachfrau und Abteilungsleiterin hatte gerade einen längeren Vortrag über ein neues Tool gehalten, das angewandt werden soll. Ihre Zuhörer sind südkoreanische Mitarbeiter und Mitarbeiterinnen, die eigens nach Österreich ins Unternehmen gekommen sind, um geschult zu werden.

»Ich hoffe, Sie konnten meinen Ausführungen folgen. Haben Sie Fragen?«
Die Zuhörer blicken auf ihre Laptops, keiner von ihnen meldet sich.
»Gibt es wirklich keine Fragen? Haben Sie alles verstanden?«
Keiner der Zuhörer stellt eine Frage. Alle nicken und murmeln ein Ja.
»Sie wissen, dass Sie dieses Tool selbstständig anwenden müssen. Haben Sie wirklich keine Fragen?«
Stille macht sich breit. Alle blicken in die Laptops. Niemand stellt eine Frage.
»Gut, dann danke ich Ihnen für Ihre Aufmerksamkeit und wünsche Ihnen viel Erfolg bei der Umsetzung.«
Die Gruppe packt ihre Laptops ein und geht schweigend aus dem Schulungsraum. Am nächsten Tag hagelt es E-Mails an die Abteilungsleiterin, in denen sehr differenzierte Fragen bezüglich des Tools und der Anwendung gestellt werden. Die Abteilungsleiterin ist erbost und versteht nicht, weshalb diese Fragen nicht am Tag zuvor gestellt worden waren.

Zu ähnlichen Situationen kommt es in sehr unterschiedlichen fachlichen Bereichen, und sie laufen alle nach dem gleichen Muster ab. Wie hier steht meistens die hierarchische Beziehung zu Vorgesetzten im Vordergrund. Verständnisfragen zu stellen, ist nicht überall üblich.

In unserer Kultur gehen wir davon aus, dass Schüler, Studierende, Mitarbeiter, Zuhörende nachfragen, wenn etwas unklar ist oder näher erläutert werden soll. Aber auch ein kritisches Hinterfragen der Inhalte ist bei Besprechungen oder Schulungen üblich. Dies ist möglich, wenn bei der Interaktion die Ebenbürtigkeit aller Beteiligten betont wird – wie in der Schweiz, in Deutschland oder in Österreich. Dabei herrscht das Recht des Einzelnen, prinzipiell alles in Frage zu stellen und näher zu untersuchen.[19]

Lernstile sind kulturell geprägt

KRITISCHES DENKEN GEHT HIERBEI mit einem Recht auf Wissen einher, das von Institutionen und Lehrenden gewährt und unterstützt werden muss. Diese Denktradition geht auf Sokrates zurück, der die Antworten seiner Gesprächspartner immer infrage stellte und sein Gegenüber durch logische Argumente zu überzeugen versuchte. Diese Fähigkeit, die eigenen Gedanken und Gefühle in Worte zu fassen, ist in unserem kulturellen Kontext ein wichtiger Bestandteil des Lernens.[20]

Überall dort, wo in einem Unternehmen oder einer Institution Hierarchien betont werden, wird eine vortragende Person (Lehrende, Führungskräfte, Manager usw.) respektvoll behandelt. Zu diesem Respekt gehört auch, dass keine Fragen gestellt werden. Das liegt an zwei Aspekten: Zum einen liegt in einem hierarchischen System die Verantwortung beim Vortragenden. Er ist dafür verantwortlich, die Inhalte so zu bringen, dass sie von allen verstanden werden. Eine klärende Frage würde demnach bedeuten, dass er oder sie den Inhalt unklar vorgetragen hat, und hätte einen Gesichtsverlust zur Folge. Zum anderen verliert auch der Fragende das Gesicht, da er sich mit der Frage vor allen anderen die Blöße gibt, etwas nicht verstanden zu haben. Beides wird in einem formellen Kontext wie bei einem Vortrag oder einer Lehrsituation möglichst vermieden. Gesicht-Wahren, Respekt und Höflichkeit liegen in diesem Zusammenhang sehr eng beieinander.

Als ich während der Zeit meines mehrmonatigen Aufenthalts in Shanghai regelmäßig Chinesischunterricht nahm, erlebte ich selbst, wie gelehrt wird:

Meine Chinesisch-(Mandarin)-Lehrerin erklärte sehr genau und wiederholte Wörter, Regeln, Aussprache immer zwei bis drei Mal. Ich übte vor allem die Aussprache gewisser Konsonanten-Kombinationen, die Deutschsprachigen besonders schwer fällt. Zu Beginn jeder Stunde prüfte sie die Vokabeln und Grammatikregeln aus der vorigen Stunde. In den ersten Stunden war ich nicht gut vorbereitet, aber dann war es mir unangenehm, keine Antworten geben zu können, und ich nahm mir vor jeder Lehreinheit ausreichend Zeit, um das bereits Gelernte zu wiederholen und präsent zu haben. Dieses Vorgehen beschleunigte meinen Lernerfolg sehr.

Lernstile sind kulturell geprägt. In Südkorea oder China herrscht eine andere Lerntradition. Sie geht auf Konfuzius zurück und stellt Ausdauer, Fleiß und Konzentration in den Vordergrund. Fortwährendes Üben und Auswendiglernen haben hier einen hohen Stellenwert, denn dadurch wird ein Lernstoff verinnerlicht.

Die Perfektion steht im konfuzianischen Asien im Vordergrund – und nicht der kritische Blick und das genaue Hinterfragen von Inhalten wie in Europa.

Im Umgang mit Mitarbeitern aus asiatischen Ländern ist daher vor allem bei Schulungen unbedingt zu beachten, dass diese Personen in einer ganz anderen Lerntradition stehen. Auf allgemeine Fragen wie: »Haben Sie alles verstanden?« oder: »Haben Sie noch Fragen?« können sie nicht so reagieren, wie das in unserer Kultur üblich ist. Sofern diese Personen nicht im Ausland studiert oder gearbeitet haben, können sie auf solche allgemeinen Fragen nur mit einem höflichen Ja oder einem Schweigen antworten. Daher empfiehlt es sich, sehr präzise Fragen zu stellen, das Gehörte von den Schulungsteilnehmern wiederholen zu lassen und Inhalte abzufragen, um sicherzugehen, dass sie das Vorgetragene auch wirklich verstanden haben.

DAS GESICHT WAHREN

DASS DAS GESICHT-WAHREN in vielen Ländern einen hohen Wert hat, wurde im Zusammenhang mit den Kommunikationsstilen bereits erwähnt. Dieser Wert ist uns vor allem aus asiatischen Kulturen bekannt. Um das Gesicht zu wahren, vermeidet man Peinlichkeiten, hält sich an Höflichkeitsrituale und stellt die persönlichen Bedürfnisse hintan. Es bedeutet, nach außen den Schein zu wahren und die Regeln von Ehre, Würde und Respekt zu befolgen. Eine wahrheitsgemäße Darstellung von Sachverhalten ist in diesem Kontext nebensächlich, vielmehr geht es darum, Konflikte zu vermeiden, nicht offen Kritik zu üben und nach außen ein perfektes Bild abzugeben. Wie hilfreich es ist, wenn man in der Lage ist, Fehler nicht offen zu kritisieren, zeigt das folgende Beispiel:

In einer Verhandlung in einem Automobilunternehmen in München geht das deutsche Team von anderen Verkaufszahlen aus als seine arabischen Partner. Erst mit der Zeit wird den Teilnehmern bewusst, dass sie von unterschiedlichen Dingen sprechen. Offenbar wurden bei der Vorbereitung Unterlagen vertauscht. Die beiden deutschen Mitarbeiter entschuldigen sich und verlassen den Sitzungsraum, um sich zu besprechen. Mit Hilfe eines Assistenten gelingt es ihnen, die richtigen Zahlen herunterzuladen. Sie sehen sie kurz durch und stimmen ihre Vorgehensweise ab. Dann gehen sie in den Verhandlungsraum zurück und setzen das Gespräch fort, ohne ein Wort über ihren Irrtum zu verlieren. Einer der arabischen Partner am Verhandlungstisch, der die beiden gut beobachtet hat, lächelt fast unmerklich, nickt und führt die Verhandlungen zu einem für beide Seiten sehr guten Ergebnis zu Ende.

Diskretion und Ruhe zu bewahren, sind in diesem Kontext wichtige Eigenschaften. Hätte sich das deutsche Team aufgeregt, weil es für die Verhandlung vom arabischen Partner die falschen Unterlagen erhalten hatte, wäre die Verhandlung augenblicklich abgebrochen und vertagt worden. So reagierte das Team sehr flexibel auf die neue Situation und fand eine Lösung. Ihr gesichtswahrendes Verhalten wurde vom Verhandlungspartner zur Kenntnis genommen und entsprechend honoriert, indem ein guter Kompromiss gefunden wurde. Die Deutschen hatten durch ihr Verhalten bewiesen, dass sie vertrauenswürdige und ehrenvolle Partner sind.

Recht haben oder Gesicht geben

AUF DER KULTURELLEN EBENE sind hier Werte wie »Recht haben« einerseits und »Gesicht geben« andererseits im Spiel. In Europa herrscht ein ausgeprägtes Rechtsempfinden vor, das auf die tiefe Verankerung des römischen Rechts in der christlichen Theologie zurückgeht. In der Neuzeit bildete das römische Recht dann die Grundlage der kontinentaleuropäischen Gesetzgebung.[21] Diesbezügliche frühe Werte waren seit dem ausgehenden 18. Jahrhundert Aufrichtigkeit und Gesetzestreue.[22] Das Recht beruht in der römischen Rechtstradition auf niedergeschriebenen Gesetzestexten. Ein rechtlich bindender Vertrag existiert daher unabhängig von einer politischen oder ökonomischen Situation. Er stellt eine fixe Referenz dar, die nicht an einen spezifischen Kontext gebunden ist.[23]

Das Gesicht-Geben folgt einem ganz anderen Verständnis von sozialer Gerechtigkeit. Der Wert des Gesichts, das heißt das Ansehen und der soziale Status eines Menschen in der Gesellschaft, ist sowohl in Asien als auch in arabischen bzw. islamischen Ländern von großer Bedeutung. Er beruht auf zentralen Werten wie Verlässlichkeit, Aufrichtigkeit, Achtung und Integrität einer Person. Wer einem anderen Gesicht gibt, weiß, dass »Gesicht zu haben« ein bedeutender Wert im jeweiligen kulturellen Kontext ist. Gesichtswahrende Handlungen gibt es jedoch nur im zwischenmenschlichen Bereich. Sie leiten sich von keinem universellen, das heißt allgemein gültigen Gesetz ab, denn der Wert ergibt sich aus dem Verhalten einer Person in einer bestimmten Situation und kann immer nur in einem konkreten sozialen Kontext, das heißt situationsbezogen eingeschätzt werden.[24]

Für Menschen, die in der europäischen Rechtstradition sozialisiert wurden, ist es bei interkulturellen Begegnungen eine Herausforderung, mit dem Wert des Gesicht-Wahrens umzugehen und zu wissen, wann man dem anderen Gesicht geben muss.

Ein weiteres Beispiel, das in den Bereich Gesicht-Wahren und Gesicht-Verlieren fällt, ist ein Vorfall, der im Sommer 2016 in den Vereinigten Arabischen Emiraten Aufsehen erregte.

Ein Emirati, der sich kurzfristig in den USA aufhielt, trug wie gewohnt sein weißes bodenlanges Hemdkleid und wurde in seinem Hotel von einer Hotelangestellten als mögliches IS-Mitglied angezeigt. Die darauffolgende Untersuchung durch die Polizei geschah in einer Weise, dass der Emirati einen Schock davontrug und in ein Krankenhaus eingeliefert werden musste. In den Golfländern wurde über dieses Ereignis nicht nur ausgiebig in den Medien berichtet, sondern in den sozialen Medien wurden auch Bilder über den Vorfall veröffentlicht, was für den Betroffenen einen Gesichtsverlust bedeutete. Emiratis werden nun offiziell aufgefordert, sich in ihrer Kleidung im Ausland anzupassen,

um derartigen Missverständnissen aus dem Weg zu gehen.
»Um ihre Bürger zu schützen, rät die Regierung der Emirate nun
aber zur Vorsicht. (...) Die Regierung der Emirate und anderer
Golfländer fordern deshalb ihre Auslandsreisenden explizit auf,
sich an die geltenden Gesetze ihres Gastlandes zu halten.«[25]

Das obige Beispiel zeigt, dass Anpassung auch ein Schutz gegenüber Vorurteilen sein kann. Wenn ich mir bewusst mache, wie
andere mich wahrnehmen, führt das zu einer Veränderung des
Verhaltens in einer bestimmten Situation. Interkulturelle Kompetenz zeigt sich auch darin, dass ich mich selbst zurücknehme und
überlege, wie ich bei anderen ankomme.

Das Gesicht wahren – heißt das zu lügen?

»ES IST NICHT WICHTIG, DIE WAHRHEIT ZU SAGEN, sondern das Gesicht
zu wahren.« Immer wieder diskutiere ich in Seminaren ausgiebig
den kulturellen Unterschied zwischen – um mit Ingeborg Bachmann zu sprechen – »Die Wahrheit ist nämlich dem Menschen
zumutbar«[26] und dem Konzept des Gesicht-Wahrens. In Ländern,
in denen dieses Gesicht-Wahren einen hohen Wert hat, ist eine
gute Ausrede mehr wert als die nackte Wahrheit. Die wahrheitsgemäße Darstellung von Sachverhalten ist hier nebensächlich,
denn es geht um das Bild nach außen. Man gibt sich keine Blöße,
man brüskiert andere nicht.

Das Entscheidende beim Gesicht-Wahren ist, Konflikte zu
vermeiden und die Harmonie in der Öffentlichkeit aufrechtzuer-
halten. Warum? Weil es bedeutungslos ist, wo die Wahrheit liegt.
Viel bedeutender sind die Beziehungen untereinander und dass
diese aufrechterhalten werden. So betrachtet ist Wahrheit immer

kontextgebunden. Sie existiert nur innerhalb von Beziehungen und ist immer davon abhängig, wer was aus welcher Perspektive sieht.

»Gesicht-Wahren war und ist in China nach wie vor sehr wichtig. Für chinesische Führungskräfte steht es sogar vor Vernunft und Gesetz. Es ist das komplette Gegenteil zur westlichen Welt – dort kommt das Gesetz zuerst, das Gesicht zuletzt.«[27]

Werte wie Wahrhaftigkeit und Offenlegen der Wahrheit um jeden Preis haben in diesem Konzept keine Bedeutung. Daher können gesichtswahrende Äußerungen nicht als Lügen eingestuft werden, denn sie stehen immer im Kontext der Beziehungsorientierung und einer auf diese Situation zugeschnittenen Kommunikation.

Ein deutscher Abteilungsleiter berichtete über sein Erlebnis mit seinem japanischen Kollegen, mit dem er eng zusammenarbeitet:

Ich besprach meinen Bericht mit meinem Kollegen Denis. Er erwähnte, mein japanischer Kollege Saki habe ein paar Punkte kritisch angemerkt. Ich war sehr erstaunt, denn mit Saki war ich den Bericht schon durchgegangen. Er hatte mir signalisiert, er sei einverstanden. Und jetzt hörte ich, dass das gar nicht stimmte ... Saki erwiderte später im Gespräch mit mir: »Ja, ich habe Einverständnis signalisiert, aber ich meinte, dass ich deine Position verstehe, nicht, dass ich es ebenso sehe und deine Meinung teile.«

Ein klassisches Missverständnis. Hat Saki gelogen? Um keine direkte und offene Kritik an seinem Kollegen zu üben, an dem ihm viel liegt, stimmte er zu, bezog sich aber nicht auf den Inhalt, sondern auf die Position, die sein Kollege einnahm. Sein Ja bedeutete:»Ja, ich verstehe dich.« Und nicht:»Ja, ich teile deine Meinung.« Daher ist dieses Ja keine Lüge. Es ist Ausdruck eines gesichtswahrenden Kommunikationsmusters, das für Außenstehende nicht immer verständlich ist. Der deutsche Kollege hätte hier eine präzisere Frage stellen müssen, um die Antwort zu erhalten, die er wollte.

BEZIEHUNGSORIENTIERUNG –
WIE GEHT DAS GENAU?

BEI EINEM MEINER BESUCHE in meiner Bank hörte ich zufällig eine kurze Sequenz aus einem Gespräch zwischen einer Bankmitarbeiterin und einem Kunden, die miteinander auf Englisch über einen zu vereinbarenden Termin sprachen:

> If I start with one person I would like to continue with her.

Der Kunde hatte das Bedürfnis, weiterhin mit dieser Angestellten zusammenzuarbeiten und nicht mit einer anderen. Er wollte daher einen Termin mit genau dieser Person. Hier zeigt sich ein wesentlicher Bestandteil von Beziehungsorientierung im beruflichen Kontext: die Kontinuität auf der persönlichen Ebene, die den Aufbau von Vertrauen und Verbindlichkeit gewährleistet.

Als ich in einem Seminar über Indien für Mitarbeiter eines Automobilzulieferers darüber sprach, wie wichtig es sei, mit indischen Kollegen eine gute Beziehung auf persönlicher Ebene aufzubauen, erzählte ein Teilnehmer Folgendes:

> Mit meinem Kollegen in Pune skype ich mindestens einmal in der Woche. Wir verstehen uns gut und mit der Zeit ist eine persönliche Beziehung entstanden. Um ihm zu zeigen, wie ich lebe, ging ich mit dem Laptop in meiner Wohnung herum und zeigte ihm meine kleine Tochter, meine Frau und wie sich unser Alltag so abspielt. Als wir uns ein neues Sofa anschaffen wollten, zeigte ich ihm die Fotos im Katalog und wir diskutierten über die verschiedenen Modelle. Es ging ganz einfach und stärkte unsere Beziehung. Seitdem tauschen wir immer wieder

persönliche Ansichten aus, neben dem Beruflichen natürlich. Ich erfuhr so viel über Indien – darüber, wie mein Kollege in Pune lebt, über seine bevorstehende Heirat, die sehr von seiner Mutter vorangetrieben wurde, über seine Geschwister und vieles mehr. Auf dieser Ebene funktioniert die Zusammenarbeit sehr gut.

Wenn von Beziehungsorientierung im beruflichen Kontext die Rede ist, entstehen häufig unterschiedliche Bilder in den Köpfen. Beziehungen auf persönlicher Ebene und Freundschaften werden in unserer Kultur oft aus dem beruflichen Kontext ausgeklammert. Die sachliche Bearbeitung von Themen, ohne auf der persönlichen Ebene eine Beziehung zu entwickeln, steht im Vordergrund. Dabei entstehen über die Jahre sehr gute und auf gegenseitiger Verlässlichkeit und auf gegenseitigem Vertrauen beruhende Arbeitsbeziehungen. Zur Entstehung einer freundschaftlichen Beziehung kann es kommen, muss es aber nicht.

Ob Beziehungen die entscheidende Rolle spielen ...

IN VIELEN ANDEREN LÄNDERN bedeutet Beziehungsorientierung, dass man sich diese Beziehungen, auch familiäre Beziehungen, zunutze macht, wie folgendes Beispiel aus einem deutsch-indonesischen Kontext zeigt:

Bei einem Meeting in München zwischen Herrn Kern und seinem indonesischen Geschäftspartner Herrn Pratiwi kommt es zu einer kleinen Meinungsverschiedenheit. Es soll ein Assistent der Geschäftsführung für die Niederlassung in Jakarta eingestellt werden. Herr Kern besteht darauf, eine Person mit

Universitätsabschluss und einschlägiger Berufserfahrung sowie hervorragenden Englischkenntnissen auszuwählen. Herr Pratiwi favorisiert seinen Neffen, der schon öfters bei ihm im Unternehmen ausgeholfen hat und ein sehr netter, höflich auftretender junger Mann ist. Der Neffe hat sein Studium noch nicht abgeschlossen und sein Englisch ist mittelmäßig, aber dafür könne man sich laut Herrn Pratiwi auf ihn verlassen, da er aus der Familie stammt.

Die beiden Partner sehen den Sachverhalt aus unterschiedlichen Blickwinkeln. Für Herrn Pratiwi ist wichtig, dass sein Assistent keine unbekannte Person ist, sondern aus der Familie kommt. Die Familienbeziehung ist in seinen Augen die Garantie dafür, dass der junge Mann die Erwartungen, die an ihn gestellt werden, erfüllen wird. Herr Kern sieht die Lage sehr sachlich und möchte, dass die Entscheidung aufgrund objektiver Kriterien getroffen wird. Ihm ist ein Bildungsstandard, der nachvollziehbar ist, am wichtigsten. Von sogenannter Vetternwirtschaft will er nichts wissen.

Wer mit Geschäftspartnern aus Indonesien zusammenarbeitet, sollte sich auf die Beziehungsorientierung einstellen. Dort gilt, dass ein gutes Netzwerk das Rückgrat guter Geschäftsbeziehungen ist, und innerhalb dieses Netzwerks bewegt man sich und pflegt seine Kontakte. Loyalität bestimmt die Beziehungen untereinander. Man ist verpflichtet, sich gegenseitig zu helfen und einander Gefälligkeiten zu erweisen. So wird Vertrauen aufgebaut.

Innerhalb der Familie sind die Beziehungen am engsten und damit ist auch die Loyalität am größten. Im erwähnten Beispiel weiß Herr Pratiwi, dass er sich auf seinen Neffen verlassen kann, da er eine sehr gute Beziehung zu seiner Schwester hat. Auch wenn sein Neffe den formalen Kriterien für diesen Posten nicht entspricht, wird er sich sehr anstrengen, um die Erwartungen zu erfüllen. Herr Pratiwi setzt auf die Loyalität innerhalb seiner Familie, die objektiv nicht messbar ist.

... oder die Sache im Mittelpunkt steht

HERR KERN KOMMT AUS DEUTSCHLAND und ist vom Leistungsdenken geprägt. In seiner Kultur stehen Leistung und Zielerreichung an oberster Stelle. Nur wer gute Leistung erbringt, kommt zum Ziel. Die formalen Kriterien dafür sind Ausbildung und Erfahrung. Eine Person mit einschlägiger Universitätsausbildung erfüllt nachweislich die erforderlichen Kriterien. Die sogenannte Sachorientierung steht bei Deutschen hier im Zentrum.

Das bestätigt die interkulturelle Trainerin Sylvia Schroll-Machl: »Die Motivation zum gemeinsamen Tun entspringt der Sachlage oder den Sachzwängen. In geschäftlichen Besprechungen ›kommt man zur Sache‹ und ›bleibt bei der Sache‹ Ein ›sachliches‹ Verhalten ist es, was Deutsche als professionell schätzen.«[28] Für Herrn Kern ist eine professionelle Auswahl des Kandidaten wichtig. Diese basiert auf objektiven Kriterien und nicht auf familiärer Loyalität.

So bauen Sie Beziehungen auf

IM ARBEITSALLTAG KANN EINE PERSÖNLICHE EBENE durch nette Fragen zu Beginn eines Gesprächs oder einer E-Mail hergestellt werden, wie folgende zwei Beispiele zeigen sollen, die Seminarteilnehmer in einem Nachfolge-Workshop erzählten. Beide arbeiten in einem österreichischen Unternehmen und haben viel mit Kunden aus der Golfregion zu tun:

Seit Ihrem Input vor einem halben Jahr versuche ich, am Anfang meiner E-Mails oder auch bei Telefonaten immer persönliche Fragen zu stellen – etwa, wie es so geht, wie es der Familie geht, wie das Wochenende war usw. Das kommt richtig gut an. Danach spreche ich die geschäftlichen Themen an. Ich kann bestätigen, dass sich, seitdem ich das mache, die Geschäftsbeziehung zum Kunden eindeutig verbessert hat. Ich versuche auch, das anzuwenden, was Sie empfohlen hatten: die persönliche Ebene herzustellen. Bei einigen meiner Kunden gelang es gut, und die Geschäftsbeziehung wurde wesentlich besser, bei anderen gelang es nicht. Aber es zahlt sich aus, sich einfach dafür Zeit zu nehmen und zu sehen, dass es Früchte trägt.

Beziehungsorientierung (Building Commitment) ist einer der vier Pfeiler des Modells »Intercultural Readiness« oder interkultureller Kompetenz von Brinkmann und van Weerdenburg.[29] Interkulturelle Kompetenz erweist sich als komplexe Kompetenz, bei der es auch darum geht, wie man mit anderen Personen in Beziehung tritt, Beziehungen pflegt und auch von ihnen profitiert. Wir können großen Nutzen aus Beziehungen ziehen, wenn wir mit Menschen, die uns gar nicht ähnlich sind (zum Beispiel aus anderen Kulturen, mit anderen Perspektiven und Vorstellungen), in Kontakt treten. Die kulturelle Vielfalt bei Beziehungen führt zu höherer Toleranz, Offenheit und in der Folge zu einem Denken, das gewohnte Muster durchbricht. Der Aufbau von Beziehungen ist dabei ein wichtiger Faktor.

Netzwerke sind nützlich

DER ZUGANG ZU NETZWERKEN IST WICHTIG, um beruflich relevante Kontakte zu knüpfen. Ein Manager in einem österreichisch-chinesischen Unternehmen erzählte über das Netzwerken:

> In China ist es wichtig, Kontakte auf allen Ebenen der Gesellschaft zu haben. Aber Kontakte, die einem nutzen. Mitglieder der Regierung und der jeweiligen Provinzregierung sind zum Beispiel wichtige Kontakte für Ausländer, da diese Leute helfen können, wenn man etwas braucht – und die Bürokratie ist ja sehr umfassend. Man braucht Kontakte zu anderen Geschäftsleuten, um Erfahrungen auszutauschen. Chinesen pflegen ihre Kontakte innerhalb der Familie, aus der Schulzeit, aus dem Herkunftsort oder aus der Ausbildungszeit. Man verbringt Zeit miteinander, lädt ein, tauscht Geschenke aus. Die permanente Pflege der Beziehungen ist sehr wichtig. Es ist gut, immer jemanden zu haben, auf den man zurückgreifen kann, wenn man was braucht. Man hilft sich permanent gegenseitig.

Hier wird deutlich, dass in diesem kulturellen Kontext der Akzent einerseits darauf liegt, was der Kontakt einem nutzt, denn die persönliche Ebene ist mit dem Nutzenfaktor vermischt und der wird ständig abgewogen. Andererseits hält die Dynamik von Geben und Nehmen die Beziehung aufrecht. Es entsteht eine Art »Gefälligkeitskonto«, das langfristig immer wieder ausgeglichen werden muss. Wenn ich dem anderen eine Gefälligkeit erwiesen habe, dann schuldet er mir etwas. Dadurch bleibt die Beziehung aufrechterhalten. Das erklärt eine Kollegin aus der Türkei, die seit mehr als zwanzig Jahren in Wien lebt:

Es ist wichtig, dass diese »Schuld« bestehen bleibt, denn dadurch bleibt die Beziehung bestehen. Sonst würde ich ja keine Veranlassung sehen, mich wieder an diese Person zu wenden. Aber wenn ich etwas beim anderen gut habe, dann besteht eine Verpflichtung.

Führt man Beziehungen nach dem Motto »getrennte Rechnung – gute Freunde«, dann liegt der Schwerpunkt nicht auf der Beziehung, sondern auf der Sache, die erledigt wird. Die Beziehung bleibt unverbindlich, wenn die Rechnung ausgeglichen ist, denn man schuldet einander nichts. Erst die offene Rechnung stärkt eine Beziehung, weil die Schuld aneinander bindet.[30]

Eine Frage des Vertrauens

IN DER ZUSAMMENARBEIT MIT ARABISCHEN KUNDEN, bei denen Beziehungen eine besonders hohe Bedeutung haben, geht es in erster Linie um Vertrauen. Wem kann man außerhalb der Familie trauen? Ein Teilnehmer in einem Seminar zu den Golfstaaten erzählte:

Ich habe ja den Vorteil, dass ich die Kultur kenne, auch wenn ich nur türkische Wurzeln habe. Einmal kam ein arabischer Kunde im Ramadan zu uns und wir gingen dann nach Sonnenuntergang gemeinsam essen, um das Fasten zu brechen. Ich betreute den Kunden persönlich, indem ich ihn mit meinem eigenen Auto abholte und nach dem Essen auch wieder zum Hotel brachte. Beim Essen haben wir zuerst zwei Stunden über private Themen gesprochen, bevor wir zum Geschäftlichen gekommen sind. Aber dann wurde der Kunde sehr offen und rückte mit allem heraus, was ihm nicht gepasst hatte. Wir haben sehr offen miteinander gesprochen. Am nächsten Tag wurden dann die Araber sehr aktiv und verhandelten mit den niederländischen Geschäftspartnern, mit denen wir immer Probleme hatten, die Lage ganz neu. Ich war, ehrlich gesagt, sehr überrascht. Aber es zeigt, wenn man Geduld hat und eine gute persönliche Ebene schafft, dann regeln die Araber alles selbst.

Wie kann ich mit einem Geschäftspartner aus diesem kulturellen Kontext eine langfristige Beziehung aufbauen, um sein Vertrauen zu gewinnen? Die Lösung liegt in vielen kleinen Gesten und Gefälligkeiten, in persönlichem Engagement und in einer gewissen Flexibilität, aber allen voran in Verlässlichkeit. Zeigen Sie, dass Sie immer da sind, seien Sie hilfsbereit und lösungsorientiert, nehmen Sie an den familiären Angelegenheiten Anteil usw. So begegnen Sie Ihrem Gegenüber auf persönlicher Ebene, ohne sich besonders um die geschäftlichen Absichten zu kümmern. Damit zeigen Sie, dass Sie die wichtigsten Werte kennen: Würde, Ehre, Respekt.

Der Zugang zu unterschiedlichen Netzwerken bewirkt auch, dass wir uns mit sehr unterschiedlichen Codes vertraut machen, wie Menschen miteinander umgehen und welche Regeln im jeweiligen Kontext herrschen. Wenn man bereit ist, sich anzupassen, lernt man rasch die vielen verschiedenen sozialen Codes kennen und beherrscht mit der Zeit einen souveränen Umgang mit unterschiedlichen sozialen Gruppen.

Dabei geht es nicht nur um Etikette, sondern um den Umgang mit den kulturellen Unterschieden in verschiedensten Situationen. Menschen, die für einen längeren Zeitraum in einem multikulturellen Kontext arbeiten – in internationalen Teams, im internationalen Projektmanagement –, entwickeln dadurch ein sogenanntes »Global Mindset«, ein globales Bewusstsein, das kulturelles Bewusstsein und interkulturelle Kompetenz beinhaltet. So gelingt es, sich auf unterschiedliche Situationen einzustellen und sich an sie anzupassen.

Ein österreichischer Manager, dessen Unternehmen Lichtsysteme erzeugt, hat regelmäßig mit rumänischen Kunden zu tun und erzählte:

> Die Beziehungsorientierung funktioniert über Kontakte auf einer persönlichen Ebene. Für Rumänen kommt zuerst die Beziehung. Sie ist das tragende Element für den Aufbau eines zukünftigen Vertrauensverhältnisses und zeigt sich sowohl in persönlichem Interesse für die andere Person als auch an kleinen Geschenken und Aufmerksamkeiten. Dazu zählt zum Beispiel, den Geschäftspartner persönlich vom Flughafen abzuholen. Das ist in Rumänien üblich, während man in Österreich eher ein Taxi oder einen Fahrer schickt.[31]

In Österreich entsteht ein Vertrauensverhältnis zu einer Person, wenn sie sich bewährt, indem sie gewisse Regeln wie Pünktlichkeit, Termine oder bestimmte Ordnungsprinzipien einhält, aber auch Leistung erbringt. Das braucht etwas Zeit. Damit erarbeitet man sich aber einen gewissen Freiraum für persönliche Besonderheiten oder Eigenheiten und kann dann bestimmte Regeln oder Bestimmungen umgehen.[32] Dazu erzählte der österreichische Manager:

> In Österreich muss ich erst beweisen, dass ich vertrauenswürdig bin – durch mein gruppenkonformes Verhalten, durch meine

Kompetenz, durch meine Erfahrungen usw. In der Zusammenarbeit mit Rumänen merke ich, dass ich automatisch als Freund
gelte, sobald ich als ein Kontakt oder Geschäftspartner von XX
vorgestellt werde.

Beziehungsorientierung bedarf guter Beobachtung und interkultureller Sensibilität, damit sie situationsgerecht und damit
effizient eingesetzt werden kann.

HIERARCHISCHE SCHIEFLAGEN
IM GESCHÄFTSBETRIEB

DER UMGANG MIT HIERARCHIEN ist im interkulturellen Bereich oft eine Herausforderung. In vielen kulturellen Kontexten werden vertikale hierarchische Strukturen betont. Daraus ergeben sich bestimmte Verhaltensweisen. Eine Deutsche, die für ein brasilianisches Unternehmen in Österreich arbeitet, erzählte:

> Ein großer Unterschied besteht in den hierarchischen Strukturen. Von Deutschland her an Gleichberechtigung und Mitspracherecht gewöhnt, musste ich erst lernen, dass ich mich gewissen Leuten oder Vorgaben einfach unterzuordnen hatte, ob ich wollte oder nicht. Dazu gehörte auch, Kollegen in Schlüsselpositionen mal einen kleinen Gefallen zu erweisen, um im Gegenzug an Informationen zu kommen. In Deutschland undenkbar. Es dauerte einige Zeit, bis ich mich an diese Art des »Verhandelns« gewöhnt hatte.

Macht zu delegieren, ist in Ländern, in denen man einander in der Regel als ebenbürtig begegnet, üblich. In der Zusammenarbeit mit chinesischen Partnern kann es vorkommen, dass diese Geste falsch verstanden wird. Was die Teilnehmerin an einem China-Seminar erzählte, soll dies veranschaulichen:

> Es wurde eine Telefonkonferenz zwischen einem österreichischen Zulieferer und einem chinesischen Kunden vereinbart. Mein Chef musste kurzfristig seine Teilnahme absagen und ernannte mich, seine Assistentin und rechte Hand, zu seiner Vertretung. Bei der Telefonkonferenz erfüllte ich meine Aufgabe in

gewohnt verlässlicher Weise und trug dem chinesischen Partner eine halbe Stunde lang genau vor, was ich mit meinem Vorgesetzten am Vorabend besprochen hatte. Ich machte deutlich, dass ich als sein Sprachrohr fungierte. Nach meinem Vortrag meinte der chinesische Partner trocken, er würde das Ganze gern nochmals von meinem Vorgesetzten hören, und brach die Telekonferenz ohne weiteren Kommentar ab. Ich stellte mir etwas verärgert die Frage, weshalb er mich denn nicht früher unterbrochen hatte. So hätten wir Zeit sparen können. Ich informierte meinen Chef und dieser ließ dem chinesischen Partner ausrichten, dass alle Punkte, die ich in der Telekonferenz präsentiert hatte, Gültigkeit hätten und durchzuführen seien. Der chinesische Partner zeigte aber keinerlei Absicht, das zu akzeptieren, und forderte eine weitere Telekonferenz mit dem österreichischen Partner.

Hierarchien haben in der chinesischen Kultur eine höhere Bedeutung als in Österreich. Es ist daher sehr wichtig herauszufinden, wer auf welcher Hierarchieebene steht, denn man interagiert bei wichtigen Gesprächen immer nur mit Personen auf der gleichen Ebene. Für den chinesischen Partner aus dem erwähnten Beispiel ist die Assistentin des Chefs keine ebenbürtige Gesprächspartnerin, und es spielt keine Rolle, dass sie die Rolle der Verhandlungsführerin von ihrem Chef übertragen bekommen hat. Er verweigert deshalb das Gespräch mit ihr, verhält sich aber gesichtswahrend und lässt sie zu Ende vortragen.

In dieser Situation wäre es besser gewesen, den chinesischen Partner vorher darüber zu informieren, dass die Assistentin die Telekonferenz führen wird. Dann hätte die chinesische Seite die Möglichkeit gehabt, einen ebenbürtigen Gesprächspartner in die

Telekonferenz zu senden. So war der chinesische Vorgesetzte unangenehm überrascht. Überraschungen sind im chinesischen Geschäftskontext nicht gern gesehen, denn man möchte immer gut vorbereitet sein und die Lage kontrollieren. In der chinesischen Geschäftstaktik wird Unsicherheitsvermeidung großgeschrieben, da niemand in die Enge getrieben werden will. Darin liegt der kulturelle Hintergrund für das Verhalten des chinesischen Partners in der Telekonferenz: Er ist überrascht und lässt sich Zeit zu reagieren, solange die Assistentin spricht. Außerdem fühlt er sich von seinem österreichischen Partner nicht wertschätzend behandelt, da ihm dieser seine Assistentin als Gesprächspartnerin zugeteilt hat.

Unterordnung

IN EINEM HIERARCHISCHEN SYSTEM lernt man von klein auf, sich über- und unterzuordnen. Schon innerhalb der Familie bestehen Hierarchien, die sich in den jeweiligen Verwandtschaftsbezeichnungen widerspiegeln: Die Position, die Geschwister in der Familie einnehmen, wird beispielsweise im Chinesischen durch eigene Bezeichnungen deutlich gemacht, die in der deutschen Übersetzung nur mit »erster Sohn«, »zweiter Sohn«, »erste Tochter«, »zweite Tochter« usw. wiedergegeben werden können. Jeder hat jemanden über und unter sich. Danach richten sich die Verhaltensweisen und gegenseitigen Verpflichtungen.

Den höherstehenden Personen gehorcht man oder erweist ihnen Gefälligkeiten, den untergeordneten Personen erteilt man Anweisungen. In China lernen Kinder schon in der Schule, für ältere Schüler kleine Dienste zu verrichten. Da jeder seine Rolle zu erfüllen hat, kommt es auch im beruflichen Zusammenhang nicht zu Widerspruch oder Kritik gegenüber Personen, die höherstehen. Ziel ist vielmehr, das Wohlwollen von Vorgesetzten zu erhalten. Denn Vorgesetzte sind die wichtigsten Orientierungsfiguren im Beruf. Dazu erzählte mir ein Gesprächspartner, der für einen österreichischen Automobilzulieferanten tätig ist und mit China zusammenarbeitet:

> Mir fällt auf, dass unsere chinesischen Mitarbeiter sehr auf ihre unmittelbaren Vorgesetzten hören. Sie achten genau darauf, was diese sagen, und reagieren auch auf nonverbale Hinweise wie zum Beispiel Tonfall oder Gestik. Sie zeigen hohes Engagement, möchten aber auch Feedback und Zuwendung. Wenn was schief läuft, sind sie ganz verzweifelt und versuchen sofort, den Fehler zu beheben. Aber es kommt vor, dass sie sich nicht trauen zu sagen, wenn sie etwas nicht verstanden haben. Ich habe das Gefühl, sie haben Angst vor ihren Vorgesetzten.

Dieses Beispiel zeigt die hohe Hierarchieorientierung, verbunden mit einer Beziehungsorientierung. Weil die Beziehung zum Vorgesetzten so wichtig ist, kann ich nicht zugeben, dass ich etwas nicht verstanden habe.

In sozialen Systemen, in denen Gleichheit vorherrscht, werden nicht die Beziehungen betont, sondern die Funktionen und damit die Sachebene. Auf einer Sachebene kann ich offen Kritik üben, denn meine Kritik richtet sich nicht gegen die Person selbst, sondern bezieht sich auf eine Aufgabe, die schlecht oder falsch ausgeführt wurde.

Kundenwünsche im Blick

IN VIELEN LÄNDERN GILT, dass der Kunde König ist. Auch wenn das Produkt noch so überzeugend ist, muss man auf die Wünsche der Kunden sehr genau eingehen. Viele Fehler passieren, indem der Lieferant oder Anbieter keine Sensibilität für die Wünsche seines Kunden zeigt und vor allem keine Absicht hat, sein Produkt an diese Wünsche anzupassen.

Dahinter stehen kulturell unterschiedliche Werte, die mit langfristiger und kurzfristiger Planung zu tun haben. Im deutschsprachigen Raum steht eher die langfristige Planung im Vordergrund. Pläne und detaillierte Entwürfe werden mit einem entsprechenden Zeitaufwand sehr genau ausgearbeitet. Sie bilden die Basis für qualitativ sehr hochwertige Produkte, für die diese Region weltbekannt ist. Modelle werden optimiert, Pläne bis ins Detail entworfen und Prozesse für Vorgehensweisen genau beschrieben, so dass wenig bis kein Raum für Veränderungen bleibt. In einem meiner Seminare gab es folgende Diskussion:

> Wir stellen die Lautsprecher für einen großen US-Anbieter im elektronischen Bereich her. Die Amerikaner wollten, dass wir ihnen mehrere Prototypen schickten, um sich die optimale Version aussuchen zu können. Wir waren der Ansicht, dass wir DEN Prototypen produziert und ihnen gesendet hatten. Es war bereits die optimale Version, besser ging es nicht. Die Amerikaner bestanden aber darauf, mehrere Modelle zu bekommen. Ihnen fünf Modelle mit geringfügigen Änderungen zu senden, damit sie sich ohnehin das EINE Modell bzw. DEN Prototyp aussuchten, erachteten wir als sinnlos.

Die österreichische Firma gab schließlich dem Wunsch des amerikanischen Kunden nach und produzierte die fünf unterschiedlichen Modelle. Neben der angeführten »Sinnlosigkeit« dieses Unterfangens gab es allerdings noch einen anderen Grund für den Widerwillen, der den amerikanischen Auftraggebern verborgen blieb: Die Österreicher hatten zu wenige Fachkräfte, um in dem vorgegebenen Zeitrahmen die fünf Modelle mit ihrem Qualitätsanspruch zu produzieren. Eine unflexible Arbeitszeit- und Überstundenregelung machte es dem österreichischen Team schwer, angemessen auf den Kundenwunsch der Amerikaner zu reagieren. In der Diskussion während des Trainings wurde dann auch beklagt, die Geschäftsführung sei über diese Engpässe in der Produktion nicht ausreichend informiert worden. Offenbar war man sich des kulturellen Unterschieds bewusst, konnte jedoch aufgrund struktureller Gegebenheiten nicht darauf eingehen.

Es zeigt sich, dass immer mehrere Faktoren das Verhalten bestimmen: Qualitätsbewusstsein, Überzeugung vom eigenen Produkt, in das man so viel Zeit und Fachkenntnis hineingesteckt hat, aber auch strukturelle Rahmenbedingungen wie Arbeitszeit- und Überstundenregelungen, die das Eingehen auf Kundenwünsche erschweren können.

Produkt oder Person?

IN EINEM SEMINAR ZUR ARABISCHEN KULTUR für eine Firma der Technikbranche diskutierten wir über das Verhältnis zwischen dem Produkt und den am Kauf beziehungsweise Verkauf beteiligten Personen. Ein Seminarteilnehmer erzählte:

Unsere Kunden in Abu Dhabi ließen sich unsere Produkte vorlegen und nahmen sich viel Zeit dafür. Sie betrachteten die Produkte von allen Seiten, sahen sich die Unterlagen kurz durch und stellten viele Fragen. Es schien, als prüften sie unsere Expertise. Sie schienen sehr zufrieden zu sein. Schließlich fragten sie uns: »Können Sie für uns dieses Produkt mit zweifacher Kapazität herstellen?« Diese Frage überraschte uns, denn wir hatten davor sehr genau die Rahmenbedingungen unseres Produkts erläutert und weshalb es in genau dieser Form mit der gegebenen Kapazität produziert wurde.

In diesem kulturellen Kontext betrachtet sich der Kunde als König, der alles fordern kann. Er möchte die besten Produkte und verhandelt deshalb gern mit Unternehmen aus dem deutschsprachigen Raum. Er möchte aber auch maßgeschneiderte Produkte für die jeweils eigenen Bedürfnisse. Wenn der Anbieter das erkennt und respektiert, zeigt er interkulturelles Feingefühl: Er respektiert die Exklusivität seines Kunden und geht auf dessen Wunsch ein. Damit verlässt man die Sachebene und begibt sich auf die Beziehungsebene, und der Geschäftskontakt wird auf einer persönlichen Ebene weitergeführt.

Die Betonung der Sache (Plan, Produkt, Vorgehensweise beim Projektmanagement) stellt Qualität, Einhalten des Zeitrahmens und Einhalten von Regeln in den Vordergrund, vermindert jedoch die Flexibilität. Dieser Unterschied macht sich in den jeweiligen emotionalen Bewertungen bemerkbar. Der österreichische Anbieter denkt verärgert:

Unser Kunde in Abu Dhabi schätzt unser Produkt nicht, sonst würde er keine Änderungen wünschen.

Diese Einschätzung beruht auf einer Sachorientierung, gepaart mit dem Selbstbewusstsein, über Produkt-Knowhow und technische Expertise zu verfügen.

Der Kunde in Abu Dhabi denkt derweil, ebenfalls verärgert:

> Diese Firma hat so ausgezeichnete Produkte, aber sie sind nicht an uns persönlich interessiert, sondern reden immer nur von ihrem Produkt.

Hier verbindet sich Beziehungsorientierung mit dem Selbstbewusstsein, als Kunde König zu sein, für den der Lieferant alles tun muss. Tut er es tatsächlich, gewinnt er das hundertprozentige Vertrauen seines arabischen Kunden und einen Vertrauensvorschuss für die nächsten Jahre.

Auch in China ist der Kunde König. Ein chinesischer Gesprächspartner, Verkaufsmanager in einem großen technischen Unternehmen, das in Österreich und China tätig ist, betonte, dies werde von den österreichische Lieferanten nicht immer gesehen:

> Kunde und Lieferant sind nicht auf der gleichen Stufe. Der Kunde ist König. Deshalb wird er in China umsorgt, gut bedient, erhält einen individuellen Service, wird zum Abendessen oder in die Karaoke-Bar eingeladen, bekommt kleine Geschenke. Gerade wenn es Probleme gibt, ist dieser Service wichtig. Bei gutem Service kommt der Kunde wieder zurück, man schafft eine stabile Kundenbindung.
>
> In Österreich, so habe ich es erfahren, sieht man das nicht immer. Ich habe gesehen, wie österreichische Lieferanten mit dem Kunden diskutierten, ja sogar stritten. Ist es für Österreicher vielleicht schwer, in der untergeordneten Position zu sein?

In der Zusammenarbeit zwischen China und Österreich wäre es sehr wichtig, sich hier anzunähern.

Das Verhältnis zwischen Kunde und Anbieter ist in Ländern, in denen die Beziehungsorientierung an erster Stelle steht, oft von Hierarchie geprägt. Solange man mit seinem Geschäftspartner auf gleicher Hierarchieebene, also auf Augenhöhe ist, gehört Höflichkeit immer zum guten Umgangston. Probleme werden nur angedeutet, um einen Gesichtsverlust auf beiden Seiten zu vermeiden. Im Verhältnis Zulieferer – Kunde kann sich der höfliche Umgangston jedoch rasch ändern, wenn man auf der Lieferantenseite ist. Eine Teilnehmerin an einem meiner China-Trainings erzählte:

Wir erhalten E-Mails, die gar nicht höflich sind, sondern sehr direkt und fordernd. Oft nicht einmal mit einer richtigen Anrede, von einem Bitte oder Danke ganz zu schweigen.

Der Grund für diesen Umgangston liegt in einer hierarchischen Beziehung. Sender und Empfänger dieser E-Mails stehen aus chinesischer Sicht nicht auf gleicher Stufe. Aus ihrer Perspektive besteht also kein Höflichkeitsgebot. Daher ist es hier wichtig zu wissen, wer mit wem interagiert: Wer hat diese E-Mail an wen geschrieben? Wie sind die hierarchischen Positionen der Beteiligten? Denn in China orientiert sich das Verhalten an der Position der Person, mit der kommuniziert wird. Es gibt kein ebenbürtiges Verhalten gegenüber anderen. Hierarchien und die jeweilige Position der Akteure bestimmen die Art und Weise, wie man miteinander umgeht.

Die konfuzianische Weltsicht

FÜR KONFUZIUS war die chinesische Gesellschaft von fünf fundamentalen hierarchischen Beziehungen bestimmt: Kaiser – Untertan, Mann – Frau, Eltern – Kinder, älterer Bruder – jüngerer Bruder, älterer Freund – jüngerer Freund. Dabei ist nicht nur Loyalität gegenüber dem Höherstehenden wichtig, sondern auch dessen Fürsorge für den Untergebenen. Bis heute prägen diese hierarchische Sicht auf die chinesische Gesellschaft und die damit verbundenen Verpflichtungen weitgehend das Verhalten in China. Denn damit ein harmonischer Umgang miteinander gewährleistet ist, wird erwartet, dass man sich der eigenen sozialen Position entsprechend verhält.

Im Gespräch mit dem chinesischen Verkaufsmanager erfuhr ich weitere Details über die Beziehung Kunde-Lieferant im Vergleich zwischen Österreich und China.

> So wie ich es bei meinem längeren Aufenthalt in Österreich gesehen habe, vermitteln die Österreicher ein genaues Bild von dem, was sie können bzw. machen können. Sie sind ehrlich. Wenn sie es bis zum vorgegebenen Termin nicht schaffen, dann sagen sie es. Sie möchten keine Fehler machen. Sie sind gut ausgebildet und übernehmen die Verantwortung. Sie punkten mit guter Qualität und hoher Verpflichtung in Bezug auf die Vereinbarung. In China ist die Lage ganz anders. Hier fehlt das Vertrauen in die Wirtschaft. Alles ändert sich dauernd, man kann auf nichts zählen. Daher sagt man alles zu, verspricht den besten Preis und am Ende kommt es zu Problemen und die Kosten erhöhen sich.

Mein Gesprächspartner empfiehlt daher, bei Vereinbarungen möglichst präzise zu sein und die Versprechungen von chinesischer Seite so weit wie möglich mit Fakten und Daten zu untermauern. Hilfreich ist auch, alles zu dokumentieren, damit man im Nachhinein eine Grundlage für erneute Verhandlungen hat. Eine chinesische Unternehmerin, die seit langem in Österreich lebt und zwischen Österreich und China Handel betreibt, präzisierte das:

> In China hat der Kunde eine sehr starke Position und als Lieferant muss man jederzeit auf seine Wünsche eingehen und für ihn da sein. Diese Flexibilität ist sehr wichtig. Aus meiner Erfahrung passen sich österreichische Firmen daran sehr gut an und werden deshalb in China sehr geschätzt. Es empfiehlt sich jedoch, bei allen Vereinbarungen, auch Nachverhandlungen, die Ziele ganz genau schriftlich festzuhalten. Bei der Einhaltung von Terminen oder bei der Zahlungsmoral hängt es immer davon ab, ob man mit staatlichen oder privaten Firmen zu tun hat. Die staatlichen Unternehmen sind schwerfälliger und träger. Man braucht viel Geduld.

Loyalität auch der Konkurrenz gegenüber

LOYALITÄT IN GESCHÄFTSBEZIEHUNGEN zeigt sich auch gegenüber der Konkurrenz. Im Gespräch mit einem deutschen Manager, der bei seiner Tätigkeit häufig in Belgien zu tun hat, kam die Sprache auf Loyalität, auch unter Mitanbietern. Er erzählte:

> Ich diskutierte mit den Vertriebsleuten die geografische Ausweitung des Vertriebsnetzes für unsere Kunden. Einer von ihnen entgegnete entrüstet: »Das ist doch das Gebiet der Konkurrenz. Nee, da greif ich net hin!«

Die sachliche Forderung, das Vertriebsnetz zu erweitern und Mitwerber unter Druck zu setzen, um höhere Verkaufszahlen zu erzielen, wird einfach abgelehnt, da man die Beziehungen auch zur Konkurrenz nicht zerstören will. Diese Haltung findet man auch in Japan. Die Loyalität zu Lieferanten ist mitunter so hoch, dass bessere Anbieter lange hingehalten werden, bis man einen günstigen Moment findet, um aus einem bestehenden Vertrag auszusteigen. Ein Kollege mit langjähriger Japan-Erfahrung erzählte:

> Eine österreichische Firma wollte bei einem japanischen Abnehmer einsteigen und hatte genau das richtige Produkt. Dennoch zogen sich die Verhandlungen lange hin, so dass die österreichische Firma den Eindruck hatte, schon ganz aus dem Rennen zu sein. Plötzlich kam der Auftrag für eine ganze Produktionslinie. Im Nachhinein erfuhren die Österreicher, dass die Japaner, die mit einem japanischen Anbieter unter Vertrag standen, abwarten mussten, bis dieser bestimmte Bedingungen nicht erfüllen konnte, um gesichtswahrend das Vertragsverhältnis zu lösen.

Oft sind die Hintergründe für langwierige Verhandlungen nicht offensichtlich. Aber es empfiehlt sich, vor allem in der Zusammenarbeit mit Kunden oder Unternehmen aus asiatischen Ländern, einen langen Atem zu haben und geduldig abzuwarten.

Vereinbarungen und Verträge

NICHT ÜBERALL WIRD MIT DER UNTERSCHRIFT ein schriftlicher Vertrag besiegelt. In Ländern wie Russland und China oder in der arabischen Welt kommt es oft zu Nachverhandlungen, die in Österreich oder Deutschland einem Vertrauensbruch gleichkommen.

Hier ist es wichtig, sich die unterschiedlichen Rechtstraditionen anzusehen. Besteht in Mitteleuropa eine lange Rechtstradition, die auf das römische Recht zurückgeht und vor allem von der katholischen Kirche mitgetragen wurde, da viele Kirchenväter auch gleichzeitig Juristen waren, so gibt es beispielsweise in China keine gleichartige Rechtstradition. Bis zur wirtschaftlichen Öffnung Ende des 20. Jahrhunderts gab es kein verbindliches Recht, mit dem sich die breite Masse identifiziert hätte. Geschäfte schloss man auf informellen Wegen ab, und zwar basierend auf einem Gleichgewicht von Geben und Nehmen (heute unter dem Begriff Guanxi bekannt). Erst seit jüngerer Zeit gelten verbindliche Gesetze, und trotzdem kämpft das Land mit Korruption.

Im Gespräch mit einem österreichischen Geschäftsführer, der fundierte China-Erfahrung hat, erfuhr ich:

China ist eine »High-Context« Kultur, das heißt, Gesagtes bezieht sich immer nur auf einen konkreten Kontext und gilt auch nur für diesen. Sobald sich der Kontext ändert, ist das Vereinbarte irrelevant und muss neu verhandelt werden. Die Möglichkeiten der Veränderung von Rahmenbedingungen, aber auch zur Weiterverhandlung sind bereits in der chinesischen Sprache angelegt. Wie die andere Person das Gesagte auslegt, diese Möglichkeit wird immer mit ausgedrückt – und auch, dass keine Kontrolle darüber existiert, wie etwas interpretiert wird. Etwas, das es im Deutschen oder Englischen nicht gibt. Hier geht man von Rahmenbedingungen aus, die sich nicht ändern, und von einer möglichst eindeutigen Sprache, deren Interpretationsspielraum so gering wie möglich gehalten wird.

Aus chinesischer Sicht gibt es keine eindeutigen Aussagen und keine fixen Vereinbarungen, da Veränderungen immer mitbedacht werden. Aus europäischer Sicht gibt es fixe Vereinbarungen, da wir davon ausgehen, Situationen kontrollieren zu können. In diesem Kontext ist die Bedeutung von schriftlichen Verträgen zu sehen – bei uns als Besiegelung der Vereinbarung, in China als seriöse Absicht, in langfristige Verhandlungen zu treten.

In interkulturellen Situationen sollte man sich also nicht auf eine Vereinbarung verlassen, sondern immer wieder nachfragen, nachjustieren und bereit sein, Veränderungen einzubeziehen. Entscheidend ist die Erkenntnis, dass es sich um unterschiedliche Sichtweisen handelt und nicht um böse Absicht oder Inkompetenz.

MEETINGKULTUREN

DIE BEDEUTUNG VON MEETINGS ist kulturell sehr unterschiedlich. Werden in diesen Sitzungen Entscheidungen getroffen, oder dienen sie lediglich der Absegnung bereits vereinbarter Beschlüsse? Gibt es im Meeting eine Diskussion, um zu einer Entscheidung zu finden? Wie offen – falls überhaupt – wird diskutiert? Wer von den Anwesenden spricht? Was wird angesprochen?

In den folgenden Beispielen, die aus unterschiedlichen kulturellen Kontexten stammen, steht der Konsens im Mittelpunkt der Besprechung:

Über die Konsensfindung in Kopenhagen berichtet eine Managerin in einem schwedischen Unternehmen in Deutschland: »Bei uns sind Meetings der Ort, an dem wir zusammenkommen und diskutieren. Wir diskutieren so lange, bis ein Konsens für die Entscheidung gefunden wurde. Das kann manchmal sehr lange dauern. Wir erwarten daher auch, dass alle Teilnehmenden sich gut vorbereiten und sich aktiv einbringen. Die Verantwortung liegt bei jedem Einzelnen. Aber das ist normalerweise kein Problem.«

Dies ist ein Beispiel für eine offene Diskussionskultur unter gleichwertigen Partnern – jede oder jeder hat das Wort und wird angehört. Die Hierarchie ist sehr flach und alle bringen sich ein. Die Verantwortung liegt bei jeder einzelnen Person, daher müssen die Unterlagen erarbeitet werden und man bereitet sich gut vor. Ziel ist ein Konsens, der von allen getragen wird.

Wie Konsensorientierung auf Japanisch geht, berichtet ein Expatriate in Österreich, der für ein großes japanisches Unternehmen tätig ist:

»Bei einem Meeting werden Beschlüsse gefasst. Aber davor muss die Führungskraft mit allen Managern einzeln sprechen und ihr Einverständnis einholen. Diese wiederum informieren davor ihre Mitarbeiter, die ausführliche Unterlagen erhalten und so miteinbezogen werden.

Während des Meetings Entscheidungen zu treffen, könnte zu einem Gesichtsverlust Einzelner führen. Außerdem könnte man von so einem Vorgehen überrascht sein. Daher reden wir mit allen vorher, damit wir alle in den Entscheidungsprozess miteinbeziehen. Die Entscheidungsrichtung verläuft von unten hinauf, denn Entscheidungen müssen auch von denen getragen werden, die sie ausführen. Das kann manchmal sehr lange dauern, denn wir müssen einen Konsens finden.«

Hier ist das Meeting also der Ort, an dem das Einverständnis aller Beteiligten bestätigt und der Beschluss einstimmig gefasst wird. Eine Diskussion findet nicht statt. Anders ist es im lateinamerikanischen Kontext, in dem die Diskussion während der Sitzung Grundlage für die anschließende Entscheidung ist:

Von der Diskussionskultur in São Paolo berichtet eine Führungskraft eines brasilianischen Unternehmens in Salzburg:

»Im Meeting wird diskutiert, alle diskutieren, alle Mitarbeiter bringen sich mit ihrer Meinung ein. Dabei wird es oft sehr emotional. Am Ende treffe ich dann die Entscheidung, die meines Erachtens die beste ist. Denn als Führungskraft ist das meine Aufgabe.«

In diesem kulturellen Kontext sind die Hierarchien stärker ausgeprägt, da die Entscheidung von der Führungskraft allein getroffen wird, obwohl die Mitarbeiter sich einbringen. Das Meeting gilt als Ort von Diskussion und Meinungsaustausch, die Entscheidung wird anschließend, singulär und ohne weitere Absprache, von oben getroffen – anders als bei der Konsensorientierung in Dänemark. Man befindet sich in diesem kulturellen Kontext in der Mitte zwischen formell und informell. Das Meeting ist einerseits ein informeller Ort, an dem sich alle einbringen und offen diskutieren können, andererseits ein formeller Ort, an dem ein Protokoll herrscht und die Führungskraft letztlich allein die Entscheidung trifft.

Arbeitet man auf internationaler Ebene, sollte man sich dieser vielfältigen Meetingkulturen bewusst sein und ihnen in der jeweiligen Situation Rechnung tragen. Wichtig ist, zu Beginn eines Meetings Richtlinien festzulegen, um unterschiedliche Erwartungen zu kanalisieren.

KONFLIKTKULTUREN

KULTURELLE HINTERGRÜNDE UND WERTEHALTUNGEN wirken sich auch auf den Umgang mit Konflikten aus. Direkte Konfliktlösung oder Konfliktvermeidung sind die beiden Endpunkte der Skala unterschiedlicher Konfliktkulturen. Eine Japanerin, die in Wien lebt und in einem Tourismusbüro arbeitet, erzählte von ihrer eigenen Konfliktkultur, aber auch davon, wie sie selbst sich geändert hat:

> Wenn man in Japan streitet, hat man keine Chance mehr, man kann danach keine normale Beziehung haben. Einmal hatte ich eine Auseinandersetzung mit einer Kollegin hier in Wien. Ich sagte ihr meine Meinung und dass ich mit ihrem Verhalten nicht einverstanden sei. In Japan wäre das nicht möglich gewesen. Man sagt nichts, bleibt höflich und sagt auf keinen Fall, was man denkt, denn sonst wird ja die Beziehung gestört. Das ist hier in Österreich ganz anders. Ich habe hier gelernt zu sagen, wenn mir etwas nicht passt.

Eine indirekte Konfliktlösung steht im engen Zusammenhang mit dem Gesicht-Wahren. Peinlichkeiten werden vermieden, Etikette, Höflichkeitsrituale und Konformität mit der Bezugsgruppe stehen hier im Vordergrund. Deshalb verhält man sich möglichst gruppenkonform und versucht Situationen zu vermeiden, die Beschämung hervorrufen könnten, wie zum Beispiel Älteren zu widersprechen oder eine Einladung des Vorgesetzten abzulehnen oder ihn in eine unangenehme Lage zu bringen. Oft werden auch schwierige Situationen oder Gesprächsthemen einfach ignoriert.

Eine Berufskollegin aus München, die heute in Neuseeland lebt und arbeitet, erzählte:

Ich erinnere mich an eine Situation in der Kaffeeküche unseres Unternehmens. Ich stand mit einigen Kolleginnen und Kollegen zusammen und kommentierte einen Artikel über Diskriminierung, die in Neuseeland offenbar sehr subtil erfolgt. Meine Kollegen wechselten in der gleichen Sekunde das Thema und plapperten über die neuesten Sportevents. Ich spürte, wie unangenehm es ihnen war, mit mir als Außenseiterin über ein »internes« heikles Thema zu sprechen.

Der direkte Umgang mit Konflikten setzt eine offene und direkte Kommunikation auf Augenhöhe voraus, bei der die Sachebene im Mittelpunkt steht. Der offene Zugang ermöglicht ein Ausdiskutieren und Abwägen beider Standpunkte. Dies ist auch die Grundlage für eine Mediation. Direkte Konfliktlösung zeigt sich in der Bereitschaft zu ausgiebiger Diskussion und Auseinandersetzung, wobei alle Beteiligten gleichberechtigt zur Sprache kommen und alle Positionen angehört und abgewogen werden. Ziel ist ein Konsens, mit dem alle Beteiligten zufrieden sind.

So gelingt interkulturelle Konfliktlösung

IN JEDEM SOZIALEN SYSTEM sind Konflikte an der Tagesordnung. Sie sind Ausdruck davon, dass man sich mit der bestehenden Ordnung auseinandersetzt und sie neu verhandelt. Konflikte entstehen in Beziehungen zwischen den Menschen. Sie werden oft von bestimmten Kommunikations- oder Verhaltensmustern ausgelöst, und bei interkulturellen Konflikten spielen kulturelle Aspekte eine maßgebliche Rolle, zum Beispiel unterschiedliche Hierarchiestrukturen, unterschiedliches Kommunikationsverhalten oder andere Wertehaltungen.

Das folgende Beispiel einer Managerin aus Deutschland, die in einer österreichischen Firma eine Abteilung leitet, macht dies deutlich:

Ich arbeite jetzt seit drei Jahren im Unternehmen in Wien. Mittlerweile kenne ich den Umgangston. Aber am Anfang war es schwierig. Kaum fragte ich nach etwas, sahen mich alle beleidigt an. Dann machte ich etwas Druck, damit was weiterging, da kam es dann zum Krach. Alle fanden mich unmöglich. Ich wusste nicht, warum. Ich bat um ein Coaching, um diesen Konflikt zu besprechen. Dabei erfuhr ich viel über die Umgangsweisen hier in Wien, die Höflichkeitsfloskeln, die Konjunktive und alles über diese »weiche« Sprache, die man hier verwenden muss. Dann sprach ich mit meinem Team und erklärte ihnen »meine« Sprache. Danach ging es besser. Und jetzt sind wir ein super Team, weil wir uns aneinander angepasst haben.

Die Managerin hat genau das Richtige getan. Sie ließ sich coachen und löste den Konflikt mit ihrem Team auf. Denn ein Aspekt bei der Konfliktlösung ist wesentlich: Die andere Person können wir nicht verändern. Wir können nur das eigene Verhalten beeinflussen und uns entscheiden, den Konflikt erstens lösen zu wollen und zweitens aus einem anderen Blickwinkel zu betrachten. Auf dieser Basis können wir dann das eigene Verhalten ändern.

Kommunikationsmuster ändern – bei sich selbst

KONFLIKTE KÖNNEN SEHR KONSTRUKTIV gelöst werden, wenn man überlegt, was man selbst tun kann, um die Situation zu ändern.

Indem wir einen neuen Blickwinkel einnehmen, können wir bestehende Verhaltens- oder Kommunikationsmuster loslassen. Und sobald das den Konflikt beherrschende Kommunikationsmuster verändert wird, gelingt es besser, den Konflikt zu beenden. Das kann man aber immer nur selber tun, den anderen kann man nicht dazu bewegen. An diesem Punkt scheitern viele, weil sie wollen, dass sich der andere ändert. Dazu erklärt die österreichische Mediatorin Sonja Radatz:

> Den Anderen überzeugen, überreden, gar verändern zu wollen heißt, ihn für unmündig zu erklären – ein weiterer Schritt in der Eskalation. Das eigene Verhalten aber zu reflektieren und in Auswirkungen zu denken, ist der erste Schritt zu einer Veränderung, die in der Folge das ganze soziale System erfassen kann. Im Konfliktfall heißt das auch, Verantwortung zu übernehmen und sich damit (...) für seine neue Vorgehensweise wirklich zu entscheiden (...).[33]

Diese Haltung kann man gut auf den interkulturellen Kontext übertragen. Ich kann niemanden dazu bewegen, sich an kulturell andere Verhaltensweisen anzupassen oder andere Werte zu übernehmen. Ich kann einem anderen jedoch unterschiedliche kulturelle Kontexte vor Augen führen, in denen jeweils vereinbarte Ordnungen als Norm vorherrschen. Diese Sicht »von oben« ermöglicht es, den eigenen ethnozentrischen Blickwinkel zu relativieren. Dabei werden unterschiedliche kulturelle Verhaltensformen und Normen gleichwertig nebeneinandergestellt.

Die bereits erwähnte Managerin aus Hamburg, die mit ihren Mitarbeitern einen kulturellen Dialog führte, machte ihnen die kulturellen Unterschiede bewusst:

Wenn ich etwas brauche, dann sage ich es geradeaus: »Bring mir die Unterlagen rüber, schnell.« Das wirkt auf euch unfreundlich. Wenn ich etwas brauche und ich sage: »Bitte, Silvi, könntest du mir schnell die Unterlagen rüberbringen? Super, danke dir!«, dann fühlt ihr euch wohl und macht es.

Wir haben hier unterschiedliche Kommunikationsformen für ein und dieselbe Sache. Es geht darum, WIE ich es sage. Was hier in Österreich als unfreundlich aufgefasst wird, ist bei mir in Hamburg ganz normal.

Die Managerin war bereit, ihr Verhalten zu verändern, so dass ihre Mitarbeiter sich nicht mehr unfreundlich behandelt fühlten. Sie übernahm Verantwortung für ihr eigenes Handeln. Sie hatte nicht den Anspruch, die anderen zu verändern, sondern war bereit, aus deren Perspektive die Situation zu betrachten und sich anzupassen. Damit war sie bereit, die kulturellen Codes im Unternehmen in Wien anzuerkennen.

Dies ist ein wichtiger Bestandteil der interkulturellen Konfliktlösung. Die Fähigkeit, die Perspektive zu wechseln, gilt als interkulturelle sowie als Konfliktkompetenz. Aus systemischer Sicht erweitert sich dabei nicht nur der eigene Handlungsspielraum, sondern die Veränderung des eigenen Verhaltens oder Kommunikationsmusters bewirkt auch eine Veränderung des Verhaltens der anderen Person, da sie auf ein neues Muster anders reagieren kann. Dazu erzählte mir die Managerin:

Mein verändertes Verhalten bewirkte, dass sich meine Mitarbeiterinnen auch änderten. Wenn sie eine etwas direkte Sprechweise bei mir entdeckten, dann machten sie sich darüber lustig. Sie konnten es mit Humor nehmen und waren nicht

mehr beleidigt. Heute scherzen wir oft und sagen: »Auf Wiene-
risch oder Hamburgerisch – was soll ich machen?« Wir können
verschiedene Codes anwenden. Ich finde das eine wunderbare
Sache. Wir spielen mit unseren kulturellen Codes.

Das kreative Potenzial in Konflikten zu sehen, ist gerade im interkulturellen Bereich wichtig. Kulturelle Diversität zu leben, ist
schwierig und häufig nicht reibungslos. Umso wichtiger ist es,
Konflikte als Chance zu sehen, Umgangsweisen neu zu verhandeln
und zu anderen Formen der Kommunikation zu kommen. Auf
beiden Seiten müssen die Bedürfnisse erfüllt werden.

FÜHRUNGSKOMPETENZ
IM INTERNATIONALEN UMFELD

IM INTERKULTURELLEN KONTEXT sind Führungsstile ein kritischer Punkt. Wie führt man das eigene Team, dessen Mitglieder aus verschiedenen kulturellen Kontexten kommen? Welcher Führungsstil wird von Mitarbeitern in einem internationalen Umfeld erwartet? Die Führungsaufgabe erfordert in diesem Zusammenhang viel Fingerspitzengefühl.

Das Verständnis von Führung hat sich in Europa zusammen mit dem Begriff von Arbeit und der Entwicklung egalitärer Beziehungsstrukturen sehr gewandelt. Die Zeiten, in denen die Führungsperson eine Leitfigur und Wissens- und Machtinstanz war, sind vorbei. Autoritäres Führen funktioniert nur bei Mitarbeitern, die Aufgaben tendenziell unhinterfragt ausführen, da sie selbst weder Verantwortung übernehmen möchten noch eigene Initiative zeigen. Darüber hinaus hat sich unser Bild von Macht und Autorität gewandelt. Wir in Europa misstrauen personifizierter Macht und uneingeschränkter Autorität spätestens seit der Zeit des Wiederaufbaus nach dem Zweiten Weltkrieg und vor allem seit der 1968er Bewegung. Auch in Familienunternehmen ist das Bild der autoritären Führungsperson als Vater- bzw. Mutterfigur nach und nach einem neuen Rollenbild gewichen. Mitarbeiter werden heute nicht mehr wie Kinder behandelt, sondern als gleichwertige Erwachsene mit Fachkenntnissen und auszubauenden Fähigkeiten. Aus diesem Ansatz heraus erhielt der Bereich der Personalentwicklung neue Aufgaben im Sinne von Entwicklung und Förderung der Ressourcen der Mitarbeiter.

Heute wird das Thema Führung sehr differenziert betrachtet. Eine Führungskraft sollte fähig sein, sich in ihrem Führungsstil an die jeweilige Situation anzupassen. Eine Teilnehmerin an einem Kultursensibilisierungsseminar erzählte:

> Ich wurde beauftragt, für Rekruten des österreichischen Bundes-heers eine Vorlesung über Hygiene zu halten. Als ich in den Seminarraum kam und mir eine Gruppe 18- bis 19-jähriger junger Männer gegenüberstand, die mich fragend und provo-kant ansah, wusste ich, wenn ich nicht wie ein »Feldwebel« auftrete, kann ich mir mit meinem Thema keinen Respekt verschaffen. Also nahm ich eine Pose ein, die mich so groß wie möglich machte, und brachte in sehr autoritärem Ton meine Ausführungen vor. Auf das anfängliche Raunen Einzelner reagierte ich streng, schickte sogar einen jungen Mann einmal hinaus und holte ihn erst nach 15 Minuten wieder herein. Die Übungen, die die jungen Männer auszuführen hatten, beschrieb ich im Befehlston. Die Gruppe fügte sich schließlich und reagierte mit freundlichem Gehorsam. Ich hatte mir so Respekt verschafft.

Die Teilnehmerin erzählte weiter, dass sie selbst sich in dieser Rolle kaum wiedererkannt hatte. In dieser Situation war es jedoch notwendig, sich so zu verhalten, und es führte zum Erfolg. Sie hatte erkannt, welcher Führungsstil in dieser Situation nötig war. Führungskompetenz besteht darin, rasch herauszufinden, welcher Stil den Erwartungen der Mitarbeiter entspricht. Im interkulturel-len Kontext kommen Aspekte der jeweiligen Kultur hinzu.

Anweisungen – mal so, mal so

IN EINEM EGALITÄR STRUKTURIERTEN ARBEITSUMFELD, in dem Mit-arbeiter gewohnt sind, Initiative und Verantwortung zu übernehmen, bietet die Führungskraft häufig Aufgaben an und erwartet von ihren Mitarbeitern, diese aktiv aufzugreifen. Dazu ein Beispiel aus einem Marketingbüro:

> Mein Chef steht in der Cafeteria und murmelt etwas vor sich hin. Insider von uns wissen, dass alle die Ohren spitzen müssen, denn es sind die Aufgaben für uns, die er da vor sich hinmurmelt. Wir schnappen uns das, was uns gefällt und wissen Bescheid. Aber für Neue ist diese Art völlig undurchschaubar.

In so einer Situation ist Eigeninitiative vonseiten der Mitarbeiter gefragt. Allerdings müssen die Regeln allen bekannt sein. Mitarbeiter, die einen direktiven Führungsstil gewohnt sind, warten in so einer Situation vergeblich auf eine Anweisung.

Eine Führungskraft kann Anweisungen aber auch ganz anders geben, wie das folgende Beispiel zeigt, berichtet von einer anderen Seminarteilnehmerin:

> Meine Chefin kennt ihr Team gut und weiß genau, wer welche Kompetenzen hat. In einem persönlichen Gespräch weist sie ihnen die passende Aufgabe zu, mit den Worten: »Ich denke, das ist was für dich.« Ich kann sehr gut mit dieser Art umgehen.

Unterschiedliche Führungsstile

KOOPERATIVES FÜHREN IST EINE ANTWORT auf die Frage, wie Mitarbeiter zu höherer Leistung motiviert werden können. Bei diesem Modell liegt der Akzent auf der Beziehung zwischen Führungskraft und Mitarbeiter. Die Führungskraft motiviert, steuert, fördert und übergibt Verantwortungsbereiche, die als Motivationsmotor dienen. Dabei ist das Hierarchiegefälle zwischen Führungskraft und Mitarbeiter eher flach. Man begegnet einander auf Augenhöhe, mit Respekt und Wertschätzung. In unserer Wissensgesellschaft ist das Wissen nicht an einer Stelle konzentriert, sondern verteilt sich auf verschiedene Stellen. Mitarbeiter sind also zunehmend Spezialisten für ihre Fachbereiche und wissen darüber häufig mehr als ihre Chefs.

Im internationalen Umfeld hat sich ein situativer Führungsstil durchgesetzt. Dabei stellen sich Unternehmen darauf ein, wie die Mitarbeiter geführt werden möchten. Kulturelle Sensibilität und Empathie vonseiten der Führungskraft sind nötig, um individuell auf Mitarbeiter zu reagieren – je nach »Reifegrad« der Mitarbeiter[34] – und sie ihren Erwartungen entsprechend zu führen. Ziel dieses Führungsstils ist es letztlich, Aufgaben zu delegieren und die Mitarbeiter in die Selbstständigkeit zu entlassen. Grundlage dafür ist eine starke und egalitäre Beziehung zwischen Führungskraft und Mitarbeiter.

Dieser Stil scheint mir in internationalen Kontexten sehr passend zu sein. Die Beziehungsorientierung ist hoch, ebenso die Möglichkeit, die Potenziale der Mitarbeiter zu entwickeln – ein Aspekt, der vor allem in Schwellenländern wie China und Indien bedeutend ist.

Folgendes Beispiel soll die komplexe Thematik des Führungsstils illustrieren:

Ein deutscher Projektleiter fragt sein indisches Teammitglied: »Kannst du diese Arbeit bitte bis nächsten Dienstagabend fertigstellen?« Worauf der indische Kollege – ein smarter junger Ingenieur mit hervorragendem Hochschulabschluss – antwortet: »No problem!« Der Projektleiter ist zufrieden. Denn sein westeuropäisches Ohr übersetzt die indische Antwort in eine Zusage, und er geht davon aus, dass der indische Kollege ebenso gut hätte Ja sagen können.

Zwei Tage nach dem vereinbarten Termin wundert sich der Projektleiter, dass sein indischer Kollege weder die beendete Arbeit noch eine Verspätungsnachricht gesendet hat. Er fragt freundlich nach. Auch diesmal erhält er dieselbe Antwort, aber der Tonfall des indischen Kollegen deutet darauf hin, dass der Satz noch nicht zu Ende ist: »No, there is no problem ...«, »Aber?«, will der Projektleiter nun genauer wissen. »Es ist nur so, dass mein Chef auf Geschäftsreise ist.« Der Projektleiter ist verdutzt und verärgert, verkneift sich eine Schelte und sagt noch: »O.k., kein Problem.«

Natürlich ist er frustriert. Er hat einmal gelernt, Teammitglieder so zu führen, dass sie ihn eigentlich gar nicht brauchen, außer dafür, unangenehme Entscheidungen zu fällen und das Team vor dem Management abzuschirmen. Jedes Teammitglied führt sich selbst und bringt das für seine Arbeit nötige Wissen mit. Wenn man sich nicht gerade auf den alle zehn Tage stattfindenden Projektsitzungen trifft, ist der Projektleiter ein Teammitglied wie jedes andere auch. Daher geht der Projektleiter davon aus, dass auch sein indisches Teammitglied sich sofort und ohne nachzufragen melden würde, gäbe es irgendwo ein Problem.

Doch der indische Kollege – jung, unverheiratet und im Schülerbewusstsein – empfindet den partizipativen Führungsstil seines Projektleiters als Führungsschwäche: Ein angeblicher Chef, der sogar seine tiefste Entschlossenheit oder seinen Ärger immer nur mit einem freundlichen Gesicht zeigt, kann nichts anderes sein als ein einfaches Teammitglied: jung, unerfahren und ohne Autorität. Deswegen wartet das indische Teammitglied darauf, dass sein zwar strenger, aber wohlwollender Chef – eine verheiratete Person und Vater (oder Mutter) von zwei Kindern – von seiner Reise zurückkehrt und ihn den Weg durch Leben, Arbeit, Karriere weist. Oder ihm ganz einfach sagt: »Du kannst die betreffende Arbeit erledigen. Aber frag deinen Projektleiter in der Schweiz, wie du sie machen sollst. Und halte den Termin ein!«[35]

Mangelnde Autorität wird dort, wo autoritäres Führen erwartet wird, oft als Führungsschwäche ausgelegt. Das muss einer europäischen Führungskraft bewusst sein, die in ihrem Team zum Beispiel Mitarbeiter aus Indien hat. In Indien unterstellen sich junge Teammitglieder, die sehr gut ausgebildet sind, oft der Autorität ihrer Manager und lassen sich von ihm oder ihr leiten. Sie haben tendenziell keinen Anspruch an Eigenständigkeit oder Entscheidungsfreiheit. Sie sind auf Lernmodus eingestellt und führen Anordnungen aus. Dies steht im Kontrast zu jungen Absolventen in Europa oder Nordamerika, die nur darauf warten, endlich Entscheidungen treffen zu können und eigenständig Aufgaben zu erledigen.

Wie man Brüskierungen vermeidet

Das Geben von Anweisungen ist in diesem Kontext ein zentraler Punkt: Je weniger Verantwortung die Mitarbeiter übernehmen, desto präziser müssen Anweisungen sein. In einer österreichischen Niederlassung eines US-japanischen Unternehmens wurde eine japanische Managerin von ihrem amerikanischen Boss aufgefordert, ein internationales Meeting zu organisieren. Zu Beginn des

Meetings bat er sie um eine Skizzierung der jüngsten Marktentwicklung in Japan:

> Sie dachte erstaunt: »Warum fragt er mich? Er ist doch der Boss!«, und sagte zu ihm: »Ich habe alles gemacht, was Sie verlangt haben: Ich habe dieses Treffen organisiert.«

Offenbar kam die Bitte für die japanische Managerin sehr überraschend, so dass sie nicht darauf vorbereitet war. Damit sie im Rahmen ihrer Expertise entsprechend antworten und die erwartete Einschätzung abgeben konnte, hätte ihr Vorgesetzter ihr eine präzisere Anweisung geben müssen. Als Amerikaner stellt er jedoch allgemeine Fragen oder macht auch nur Andeutungen, die den Antwortenden mehr Freiheit geben und gleichzeitig ihren Expertenstatus herausstreichen. Für die Japanerin, die eher in hierarchischen Strukturen denkt, kam dieses Verhalten ihres Vorgesetzten einer Bloßstellung gleich. Sie war nicht darauf vorbereitet, eine Einschätzung der Lage zu geben und fühlte sich auch nicht in ihrer Rolle als Expertin bestätigt.

In so einem Kontext ist es besser, allgemeinen Fragen auszuweichen. Folgende Situation soll dies illustrieren:

> Eine Szene auf einer Baustelle in Berlin. Ein bosnischer Bauarbeiter erzählt über seine deutsche Bauleiterin:
> Ich respektiere Frau Miller. Sie ist wirklich tüchtig und macht ihre Arbeit sehr gut. Aber sie stellt sehr allgemeine Fragen, auf die wir indirekt antworten können. Etwa: »Wird die Lieferung des Materials nächste Woche ankommen?« Ich antworte dann: »Ja, ja, die Lieferung soll nächste Woche kommen.« Ich weiß aber, dass die Lieferung gar nicht kommen kann,

weil die Genehmigungen noch nicht vorliegen. Das kann ich ihr aber nicht offen sagen, da sie ja meine Chefin ist. Also bleibe ich allgemein und sage: »Bald, bald wird die Lieferung kommen«, weil ich sie nicht enttäuschen möchte. Sie gibt sich damit zufrieden.

In diesem Beispiel klingt ein wichtiger Aspekt an: das Vermeiden von Enttäuschungen und negativen Nachrichten gegenüber Vorgesetzten. Das bedeutet aber auch, dass die Mitarbeiter für das Geschehen keine Verantwortung übernehmen – nach dem Motto: Die Führungskraft wird es schon wissen.

Führungsstile historisch betrachtet

FÜHRUNGSSTILE SOLLTEN SICH immer an den Erwartungen der Mitarbeiter orientieren. Dazu gehört auch das Einbeziehen einer historischen Dimension. Die Entwicklung der Privatwirtschaft und der globalen Wirtschaft fand nicht überall zeitgleich statt. In den westlichen Industrieländern begann diese Entwicklung bereits im 19. und zu Beginn des 20. Jahrhunderts. Nach und nach setzte man sich mit unterschiedlichen Führungsstilen, Verantwortungsübergabe, Mitarbeitermotivierung und vielen anderen Themen auseinander, die das Verhältnis Führungskraft und Mitarbeiter betreffen. In anderen Regionen der Welt verlief die Entwicklung ganz anders.

In China herrschte Mao Tse-tung bis 1976 und hielt das Land geschlossen und fern von Technologie und Entwicklung. Erst ab 1978 unter Deng Xiaoping öffnete sich das Land zusehends und holte den technologischen Rückstand nach und nach auf. Heute setzt die jüngere Generation in China auf materiellen Wohlstand und gute Ausbildung – etwas, das ihren Eltern verwehrt war. Trotz wirtschaftlicher Öffnung herrscht in China weiterhin ein autoritäres politisches System, in dem die Selbstständigkeit von Mitarbeitenden nicht gefördert wird. Eine Chinesin, die nach Österreich immigrierte und im eigenen Unternehmen Handel zwischen Österreich und China betreibt, berichtete:

> Selbst junge Chinesen oder Chinesinnen, die die Möglichkeit haben, im Ausland zu studieren und die dann wieder nach China zurückkehren und in den Arbeitsprozess einsteigen, fügen sich bald wieder in das autoritäre System ein, auch wenn sie im Ausland während des Studiums gelernt haben, selbstständig zu arbeiten und initiativ zu sein. Sie passen sich rasch wieder an die Gegebenheiten in China an.

Im interkulturellen Arbeitskontext bedeutet dies, dass Mitarbeiter aus China, die immer wieder zu Schulungszwecken in österreichische Unternehmen geschickt werden, durchaus offen sind für eine partizipative Führung, wie sie in Deutschland, Österreich oder der Schweiz praktiziert wird. Die Führungskraft muss jedoch über den kulturellen Hintergrund ihrer Mitarbeiter Bescheid wissen und schrittweise in die Anforderungen eines selbstständigen Arbeitens einführen. Dazu bedarf es interkultureller Sensibilität. Eine Teilnehmerin aus einem China-Seminar erzählte dazu:

> Ich hatte die Aufgabe, bei uns ein kleines Team chinesischer Fachleute zu betreuen und einzuarbeiten. Am Anfang war die Kommunikation schwierig. Ich bekam kein Wort aus ihnen heraus. Ich erklärte ihnen alles, so gut und detailliert ich konnte. Keine Fragen, keine Kommentare. Dann ließ ich sie

die Aufgaben allein durchführen, denn das müssen sie in China auch machen. Ich blieb im Hintergrund, war aber immer für Rücksprachen da. Mit jedem Tag ging es besser und sie fassten Vertrauen. Am Ende machte es ihnen richtig Spaß, für ihre Tätigkeit allein die Verantwortung zu tragen und Lösungen zu finden. Für mich war es schön, diesen Lernprozess zu begleiten. Aber es war auch ein hoher Einsatz meinerseits, der recht zeitintensiv war. Viele meiner Kollegen beschweren sich daher, dass bei diesen Schulungen so viel Zeit draufgeht.

In der ehemaligen UdSSR (Union der Sozialistischen Sowjetrepubliken) und anderen kommunistischen Ländern waren die Außengrenzen streng bewacht und es gab keinen geistigen Austausch mit dem Westen. Erst die »Samtene Revolution« 1989 und mit ihr das Verschwinden des Eisernen Vorhangs brachten eine Öffnung und das Ende dieses politischen Systems. Seitdem änderten sich die Gesellschafts-, Wirtschafts- und Sozialstrukturen enorm und in der Folge auch das Verhältnis zwischen Führungskraft und Mitarbeiter.

Allgemein ist ein Unterschied zwischen den Generationen zu beobachten. Die Älteren, noch im kommunistischen System aufgewachsen und ausgebildet, fügen sich eher in hierarchische Strukturen ein bzw. üben in einer Führungsposition tendenziell eine autoritäre Rolle aus. Die jüngere Generation, die den Kommunismus nicht mehr aktiv erlebt hat, denkt zwar anders, ist aber von den Eltern noch im Geiste des Kommunismus erzogen worden. Bei vielen kann man eine Mischform zwischen Beziehungs- und Sachorientierung beobachten. Bei einem Seminar, das ich in Bratislava für ein Telekommunikationsunternehmen hielt, beschrieb eine Teilnehmerin ihren deutschen Chef folgendermaßen:

> Ich habe den Eindruck, dass sich unser Chef nicht besonders für uns interessiert. Er kommt und fragt nur, ob alles okay sei. Er redet mit uns nicht über Persönliches. Über die Arbeit können wir aber mit ihm gut reden. Da gibt er viel Input. Dennoch bleibt das Gefühl, wir Mitarbeiter interessieren ihn nicht, er will nur, dass am Ende die Zahlen stimmen. Das demotiviert ein bisschen.

Die Bedeutung der persönlichen Beziehung im Arbeitskontext ist in der Slowakei stärker als in Deutschland. Der deutsche Chef müsste mehr auf der persönlichen Ebene kommunizieren, dann könnte er seine Mitarbeiter motivieren und zufriedenstellen. Im alten System war der Chef zwar sehr autoritär, aber auch eine Art Vaterfigur, die sich auf der persönlichen Ebene um seine Mitarbeiter kümmerte. Heute ist das Leistungsdenken stärker, aber die persönliche Ebene ist trotzdem wichtig für die Mitarbeiter und muss auch stimmen. Das gilt für viele post-kommunistische Länder.

Flexibilität ist gefragt

Bei interkulturellen Arbeitssituationen in inländischen Unternehmen muss die Führungskraft bei jüngeren Mitarbeitern, die ursprünglich aus der Slowakei, Tschechien, Ungarn oder Slowenien stammen, auf beiden Ebenen agieren. Das entspricht einer Führung als Coach – größtmögliche Freiheit und Selbstständigkeit auf der Basis guter persönlicher Betreuung und Förderung. Das erwarten Mitarbeiter und Mitarbeiterinnen in Österreich von ihrer Führungskraft.

Die Ergebnisse einer Forschungsarbeit an einer Bildungsinstitution in Wien bestätigen das:

Erwartungen an eine Führungskraft in mittelständischen Unternehmen in Österreich: Fachkompetenz, Loyalität, gutes Zeitmanagement in der Planung, klare und offene Kommunikation, konstruktives Feedback, Unterstützung und Motivation, respektvoller Umgang mit allen, persönliche Ebene auch im beruflichen Kontext, Menschenkenntnis, Ehrlichkeit und Verlässlichkeit.[36]

Wichtig für Führungskräfte im interkulturellen Kontext ist Verhaltensflexibilität. Führungskräfte müssen in der Lage sein, eine Situation richtig einzuschätzen und ihren Führungsstil entsprechend anzupassen. Kenntnisse über die kulturellen Hintergründe der Belegschaft und über die Erwartungen der Mitarbeiter im Unternehmenskontext haben in diesem Zusammenhang eine große Bedeutung. Sind Mitarbeiter nicht gewohnt, selbstständig zu arbeiten, erwarten sie eine starke Führung, das heißt, die Führungskraft hat die Verantwortung, jede Situation zu kontrollieren. In diesen Fällen eignen sich die Dominanzstrategie bzw. autoritäres Führen.

Bei Mitarbeitern mit großer Selbstständigkeit hingegen verringert sich die Situationskontrolle und sie benötigen wenig oder keine Führung. Hier eignen sich situative und angepasste Führungsstile. Gut bewähren sich offen gezeigtes Interesse und Empathie, ebenso internationale Erfahrungen sowie Erfahrungen mit multikulturellen Teams – auch im Inland. In der Literatur wird insgesamt kulturbewusste Mitarbeiterführung empfohlen.[37]

Diese Orientierung an den Mitarbeitern im Sinne von Unterstützung und Zuwendung spiegelt sich in einem Gespräch wider, das ich mit einem Teilnehmer in einem Seminar zu Rumänien führte. Er bemerkte am Ende des Trainings:

> Ein Manager ist für seine Mitarbeiter da, und zwar von
> 8.00 – 18.00 Uhr. Danach kann er seine Arbeit machen.

Zum Thema Führung erzählte auch die Geschäftsführerin eines
Beratungsunternehmens in Wien:

> Aus meiner Sicht bedeutet Führungskompetenz die Fähig-
> keit, Potenziale zu sehen. Als Führungskraft sollte man sich
> zurücknehmen, nicht als Alles-Löser auftreten, sondern die
> Mitarbeiterinnen und Mitarbeiter als Experten auftreten lassen.

Eine Führungskraft in einer sozialen Einrichtung sagte am Ende
unseres Gesprächs:

> Ich beschäftige mich sehr mit dem Thema Führung. So habe
> ich mir angewöhnt, jeden Abend den Tag Revue passieren zu
> lassen und darüber nachzudenken, was gut und was schlecht
> gelaufen ist. Das hilft mir, mich weiterzuentwickeln.

Führungskompetenz hat viel mit Selbstreflexion zu tun – dass
man Situationen immer wieder überdenkt und versucht, den
Blickwinkel zu wechseln. Im interkulturellen Kontext bedeutet
Führungskompetenz vor allem Perspektivwechsel.

Dazu wieder die Geschäftsführerin eines Beratungsunternehmens in Wien:

> Ich muss eine polyzentrische Haltung einnehmen können, das
> heißt, laufend die Perspektiven wechseln. Interessant ist ja,
> dass wir das ohnehin können, zum Beispiel im Verkauf oder
> bei Vertragsverhandlungen – da bereiten wir uns gut vor, um

uns in die anderen hineinzuversetzen. Aber auf der kulturellen Ebene können wir es plötzlich nicht. Das bedeutet, es ist eine Frage des Bewusstseins: Das kulturelle Bewusstsein muss entwickelt werden. Daher steht meiner Meinung nach weniger die Empathie im Vordergrund, sondern eine polyzentrische Haltung.

Führen im interkulturellen Kontext ist also eine komplexe Aufgabe, zu der die Entwicklung interkultureller Kompetenz absolut nötig ist.

ZEITMANAGEMENT

ZEIT IST IM INTERKULTURELLEN BEREICH eine häufige Ursache für Konflikte. Zeitangaben werden oft unterschiedlich aufgefasst, eine »Deadline« ist im europäischen Kontext ein verbindlicher Termin, der unbedingt einzuhalten ist. Pünktlichkeit und Termintreue stehen in unserem kulturellen Kontext für gutes Zeitmanagement und Verlässlichkeit.

In der internationalen Zusammenarbeit stellt man hingegen häufig fest, dass eine Deadline nicht mehr als ein Richtwert ist, der zwar angestrebt, aber oft nur auf der Basis einer persönlichen Verpflichtung eingehalten wird. Hat ein österreichisches oder deutsches Unternehmen eine Niederlassung in Brasilien, dann reicht es nicht, per E-Mail eine Deadline für die Lieferung in drei Monaten anzugeben. Es gilt vielmehr, sehr präzise zu vermitteln, warum diese Lieferung unbedingt genau zu diesem Zeitpunkt erfolgen muss. Dabei empfiehlt es sich, zwischendurch immer wieder nach dem Stand der Dinge zu fragen. Am besten ist jedoch, wenn es sehr gute Kontakte zum Produktionsleiter gibt und man einander persönlich kennt, damit er auch wirklich dafür sorgt, dass der Termin eingehalten wird.

Auch beim Zeitmanagement geht es daher häufig um die kulturelle Unterscheidung zwischen Sach- und Beziehungsorientierung. Dazu erzählte ein Manager, der für ein brasilianisches Unternehmen in Salzburg arbeitet:

> Deutsche, Schweizer und Österreicher kommen aus einer Kultur, in der hohe Produktqualität, Zuverlässigkeit und Termintreue wichtig sind. In einem brasilianischen Unternehmen ist die gemeinsame Beziehung viel wichtiger. Aber um weiterhin gute

Beziehungen zum Kunden zu haben, setzen sich Brasilianer persönlich dafür ein, dass eine Lieferung pünktlich kommt. Somit wird das gleiche Ergebnis aus ganz unterschiedlichen Motivationen erzielt.

Zeit und Beziehung

ZEIT BEZIEHT SICH SOMIT NICHT NUR auf ein sachliches Zeitmanagement im linearen Sinn, sondern bedeutet auch, in Beziehungen zu investieren. Sich für Kunden ausführlich Zeit zu nehmen oder in bestimmten Situationen sehr flexibel zu reagieren, sind Ausdruck eines beziehungsorientierten Zeitverständnisses. Folgendes Beispiel soll das illustrieren:

> Wolfgang M. ist Regionalbetreuer für die Golfstaaten bei einem Unternehmen, das Lichtsysteme anbietet. Bei einer Verhandlung über Skype merkte er, dass es nicht rund lief. Die Antworten der Kunden kamen zögernd, sie erbaten sich Aufschub und machten Anstalten, sich zurückzuziehen. Wolfgang wusste, dass er sofort handeln musste, und lud seine Kunden spontan nach Österreich ein, um die Vorweihnachtszeit zu nutzen und die besondere Atmosphäre in dieser Zeit des Jahres in Wien zu erleben. Dieser spontane Vorschlag wurde gut aufgenommen, und Wolfgang organisierte kurzfristig den Besuch seiner vier Kunden mit ihren Ehefrauen nach Wien. Er ließ nichts aus, um seine Gäste über alle Maßen zu verwöhnen, und legte dadurch ein Fundament, das nachhaltigen Geschäftserfolg für die nächsten Jahre mit sich brachte.

Wolfgang rettete einen großen Auftrag für sein Unternehmen, da er die Sensibilität besaß, situativ richtig zu entscheiden. Großzügigkeit und Gastfreundschaft sind im arabischen Raum die wichtigsten Aspekte, um gute Geschäftsbeziehungen aufzubauen und zu erhalten.

Aus diesem Grund sind beim beziehungsorientierten Zeitverständnis die Akteure nicht austauschbar. Der Erfolg eines Projekts ist personengebunden, wie folgendes Beispiel zeigt:

Beatrice K. arbeitet für ein pharmazeutisches Unternehmen in Wien und kooperiert schon lange mit Kollegen aus Indien und China. Mit der Zeit bauten sie ein gutes und vertrauensvolles Verhältnis auf und die Zusammenarbeit war sehr gut. Beatrice wurde schwanger und nahm sich ein Jahr Karenz. Ihre Stellvertreterin beklagte sich schon nach einigen Tagen bei Beatrice, dass sie mit den Kollegen aus Indien und China nicht zurechtkomme. Sie antworteten nicht auf ihre E-Mails und es gab keinen Informationsaustausch. Beatrice berief eine Skype-Konferenz mit den Kollegen ein, kam für einen Tag ins Büro und erklärte die Situation. Sie stellte ihre Kollegin als Stellvertreterin vor und räumte ein, dass sie weiterhin als Ansprechperson für besonders schwierige Situationen zur Verfügung stehe. Während ihrer Karenzzeit tauschte sie immer wieder E-Mails mit den Kollegen in Indien und China aus, auch auf persönlicher Ebene, um zu vermitteln, dass sie immer noch da und ansprechbar sei.

Hätte Beatrice hier nicht sofort reagiert und sich nicht die Zeit genommen, um die Beziehungen ins rechte Lot zu rücken, wäre der Verlauf anders gewesen, und das hätte vermutlich negative Auswirkungen auf die geschäftliche Zusammenarbeit gehabt. Indem sie sich die Zeit nahm, obwohl sie bereits in Karenz war, signalisierte sie, wie wichtig ihr die Beziehungen zu ihren Geschäftspartnern waren.

Im Gegensatz dazu schaut man bei einer sachorientierten, materialistischen Zeitauffassung auf die Kompetenzen und die Leistung der Akteure, die als Garant dafür gelten, dass das Projekt reibungslos verläuft. Die Personen und Beziehungen stehen im Hintergrund bzw. sind austauschbar. Im Beispiel wird die Leistung von Beatrice durch ihre Stellvertreterin ersetzt.

Aus meiner Erfahrung ist der Umgang mit einem anderen Zeitverständnis nicht einfach. Das eigene Zeitverständnis ist kulturell geprägt und mit tiefsitzenden Werten verbunden. In internationalen Teams ist es daher wichtig, sich ausreichend Zeit zu nehmen und sich über das Zeitverständnis der einzelnen Teammitglieder auseinanderzusetzen und Richtlinien festzulegen, wie das Team in der Zusammenarbeit Zeit managen möchte. Anschauliche Beispiele für den unterschiedlichen Umgang mit der Zeit in verschiedenen Ländern liefert das Buch von Robert Levine *Eine Landkarte der Zeit*.[38]

03 | DER INTERKULTURELLE BLICK AUF GENDERROLLEN

DIE GENDERROLLEN ZEICHNEN ein aufschlussreiches Bild der jeweiligen Gesellschaft. In allen Ländern der Welt streben Frauen nach beruflicher Weiterentwicklung und Karriere. Und nach wie vor ist dies in vielen Ländern für sie alles andere als einfach. Dennoch wissen wir nur wenig über Frauen und Karriere in anderen Ländern. In einem meiner Seminare zu Indien wurde ich von einer Teilnehmerin gefragt:

> Sind denn die Frauen in Indien berufstätig? Dürfen die denn das? Gibt es auch Frauen in höheren Positionen? Man hört ja so viel Schreckliches, wie dort mit Frauen umgegangen wird …

Diese Frage nehme ich zum Anlass, an dieser Stelle aus interkultureller Sicht einen Blick auf die Genderrollen zu werfen. Wie ist die Stellung berufstätiger Frauen in anderen Ländern? Das Prinzip der Gleichheit zwischen Männern und Frauen ist ein westliches Modell und gilt nicht in allen Teilen unserer Welt. In vielen Ländern herrschen patriarchalische Gesellschaftsstrukturen vor, und die Rollenzuschreibungen sind unflexibler als in egalitär strukturierten Gesellschaften. Dennoch drängen weltweit vor allem gut ausgebildete Frauen auf den Arbeitsmarkt und immer mehr auch in Managementpositionen. Laut der Studie der ILO (Internationale Arbeitsorganisation), *Women in Business and Management: Gaining Momentum,* führt der steigende Anteil von Frauen auf dem Arbeitsmarkt auch zu weltweit höherer Wettbewerbsfähigkeit von Unternehmen und zu weltweitem Wachstum.[39]

Beruf oder Karriere?

DIE STELLUNG VON FRAUEN zeigt in vielen Ländern ähnliche Muster auf. Erst eine finanzielle Unabhängigkeit erlaubt es Frauen, aus ihrer klassischen Rolle der ans Haus gebundenen Familienmanagerin auszubrechen. Der Blick auf Genderrollen und Gleichberechtigung in der Berufsausübung ist unweigerlich mit der Frage nach Kinderbetreuung und Karenzzeitregelungen verbunden. Die Regelungen über die Länder hinweg zeigen die ganze Bandbreite auf – von minimaler Mutterschutzzeit bis zu drei Jahren bezahlter Elternzeit. Daraus ergibt sich eine Schieflage zwischen Männern und Frauen, was ihre Karrieremöglichkeiten betrifft. Kulturell unterschiedliche Geschlechterrollen haben zur Folge, dass sich die Situation von Frauen schwerer oder leichter verändern lässt.

Eine Managerin aus Singapur kam ihres Mannes wegen nach Österreich. Nach ein paar Jahren gründeten die beiden eine Familie und sie blieb insgesamt fünf Jahre zu Hause bei den beiden Kindern. Für ihre Familie in Singapur klang das paradiesisch – wer bekommt schon bezahlt, dass er bei den Kindern zu Hause bleibt? In Singapur ist es üblich, nach sechs Wochen, spätestens aber nach vier Monaten wieder an den Arbeitsplatz zurückzukehren, oder dieser ist verloren. Sie erzählte:

> Ja, es klingt paradiesisch. Aber der Wiedereinstieg in den Arbeitsprozess ist nicht einfach. Das übersieht man leicht. Ich brauchte einige Anläufe, und jetzt bin ich selbstständig mit meinem eigenen Unternehmen. Das ist der richtige Weg für mich. Hier in Österreich ist die Rolle der Frau sehr komplex: Sie muss immer perfekt sein – perfekte Mutter, perfekte Ehefrau, perfekte Karrierefrau. Und das alles ohne Hilfe. Das ist anstrengend. Der Druck von außen ist hoch. In Singapur gibt es die Großfamilie, es ist immer jemand zu Hause, der auf die Kinder schauen kann, oder man hat ein Kindermädchen, das man sich leisten kann. Hier muss die Kleinfamilie alle Aufgaben alleine bewältigen.

Unternehmerinnen und Frauen in Management- und Führungspositionen sind heute fester Bestandteil der Arbeitswelt. Es ist heute bekannt, dass Faktoren wie hohes Bildungsniveau und hohe Erwerbsbeteiligung von Frauen sowie steigende Zahlen von Unternehmerinnen zu den strukturellen Stärken der Volkswirtschaft eines Landes zählen. Schweden ist diesbezüglich ein Vorzeigemodell, denn das Land verzeichnet die höchste Beschäftigungsrate von Frauen und Müttern, nämlich 76,8 Prozent (2015).[40] Auch

Frankreich liegt mit seinem hoch entwickelten Sozialsystem und seiner speziellen Familienförderung im europäischen Spitzenfeld. Das bewirkt, dass die Vereinbarkeit von Familie und Beruf für Frauen in Frankreich leichter ist als in anderen europäischen Ländern. Auch Programme zur gleichmäßigen Verteilung der Elternzeit sind attraktiv und führen schrittweise dazu, dass immer mehr Väter ihre Vaterpflichten aktiv wahrnehmen.

In den meisten Ländern sind einerseits der hohe Anteil der Teilzeitbeschäftigung von Frauen und andererseits die Tatsache, dass es mehr Männer als Frauen in Führungspositionen gibt, Grund für das Lohngefälle zwischen Männern und Frauen. Es liegt also nicht am Ausbildungsniveau der Frauen, denn dieses ist generell hoch und im Vergleich zu den Männern im Steigen begriffen. Auch die Managerin aus Singapur scheute keine Mühe für eine Weiterbildung, um die erforderlichen Qualifikationen für ihre Selbstständigkeit zu erwerben. Sie hätte sich aber mehr Unterstützung bei der Rückkehr in den Beruf gewünscht. Sie erzählte:

In Österreich ist die Karenzzeitregelung sehr großzügig. Ideal ist es aber, wenn die Vereinbarkeit von Beruf und Familie gefördert wird: Flexible Arbeitszeiten, Homeoffice, Väterkarenz. Ich finde es besser, bald wieder in den Beruf zurückzukehren. Aber das liegt am Image der Mutterrolle. Hier in Österreich wird die Mutterrolle idealisiert. Ohne eine gute Mutter-Kind-Bindung geht gar nichts. Dabei ist es für Kinder gut, mehrere Bezugspersonen zu haben. In Singapur wachsen die Kinder in der Großfamilie auf und stehen nicht im Mittelpunkt. Ich glaube, dass hier viele Mütter in dieser Isolation zu Hause mit den Kindern überfordert sind. Sie sind dann auch keine guten Mütter.

Vereinbarkeit von Beruf und Familie

DIE VEREINBARKEIT VON BERUF UND FAMILIE ist ein zentrales Thema für Frauen in vielen Ländern. Die Doppel- und Dreifachbelastung (Beruf, Kinder, Haushalt), die berufstätige Frauen erfahren, ist eine der größten Hürden für eine berufliche Karriere. Deshalb streben Frauen Positionen im Management oder auf der Führungsebene oft gar nicht an. Es gibt auch Fälle, in denen sehr erfolgreiche Frauen in Toppositionen ihren Job kündigen, um sich mehr ihren jugendlichen Kindern zu widmen. Die Vereinbarkeit lässt sich nur in einem partnerschaftlichen Konzept bewerkstelligen, bei dem beide Partner sich gleich stark in Haushaltsmanagement und Kinderbetreuung einbringen.

Zum Thema Vereinbarkeit von Beruf und Familie sprach ich mit Frauen aus Indien, China, Japan und Kanada. Anu aus dem indischen Bangalore, die in Wien für einen Software-Konzern arbeitet, erzählte:

> Die Großfamilie ist ein Vorteil. Es ist immer jemand zu Hause für die Betreuung der Kinder, und meistens gibt es ein Kindermädchen. Aber die Familienstrukturen ändern sich, heute leben immer mehr Kleinfamilien in den Städten. Die Rolle der Frau ändert sich dadurch. Sie wird zum wichtigen Bestandteil für das Familieneinkommen. Das stärkt ihre Position. Gleichzeitig kämpfen Frauen mit Rollenkonflikten – als Managerin, Partnerin, Mutter, Schwiegertochter – all das muss unter einen Hut.

Hua aus Shanghai, die heute in Österreich lebt, erzählte:

> In China ist es üblich, dass sich in den ersten Jahren die Großeltern um die kleinen Kinder kümmern, während beide

Eltern arbeiten. Man lebt als Großfamilie auf kleinem Raum zusammen. Aber das ermöglicht, dass so viele Frauen im Beruf sind. Dadurch kann sich das Paar etwas erwirtschaften – das ist in China sehr wichtig. Man sollte materiell gut dastehen und erfolgreich sein. Viele Frauen sind sehr erfolgreich, vor allem, wenn sie ihr eigenes Unternehmen führen.

Asuka aus Kyoto in Japan arbeitet in Berlin für ein japanisches Unternehmen und berichtete:

Japanische Frauen spüren sehr die Doppelbelastung, wenn sie arbeiten. Obwohl die meisten in Teilzeit arbeiten. Aber die Erwartung an die perfekte Mutter ist hoch. Das beginnt schon am Morgen, wenn die Lunchbox für die Kinder mit farblich abgestimmten Snacks zubereitet werden muss. Das braucht so viel Zeit. Je schöner aber die Snacks in der Lunchbox sind, desto höher ist das Image der Kinder in der Klasse. Die Perfektion killt einen. Es bleibt wenig Energie für den Beruf. Nur wenige schaffen eine Karriere, und wenn, dann haben sie von ihrer Familie viel Unterstützung.

Helen aus Toronto in Kanada, die als Innenarchitektin für ein Projekt einige Monate lang in Wien arbeitete, erzählte:

Die Ungleichheit ist subtil. Nach außen sind alle gleichberechtigt. Aber in Wirklichkeit steht man als Frau allein da, wenn man eine Familie gründen möchte. Es wird erwartet, dass man so rasch wie möglich an den Arbeitsplatz zurückkehrt und die Kinder keine Probleme machen. Eine gute Kinderbetreuung zu finden, ist aber sehr schwer und sehr teuer. Den Großteil meines Gehalts investiere ich in die Kinderbetreuung. Was mich aber wirklich verärgerte, war, dass ich für dieses Projekt in Österreich zunächst nicht vorgesehen war – eine Mutter möchte doch nicht ins Ausland ... Ich kämpfte um diese Gelegenheit und schaffte es! Aber ohne die Unterstützung meines Partners hätte ich nicht gehen können.

Diese Geschichten zeigen, wie wichtig die Unterstützung durch Familie und Partner ist. Frauen brauchen Mut, sie müssen Chancen ergreifen und Unterstützung einfordern, um aus der klassischen Rolle und der Doppelbelastung heraustreten zu können. Dafür gibt es durchaus Vorbilder. Beispielsweise betonte die Amerikanerin Sheryl Sandberg in ihrem Buch *Lean in*, wie sehr ihr – leider tödlich verunglückter – Mann sie in ihrem Streben, Familie und Karriere zu leben, unterstützt hat. Das Paar lebte vor, wie partnerschaftliches Familienleben funktionieren kann.

Bei Expatriates kommen häufig umgekehrte Rollen vor. Bei einem meiner interkulturellen Trainings für eine Familie war die Frau die Entsendete und ihr Mann übernahm das Organisieren und das Familienmanagement. Er erzählte:

Wir werden als Familie nach Shanghai gehen, meine Frau hat den Job und ich werde mich zunächst darum kümmern, dass mit den Kindern diese Umstellung gut über die Bühne geht. Ich bin im IT-Bereich selbstständig tätig und werde weiter darin arbeiten. Ich hoffe aber, dass ich später in Shanghai eine Stelle finde. Deshalb lerne ich gerade eifrig Chinesisch.

Rollentausch ist im Kontext von Auslandsentsendungen heute häufiger und lässt hoffen, dass sich mehr und mehr Frauen für Auslandsjobs bewerben – mit Unterstützung ihrer Partner.

FRAUEN ALS BRÜCKE ZWISCHEN TRADITION UND MODERNE

DAMIT ROLLENMUSTER SICH VERÄNDERN, spielt nicht nur die Unterstützung der Familie eine große Rolle, es bedarf auch struktureller Maßnahmen. Ein Blick auf Japan offenbart, wie wichtig diese sind. Die Mutterrolle wird in Japan gesellschaftlich sehr hoch bewertet. Lediglich 62 Prozent der Japanerinnen sind berufstätig, drei von vier Frauen sind teilzeitbeschäftigt und dies vor allem, weil verheiratete Frauen in einer Teilzeitbeschäftigung steuerlich begünstigt werden. Im Management sind nur 11 Prozent der Führungspositionen von Frauen besetzt. Viele japanische Frauen möchten nach dem ersten Kind wieder in den Arbeitsprozess eintreten, aber die aktuelle Arbeitsmarktsituation ist aufgrund der unsicheren wirtschaftlichen Lage schwierig.

Es tut sich etwas für japanische Frauen

JAPANS PREMIERMINISTER SHINZO ABE möchte nicht mehr auf das Arbeitspotenzial von Frauen verzichten – vor allem angesichts der demografischen Veränderungen einer sinkenden Bevölkerungszahl. Mit einem speziellen Förderprogramm »Womenomics«, welches auf den drei Ebenen Politik, Privatwirtschaft und Gesellschaft wirken soll, möchte er mehr und mehr Frauen ins mittlere und höhere Management bringen. Sein Programm beinhaltet vor allem steuerliche Reformen, Gleichstellungsprogramme in Unternehmen, mehr Kinderbetreuungsplätze, großzügigere Elternzeitregelungen und reduzierte Arbeitszeiten. Doch die klassischen Geschlechterrollen sind in Japan sehr stabil, auch in den Köpfen der Frauen. Veränderungen gehen nur langsam vor sich. Vor allem sind auch breit angelegte Erziehungsmaßnahmen in den Schulen nötig, um die traditionelle Sicht auf die Geschlechterrollen zu verändern.

Eine Japanerin, die in Österreich lebt und arbeitet, erzählte:

> In Japan, als ich dort in einem Unternehmen arbeitete, war es schwierig für mich. Ich konnte nicht meine Stärken ausleben. Ehrgeiz – und ich bin sehr ehrgeizig – wurde nicht belohnt, im Gegenteil. Niemand durfte aus der Norm fallen, auch nicht zu gut sein, das Mittelmaß wurde angestrebt. Das trifft vor allem Frauen, die sich ohnehin immer mehr zurückhalten. Für mich war das demotivierend. Hier in Wien arbeite ich in einem japanischen Unternehmen, in dem japanische und österreichische Werte vermischt sind. Ich erlebe, wie wichtig Erfolg ist, und kann meinen Leistungsanspruch hier ausleben. Gleichzeitig sind wir alle »japanisch selbstlos«. Eine Mischung, in der ich mich sehr wohlfühle: gute Gruppenzusammengehörigkeit gepaart mit individuellem Leistungsdenken.

In Bezug auf die Geschlechterrollen sprachen wir über ihr Rollenverständnis, das nicht mit dem klassischen japanischen übereinstimmt:

> In Japan galt ich mit meiner Art gegenüber Männern sozusagen als frech. Vielleicht, weil ich ein paar Monate in Deutschland gelebt hatte und die Frauen dort erlebt hatte. Kein Wunder, dass ich meinen Mann in der Firma in Tokio kennengelernt habe und schnell entschlossen war, mit ihm nach Österreich zu gehen. Berufstätige Frauen haben es in Japan nicht leicht. Auch wenn es immer mehr gibt, die im Beruf nach höheren

Positionen streben. Die Initiative von Shinzo Abe unterstützt Frauen, aber sein Programm ist sehr ehrgeizig und setzt sich nur langsam durch. In den Köpfen der Frauen sitzt noch sehr die traditionelle Rolle der Hausfrau fest, die den Familienhaushalt managt. Ja, die auch das Geld verwaltet. Oft ist es so, dass der Mann sein gesamtes Gehalt seiner Frau gibt und sie es verwaltet. So etwas wäre in Österreich unmöglich!

Meine japanische Gesprächspartnerin ist ein gutes Beispiel für kulturelle Synergie in Bezug auf Rollenmuster. Nach Aussagen ihrer österreichischen Kollegen wird sie als sehr japanisch (das heißt höflich und zurückhaltend) erlebt, in Japan wirkte sie hingegen nach eigener Aussage auf Männer als zu selbstbewusst, was ihr dort Nachteile brachte. In einem interkulturellen Setting wie in ihrer gegenwärtigen Arbeitssituation in Österreich kann sie Seiten der eigenen Identität ausleben, die im Herkunftskontext nicht erwünscht waren. In ihrem Arbeitskontext ist diese Mischung eine gute Ressource.

In China ist eine Karriere für Frauen schwierig

CHINA VERZEICHNET EINE MITTELMÄSSIGE RATE an berufstätigen Frauen, nämlich 54 Prozent im Jahr 2013.[41] Die kommunistische Regierung unter Mao Tse-tung sorgte dafür, dass Frauen verstärkt in den Arbeitsmarkt eintraten. Dennoch ist bis heute die Familienorientierung hoch und führt zusammen mit dem hierarchischen Verhältnis zwischen Mann und Frau, das auf die Lehren des Konfuzius zurückgeht, zu Diskriminierung. So entsteht eine hartnäckige »Glasdecke«, was die Karriereabsichten von Frauen betrifft. Auch das Lohngefälle zwischen Männern und Frauen ist mit 37 Prozent das höchste im OECD-Raum, so dass es für Frauen oft nicht attraktiv ist, wieder in den Arbeitsprozess einzusteigen. Ein weiteres Thema steht in China im Vordergrund – das übrigens auch für Japan gilt: Das Heiratsalter ist sehr niedrig. Mit fünfundzwanzig Jahren gelten Frauen bereits als alt und sind am Heiratsmarkt im Nachteil. Eine Managerin, die aus Shanghai stammt, früher bei Volkswagen in China war und seit einigen Jahren in Berlin ihr eigenes Consultingbüro hat, erzählte:

Die jungen Frauen in China machen alles richtig: Sie besuchen eine höhere Schule, erzielen die besten Resultate für das Universitätsaufnahme-Examen und studieren an den besten Unis; sie sind den Jungs in vielem weit überlegen. Dann treten sie selbstbewusst ins Berufsleben ein, und nun kommt der Schock! Sie sind zu gut ausgebildet, zu selbstbewusst, zu unabhängig und zu alt, um eine gute Partie zu sein. Viele von ihnen nehmen sich ganz zurück und lassen den Männern den Vortritt, um eine Chance am Heiratsmarkt zu haben. Unterstützung erhalten sie keine – ihre Eltern machen sich Sorgen, dass sie keinen Mann finden und »übrig bleiben« – in der chinesischen Gesellschaft ist das bis heute ein Stigma.

Verheiratet zu sein, ist in diesem kulturellen Kontext ein Muss, um einen gesellschaftlich anerkannten Status zu erhalten. Viele Ehen werden über Internetbörsen oder auf offenen Heiratsmärkten in den großen Städten vermittelt.

Frauen fehlt es oft an Netzwerken

VIELEN BERUFSTÄTIGEN FRAUEN IN CHINA fehlt das, worin ihnen die chinesischen Männer überlegen sind: Netzwerke. Frauen haben nicht immer die Unterstützung durch Familie und Partner, aber vor allem fehlen ihnen langfristig aufgebaute Netzwerke. Ökonomisch spielen Frauen jedoch eine immer bedeutendere Rolle in China. Zur Zeit herrscht eine allgemeine Aufbruchsstimmung, die sich am Gründerinnen-Boom erkennen lässt. 20 Prozent aller Unternehmen in China gehören heute Frauen, und viele von ihnen sind äußerst erfolgreich.[42] Daher ist es nicht verwunderlich, dass sich immer mehr Investoren für Unternehmerinnen in China interessieren. Sie weisen Erfolgszahlen auf und sind für Investoren attraktiv.

Ich sprach mit der ehemaligen Managerin aus Shanghai, die heute in Berlin lebt, über Start-Ups von Frauen in China:

Junge Frauen beginnen, sich selbst zu organisieren, und einige bieten Kurse für Betriebswirtschaft oder Marketing an. Dieses Geschäft boomt heute. Frauen als Unternehmerinnen sind erfolgreich und man sagt ihnen nach, dass sie über wichtige Qualitäten wie gute Kommunikationsfähigkeiten und hohe Verantwortung in geschäftlichen Belangen verfügen. Sie sind auch sehr ehrgeizig, das ist für Investoren wichtig. Andererseits schaffen sie es nur, wenn sie auch die Unterstützung ihrer Familien und Partner haben, denn die Diskriminierung gegenüber Frauen ist hoch. Eine Frau in China wird nur wegen ihrer hohen Position oder ihrer Seniorität anerkannt und muss sich anfangs auf Managementebene sehr durchsetzen. Das heißt, sie muss sehr autoritär auftreten. Viele Frauen schaffen das nicht, sie haben dann in der Firma wenig Rückhalt, weil sie nicht gut vernetzt sind. Männer sind immer besser vernetzt und halten zusammen.

Dieser Aspekt lässt sich weltweit beobachten. Frauen erhalten noch zu wenig Unterstützung auf einer breiten gesellschaftlichen Ebene. Die Tatsache aber, dass heute in vielen Ländern immer mehr Frauennetzwerke entstehen, lässt hoffen, dass die nächste Generation auf breitere Unterstützung zurückgreifen kann.

Das gilt auch für Frauen auf der arabischen Halbinsel – in den Emiraten und auch in Saudi-Arabien. Auch hier drängen sie mehr und mehr auf den Arbeitsmarkt. Aufgrund steigender Preise ist das Zusatzeinkommen der Frau gern gesehen. Frauen sind zudem immer besser ausgebildet und haben am Arbeitsmarkt gute Chancen. Dubai gilt heute als sehr unternehmerinnenfreundlich, und in jüngster Zeit haben sich zahlreiche Frauennetzwerke formiert, um Frauen Unterstützung bei der Selbstständigkeit anzubieten.

Eine Modedesignerin aus Abu Dhabi erzählte mir bei einem ihrer Besuche in Wien:

Die Stimmung ist gut. Was in Dubai zählt, ist Leistung. Deshalb finde ich, dass wir Frauen keine Nachteile haben, wenn wir gut sind. Was jedoch ein Hindernis ist, sind die fehlenden Kontakte, die bei den komplexen bürokratischen Hürden nötig sind. In diesem Punkt sind Frauen im Nachteil, sofern sie nicht gut vernetzt sind.

Die Förderung von Frauen für Managementpositionen in den Emiraten und den Ländern des Nahen Ostens lässt sich auch an speziell für Frauen konzipierten MBA-Programmen wie zum Beispiel »Women's Leadership« erkennen, das an der Synergy

University am Campus Dubai angeboten wird.[43] Fehlende Praxis und Kenntnisse werden durch solche Programme ausgeglichen – eine Tendenz, die sich in den kommenden Jahren auswirken wird, wenn die Absolventinnen ihre Karrieren in Angriff nehmen.

So genannte Empowerment-Programme für Frauen gibt es natürlich in zahlreichen Ländern, um Frauen den Weg in Führungspositionen zu ermöglichen. Empowerment bedeutet, durch ressourcenorientierte Unterstützung den Prozess der Selbstermächtigung in Gang zu setzen, mit dem Ziel, größere Kontrolle über das eigene Leben zu erreichen. Diese strukturellen Maßnahmen sind wichtige Schritte, um das Potenzial von Frauen zu fördern und zu nutzen. Gleichzeitig bilden derartige Programme eine hervorragende Möglichkeit, Netzwerke zu gründen, von denen Absolventinnen später profitieren.

In Indien sind die Beschäftigungsraten für Frauen auf dem Land höher als in der Stadt – ewa vierzehn Prozent sind es im urbanen, über 24 Prozent im ländlichen Bereich. Im Managementbereich sind Frauen mit durchschnittlich 20 Prozent vertreten. Das Unternehmertum ist auch in Indien für Frauen mit guter Ausbildung immer attraktiver angesichts einer ökonomisch stärker werdenden Mittelschicht. Dazu gibt es zahlreiche Erfolgsgeschichten. Frauen, die in indischen Familienunternehmen arbeiten, orientieren sich tendenziell an der Generation ihrer Eltern und fügen sich in die Strukturen der Großfamilie ein. Dabei erarbeiten sie sich aber ihren eigenen Bereich. Eine Managerin aus New Delhi erzählte dazu:

Ich arbeite, seitdem ich verheiratet bin, im Familienunternehmen meines Mannes. Ich habe mir mittlerweile meinen eigenen Bereich aufgebaut. Aber zu Beginn musste ich in der

Hierarchie ganz unten anfangen. Das war schwierig. Aber ich wurde akzeptiert, weil ich gut arbeitete und mit meinem Schwiegervater immer alles abgesprochen habe. Ich tat nichts ohne sein Wissen und seine Erlaubnis. Er gab mir immer gute Ratschläge. Jetzt habe ich seinen Respekt und viel mehr Freiraum.

Frauen aus Unternehmerdynastien in Indien haben es nicht leichter, nur weil sie auf einen privilegierten sozialen Hintergrund zurückgreifen können. Sie müssen sich den gesellschaftlichen Erwartungen beugen, und das bedeutet: heiraten und eine Familie gründen. Eine Karriere ist oft erst dann möglich, wenn die Kinder älter sind. Viele dieser Frauen starten ab dem vierzigsten Lebensjahr beruflich richtig durch.

Frauenberufe – Männerberufe

ES IST AUFFÄLLIG, dass in den ehemaligen kommunistischen Ländern Frauen eher im Berufsleben stehen, auch wenn sie Familie haben. Außerdem sind sie tendenziell öfter in technischen Berufen tätig als ihre Geschlechtsgenossinnen in anderen europäischen Ländern. Diese Tatsache geht eindeutig auf die Gleichstellung der Frauen im Kommunismus zurück. Frauen und Technik – dieses Thema wird inzwischen in westlichen Industrieländern durch zahlreiche Initiativen und Programme wie »Mädchen in technische Berufe« oder »Töchter-Tag in Unternehmen« aufgegriffen.

Bei Unternehmerinnen ist die Branchenwahl in Europa überwiegend traditionell. Wenn Frauen sich selbstständig machen, dann eindeutig eher in sozialen Bereichen wie Gesundheits- und Sozialwesen, in der Bildung, im Dienstleistungssektor oder

Handel. Der Hightech-Bereich ist bei Frauen sehr unterrepräsentiert, woran man erkennt, dass sich Berufsrollen-Klischees hartnäckig halten. Ein Weg aus diesem Muster heraus gelingt nur über tiefgreifendes Gendermainstreaming, das heißt Maßnahmen für Frauen wie Männer, die traditionelle Geschlechterrollen aufbrechen und neue Perspektiven unter dem Motto Chancengleichheit eröffnen.

Bei einem großen Transportunternehmen in Österreich wird Gender-Diversität groß geschrieben. Dazu erzählte mir der leitende Manager, der sich in seiner Abteilung sehr darum bemüht:

> Wir haben jetzt in unserer Führungsriege eine Frau, die aus Ungarn kommt. In den anderen Führungspositionen sind die Frauen leider noch sehr in der Minderzahl. Dennoch bin ich zuversichtlich, denn bei den unter fünfunddreißig Jährigen sind die Frauen bei uns bereits in der Mehrheit, egal, woher sie kommen.

Die junge Generation, die erst vor Kurzem in den Arbeitsmarkt eingetreten ist, hat klare Vorstellungen von Karriere, vor allem die jungen Frauen. Neue Arbeitszeit- und Arbeitsplatzmodelle sowie neue Elternzeitregelungen kommen ihnen entgegen, künftig Karriere und Familie besser zu vereinbaren. Über neue Trends erzählt der leitende Manager des erwähnten Transportunternehmens:

> Heute zeichnet sich in unserem Unternehmen klar ab, dass junge Frauen mit Migrationshintergrund zielstrebig ihre Karriere verfolgen. Sie sind bikulturell, zweisprachig und mit zusätzlichen Fremdsprachenkenntnissen sehr gut ausgebildet, vor allem aber

ehrgeizig. Ich nehme gern diese Frauen auf, denn sie bieten mir wertvolle Ressourcen und Fähigkeiten, aber vor allem ein hohes Engagement. Darüber hinaus bilden sie mühelos die Brücke zwischen den Kulturen in unserem Unternehmen.

Männer- und Frauenwelten: Geschlechtertrennung

GETRENNTE RÄUME FÜR MÄNNER UND FRAUEN sind in der europäischen Kultur nicht mehr üblich. Eine Gesprächspartnerin aus Deutschland hat drei Jahre in Mexico City gelebt und für ein Telekommunikationsunternehmen gearbeitet. Sie erzählte:

Ein Schlüsselerlebnis war eine Taufe, auf die ich schon bald nach meiner Ankunft zusammen mit einem mexikanischen Freund eingeladen war. Es handelte sich um eine typisch mexikanische Familienfeier mit Tanten, Onkeln, Neffen, Nichten ersten, zweiten und dritten Grades, viel Essen und noch mehr Tequila. Zu Anfang war das Ganze, vom ungleich höheren Lärmpegel und dem vielen Tequila einmal abgesehen, einer deutschen Familienfeier nicht unähnlich. Irgendwann stellte ich jedoch fest, dass ich nur noch von Frauen umgeben war, während sich die Männer trinkend und Zigarren rauchend im Hof versammelt hatten. Ich stellte mich zu ihnen – und das Gespräch verstummte schlagartig. Eine Erfahrung, die ich im Verlauf meines Aufenthalts noch öfter machen sollte. Ich hatte DEN gesellschaftlichen Fauxpas schlechthin begangen. Männer und Frauen bleiben auf gesellschaftlichen Veranstaltungen, vom gelegentlichen Tänzchen einmal abgesehen, für gewöhnlich unter sich und unterhalten sich zumeist auch über sehr rollentypische Themen, das heißt Frauen über Kinder und

Küche (obwohl die meisten durchaus im Berufsleben stehen), die Männer über Geschäfte und Sport. Meine unkonventionelle Art, mich »unters Volk zu mischen«, kam nur in den wenigsten Fällen gut an, da Mexiko in dieser Hinsicht sehr konservativ ist und großen Wert auf die Einhaltung der Etikette gelegt wird.

Geschlechtertrennung ist in vielen Ländern nach wie vor verbreitet. Grund dafür sind religiöse Vorschriften und Konventionen, wie in vielen islamischen Ländern, oder Geschlechterrollen, wie wir am Beispiel aus Mexiko gesehen haben. In diesen Umgebungen gehört es nicht zum guten Ton, als Frau mit Männern in Kontakt zu sein, die sie nicht kennt. Der berufliche Kontext ist eine Ausnahme. Aber auch hier gibt es Grenzen, wie eine Journalistin aus Saudi-Arabien, die ich in Wien treffen konnte, erzählte:

Ich arbeite für ein Nachrichtenmagazin in Riad. Auch wenn ich viel von zu Hause aus arbeite, gibt es doch regelmäßige Meetings in der Redaktion. Ich bin die einzige Frau im Team und habe den Eindruck, dass meine Kollegen meinen Input schätzen. Ich fühle mich nicht im Hintergrund. Aber natürlich würde ich nie mit ihnen nach dem Meeting gemeinsam essen gehen. Das ist eine Männerdomäne und vollkommen unmöglich. Bei uns lassen wir Essen kommen, wenn es länger dauert. Man geht nie als gemischte Gruppe in ein Lokal, es sei denn als Familie, für die es immer separierte Räume gibt. Das ist hier in Wien ganz anders.

In Saudi-Arabien wird Geschlechtertrennung strikt gehandhabt: Männer und Frauen, die nicht verheiratet sind oder nicht einer Familie angehören, essen in getrennten Räumen, fahren nicht gemeinsam mit einem Taxi, gehen nicht gemeinsam aus. Frauen können nicht alle Berufe ausüben, und es gibt Einschränkungen in der Studienwahl.

Sehr eindrucksvoll erzählte eine Rechtsanwältin aus Saudi-Arabien ihre Geschichte:

> Ich wollte unbedingt Jura studieren, aber das konnte ich in Riad nicht. So gelang es mir, meinen Vater davon zu überzeugen, mich in Kairo Jura studieren zu lassen. Als ich wieder nach Saudi-Arabien zurückkehrte, erfuhr ich, dass mein Studium nicht anerkannt werde, da ich keinen männlichen Guide während meiner Studienzeit hatte. Ich war verzweifelt, aber ich wollte nicht aufgeben. Nach vielen Anläufen und vielen bürokratischen Hürden gelang es mir schließlich, dass ich als Rechtsanwältin arbeiten darf. Ich bin heute eine von zehn anerkannten Rechtsanwältinnen in Saudi-Arabien.[44]

Hürden wie diese sind in vielen anderen Ländern unbekannt, aber für diese Frauen gibt es zahlreiche Hindernisse bei der Berufswahl, den Karrierewegen oder beim Ausüben von unternehmerischer Selbstständigkeit. In der Zusammenarbeit mit ihnen sollten wir das immer im Blick behalten. Frauennetzwerke sind daher heute eine wichtige Ressource, um mit traditionellen Rollenmustern umzugehen und gleichzeitig Freiheiten im Alltag zu erlangen.

Eine der Marktlücken weltweit, die bereits vor einigen Jahren in vielen Großstädten geschlossen wurde, sind Frauentaxis (Taxis, die von Frauen gefahren werden und nur Frauen befördern). Das gilt nicht für Saudi-Arabien, da Frauen dort nicht Auto fahren dürfen, aber beispielsweise in Dubai oder in Teheran oder New Delhi und vielen anderen Städten der Welt werden Frauentaxis positiv aufgenommen und sind sehr erfolgreich. Diese Unternehmen werden von Frauen geführt. Sie zeugen davon, wie die Geschlechterrollen sich verändern, und tragen dem Bedürfnis nach Schutz und Sicherheit in sozialen Umbruchssituationen Rechnung. Die Journalistin aus Saudi-Arabien erzählte ihre Erlebnisse in Wien, als sie in einer Redaktion ein Praktikum machte:

> Ich bin zunächst gar nicht auf die Idee gekommen, in Wien die U-Bahn zu nehmen und hielt gleich nach einem Frauentaxi Ausschau. Eine Kollegin aus der Redaktion gab mir die Telefonnummer. Der ungezwungene Umgang der Geschlechter ist mir noch fremd, aber ich gewöhne mich daran.

In anderen Situationen ist es für die Journalistin schwieriger, wie sie weiter berichtete:

> Ich bin aber froh, wenn ich beim Mittagessen neben Kolleginnen sitzen kann. Die Chefredakteurin hat viel Auslandserfahrung und bemerkte meine Unsicherheit. Sie achtete darauf, dass ich nicht als einzige Frau mit männlichen Kollegen in einem Raum arbeite. Beim Meeting sitze ich immer neben ihr und einer Kollegin. Ich bin ihr sehr dankbar, dass sie so sensibel mit diesem Thema umgeht.

Im beruflichen Alltag ist es wichtig, bei internationalen Teams auch auf diese Aspekte zu achten und sensibel damit umzugehen. Kulturelle Unterschiede müssen nicht immer in den Mittelpunkt gestellt werden, sollten jedoch beachtet werden. Interkulturelle Sensibilität hilft, in solchen Situationen einfühlsam zu reagieren.

Frauenbilder

FRAUEN AUS EUROPA, die als Expatriates in sehr patriarchalisch strukturierten Kulturen leben und arbeiten, haben mit Hürden zu rechnen, an die sie im Vorfeld oft gar nicht denken. Eine österreichische Expatriate, die in Moskau lebt und dort für eine große österreichische Firma arbeitet, kämpft mit dem Frauenbild in Moskau.

Russische Frauen betonen ihre Weiblichkeit. Sie tragen mit Vorliebe Schuhe mit sehr hohen Absätzen und kleiden sich in auffälligen Farben. Für die junge Frau war das sehr ungewohnt, denn diese Art von Outfit passt nicht in ihr Bild einer berufstätigen Frau, die Karriere machen möchte. Sie hat in Deutschland gelernt, ihre Weiblichkeit nicht zu betonen, um ernstgenommen zu werden. Sie erzählte:

> Es war ein Schock, Frauen zu sehen, die in guten Positionen arbeiten und in ihrem Bereich wirklich gut sind, aber so angezogen sind, als würden sie auf eine Modeschau gehen. Russische Frauen betonen ihre Weiblichkeit. Mir fällt es sehr schwer, mich daran anzupassen. Es widerstrebt mir, mich in diese Frauenrolle zu begeben. Das bin nicht ich. Gleichzeitig ist es unmöglich, gute Kontakte aufzubauen oder ernstgenommen zu werden, wenn man im klassischen dunklen Kostüm und Pumps daherkommt.

Besteht in Russland die Regel, weiblichkeitsbetonte Kleidung zu tragen, so ist in den arabischen Ländern das Gegenteil der Fall. Eine ausländische weibliche Führungskraft achtet auf betont bedeckte Kleidung und trägt unter Umständen in der Öffentlichkeit die Abaya, den bodenlangen schwarzen Mantel, und eine Kopfbedeckung. Dazu erzählte eine Managerin aus Köln, die in Dubai lebt und arbeitet:

> Damit habe ich als emanzipierte Frau kein Problem. Ich fühle mich in der arabischen Welt dennoch als Geschäftsfrau respektiert. In den arabischen Ländern herrscht hingegen kein Jugendwahn. Ich schätze es sehr, dass man mit Mitte fünfzig im Beruf nicht zum alten Eisen zählt.[45]

In Russland gibt es nur wenige Frauen im Top-Management. Da Frauen erst seit rund 20 Jahren nach höheren Positionen streben, besteht ein Defizit gegenüber Europa. Um sich durchzusetzen, müssen Frauen einen Führungsstil an den Tag legen, der klar, bestimmt und eindeutig ist. Eine Österreicherin, die für einen Pharmakonzern in Moskau tätig ist, erzählte über ihre Erfahrungen in Bezug auf den Führungsstil:

> Anfangs habe ich die Aufgaben wie immer höflich verteilt, doch das wurde nicht als konkreter Arbeitsauftrag verstanden. Jetzt gebe ich rigoros Anweisungen: »Das ist bis Freitag fertig auf meinem Tisch.«[46]

Frauen aus solch patriarchalisch strukturierten Gesellschaften erleben auch unseren Arbeitskontext in Deutschland, Österreich oder der Schweiz ganz anders. Eine Bulgarin, die in einem internationalen Unternehmen in Wien eine Führungsposition innehat und an einem meiner Österreich-Trainings teilnahm, erzählte mir:

> In Bulgarien sind Frauen im Berufsleben sehr präsent. Aber es ist eine Frage des Führungsstils. Wir sind streng und autoritär,

genau wie die Männer. Jetzt bin ich in Wien und leite eine große Abteilung. Ich bin auch hier sehr bestimmt in meinem Auftreten. Ich werde akzeptiert, aber ich verlange auch Respekt. Ich weiß nicht, ob österreichische Frauen in dieser Position so agieren würden.

Der Führungsstil ist der Schlüssel zur Anerkennung, für Frauen wie für Männer. Allerdings werden Frauen oft als »bossy« beschrieben, wenn sie genauso bestimmt auftreten wie Männer, denen dieses Etikett aber nicht verpasst wird. Neu ist eine solche Diskussion über weibliches Führungsverhalten übrigens nicht.

Höflichkeit gegenüber Frauen

IM BERUFLICHEN KONTEXT sind die Umgangsformen zwischen Frauen und Männern von den Geschlechterrollen bestimmt, die im jeweiligen kulturellen Kontext herrschen. Höflichkeit gegenüber Frauen gibt es nicht überall. In asiatischen Ländern ist sie nicht üblich. In vielen Ländern gilt sie jedoch als selbstverständliche Geste und wird problemlos angenommen, wie zum Beispiel in den meisten europäischen Ländern.

Die Managerin aus Shanghai, die heute in Berlin ein Consultingbüro hat, erzählte vom Umgang zwischen Frauen und Männern in China und berichtete, wie sich durch ihr Leben in Deutschland ihre Haltung dazu verändert hat:

Ich habe erst hier in Deutschland Höflichkeit gegenüber Frauen kennengelernt. Mir wird die Tür aufgehalten, »Mann« hilft mir in den Mantel und lässt mir den Vortritt usw. Diese netten Höflichkeitsgesten gegenüber Frauen existieren in China nicht.

Ich habe das am Anfang völlig falsch interpretiert! Einmal kam es zu einer unangenehmen Situation mit meinem Chef, weil ich eine höfliche Geste offenbar zu direkt abgelehnt hatte. Er konnte mir die Situation erklären, da er für längere Zeit in China war und wusste, wie der Umgang zwischen Männern und Frauen dort ist. Es war mir sehr peinlich, aber wir konnten gut darüber reden. Ich habe gelernt, mit dieser Art von Höflichkeit unbeschwert umzugehen.

Frauen als Diversitätsfaktor

DIESE AUSFÜHRUNGEN ZEIGEN, dass Frauen im internationalen beruflichen Kontext auf Management- und Führungsebene nicht überall gleich präsent sind. Gender-Vielfalt ist noch nicht auf allen Unternehmensebenen eine Selbstverständlichkeit. Zu leicht werden Frauen im Arbeitskontext Opfer von Stereotypisierungen und Vorurteilen und hartnäckig bestehenden Rollenmustern. Um diese zu überwinden, sind strukturelle Veränderungen in Unternehmen nötig, damit die Bedürfnisse von karriereorientierten Frauen erfüllt werden können. Dazu gehören neben Weiterbildungsmöglichkeiten und Empowerment-Programmen partnerschaftliche Elternzeiten, flexible Modelle in Bezug auf Arbeitszeit und Tätigkeitsort und eine ausgedehnte Kinderbetreuung.

Dort, wo Frauen mit unterschiedlichem kulturellem Hintergrund in Unternehmen tätig sind, ist eine interkulturelle Öffnung nötig, um die Ressourcen dieser Mitarbeiterinnen wie Sprachkenntnisse und Kulturwissen zu nutzen. Interkulturelle Sensibilität ist erforderlich, um Kolleginnen oder Mitarbeiterinnen aus unterschiedlichen kulturellen Kontexten vorurteilsfrei zu begegnen und sie zu fördern. Denn unreflektierte Rollen- oder Statuszuschreibungen sind ethnozentrisch und werden den Ambitionen von Frauen – egal welcher Herkunft – nicht gerecht. Wenn sich Gender-Vielfalt in Unternehmen etabliert, wird das neue Strukturen nach sich ziehen, in denen Männer und Frauen gleichermaßen ihren Platz finden. Denn, wie die Soziologin Christiane Funken erklärt:

> Moderne Frauen wollen durchaus Macht haben, aber nicht als Selbstzweck, sondern um genau jene Strukturen zu ändern, unter denen die Generationen vor ihnen gelitten haben. Um neue Ideen durchzusetzen, um FürsprecherInnen für Projekte zu finden, um Einfluss auf die Entwicklung der Arbeitswelt im Sinne der Frauen zu nehmen: Dafür brauchen sie, das ist ihnen durchaus bewusst: Macht.[47]

Gender-Vielfalt ist eine Möglichkeit, eingefahrene Machtstrukturen aufzubrechen und Räume zu öffnen, in denen Männer und Frauen einander gleichberechtigt begegnen, ihre Potenziale entwickeln und dadurch Synergien schaffen.

04 | INTERKULTURALITÄT IM BILDUNGSBEREICH

KULTURELLE VIELFALT in deutschsprachigen Bildungseinrichtungen ist schon seit mehreren Jahrzehnten eine Realität. Österreichweit haben heute 17,8 Prozent aller Schülerinnen und Schüler eine andere Muttersprache als Deutsch, davon 40,4 Prozent allein in Wien. Aber gerade im Bereich der Bildung scheint man der kulturellen Vielfalt nicht genügend Rechnung zu tragen. Spricht man im Unternehmenskontext von kultureller Vielfalt als Ressource, so gilt dies nicht im gleichen Ausmaß für den Bildungsbereich. Die Strukturen in der Institution Schule sind immer noch so ausgerichtet, als wären alle Schüler monokulturell und Deutsch flächendeckend Erstsprache. Dabei hat sich spätestens seit den 1990er Jahren die Situation durch die Kriegsflüchtlinge aus Bosnien,

Kroatien und dem Kosovo drastisch verändert. Dazu sagt eine Bildungsexpertin aus Wien im Gespräch:

> Die Realität an unseren Schulen – vor allem in den Städten, aber nicht nur – ist nicht die homogene Schule, sondern eine diverse, heterogene und mehrsprachige Schülerlandschaft.

Heute liegt der Ausländeranteil an Wiener und an Berliner Schulen durchschnittlich bei 70 Prozent. In Wien gibt es im Durchschnitt 55 Prozent Volksschulkinder mit Migrationshintergrund. Bis zu 100 Prozent der Schüler, die eine Haupt- bzw. Neue Mittelschule besuchen, sprechen als Erstsprache nicht Deutsch.[48] Dem gegenüber ist die Lehrerschaft an den Schulen jedoch durchweg homogen, berichtet eine Bildungsexpertin aus Wien:

> Die Schulen sind sehr heterogen und international besetzt. Bei der Lehrerschaft ist es aber nicht so. Es gibt keine Schulen, die eine gute kulturelle Durchmischung bei den Lehrenden aufweisen (mit Ausnahme der bilingualen und internationalen Schulen natürlich).

ETHNOZENTRIK AN SCHULEN

INTERKULTURALITÄT IN DER SCHULE wird im Rahmen der derzeitigen österreichischen oder deutschen Bildungspolitik weitgehend nicht thematisiert. Obwohl sich die Schülerschaft komplett verändert hat und heute heterogen und mehrsprachig ist, wird das Thema nicht aufgegriffen. Dazu äußert sich erneut die Bildungsexpertin:

> Man stellt immer noch nicht die Frage, was das für die Schullandschaft oder Schulleitung bedeutet oder welche zusätzlichen Ressourcen eine Schule braucht, um mit dieser Heterogenität umzugehen.

Im Gegenteil – die Praxis zeigt, dass man sich im Lehralltag nach wie vor auf Defizite konzentriert. Man stellt mangelnde Deutschkenntnisse fest, mangelnde soziale Kompetenzen, unzureichende Kenntnisse sozial üblicher Umgangsformen, geringere Leistung usw. Diese Haltung ist Ausdruck einer ethnozentrischen Einstellung im Bildungssystem – das heißt, die Kultur der Mehrheitsgesellschaft wird als Maßstab genommen.

Anders als in Unternehmen, die sich immer mehr darum bemühen, aus der kulturellen Vielfalt in ihrer Belegschaft Nutzen zu ziehen, werden Multikulturalität und Mehrsprachigkeit im Schulalltag in der Regel eher negativ bewertet. Diese negative Bewertung ist Ergebnis einer Schulpolitik, die es bis jetzt weitgehend versäumt hat, kulturelle Diversität zu thematisieren. Der professionelle Umgang mit heterogenen Gruppen und interkulturelles Lernen sind bis heute keine Pflichtfächer der Lehrerausbildung, werden aber auch in der Weiterbildung nicht angeboten. Viele engagierte Lehrende erkennen, dass die klassische

Ausbildung in dieser Hinsicht zu wenig bietet. Sie müssen sich in Bezug auf interkulturelles Lernen selbst weiterbilden. Es sei »nachweislich für professionelles Unterrichten in Klassen mit Migrantenkindern innerhalb der ersten vier Pflichtschuljahre zu wenig fundiertes Wissen vorhanden«, so das Urteil in der Studie zum Thema »Migration und Schulrealität«.[49]

Es gibt aber auch zahlreiche Schulen in Österreich und Deutschland, die Maßnahmen für den Umgang mit kultureller Diversität sehr erfolgreich umsetzen. Dies geht in allen Fällen auf die persönliche Initiative von Direktorinnen und Direktoren zurück, die bestimmte Projekte oder Regulierungen in ihrer Schule verfolgen.[50]

ZIEL: GELEBTE INKLUSION IN DER SCHULE

INKLUSION BEDEUTET IN DIESEM ZUSAMMENHANG, niemanden auszugrenzen und alle Schülerinnen und Schüler mit ihren jeweiligen Sprachkenntnissen und Fähigkeiten gleichermaßen miteinzubeziehen. Inklusion ist ein wichtiger Bestandteil von Diversitätsmanagement, das nur funktioniert, wenn man an den Schaltstellen ansetzt und den Umgang mit kultureller und sozialer Vielfalt strategisch vermittelt. Aus- und Weiterbildung sind in diesem Kontext entscheidende Maßnahmen, um ein Bewusstsein für kulturelle Vielfalt zu entwickeln. Dazu die Bildungsexpertin im Gespräch:

> Natürlich muss man an der Führungsebene, der Direktion, ansetzen und hier Schulungen anbieten. Aber an einer Schule gibt es wenige Zwischenebenen. Die Hierarchien sind eher flach und Führung beschränkt sich nicht allein auf die Direktion. Ich sehe auch die Lehrenden als Führungskräfte. Sie haben in der Klasse eine Führungsaufgabe zu erfüllen, aber auch im Umgang mit außerschulischen Organisationen wie dem Sozialamt, den Sozialarbeitern, der Fürsorge, den Freizeitpädagogen, den Betreuenden von unbegleiteten jungen Flüchtlingen, aber allen voran im Umgang mit den Eltern.

Deshalb braucht es Schulungen, um ein kulturelles Bewusstsein bei den Lehrenden im Rahmen ihrer Führungsaufgabe aufzubauen. Denn dass die schulischen Leistungen von Kindern mit Migrationshintergrund schlechter sind als die der Kinder ohne Migrationshintergrund, liegt daran, dass Lehrende nicht darauf vorbereitet wurden, mit dieser Vielfalt umzugehen. Den meisten fehlt es an kulturellem Bewusstsein und Wissen über kulturelle Hintergründe.

Beim Blick auf Statistiken in Bezug auf die Wahl des Schultyps zeigt sich, dass die Auswahl von sozialer und ethnischer Herkunft geprägt ist. So werden in Österreich die Allgemein bildenden höheren Schulen vorwiegend von der Mittelschicht bevorzugt, die Neue Mittelschule hingegen von schwächeren sozialen Schichten. Und obwohl die Forschung betont, dass sich Migrationshintergrund nicht zwingend negativ auf die schulische Leistung eines Kindes auswirken muss, zeigt sich, dass das Bildungsniveau von Kindern mit Migrationshintergrund deutlich niedriger ist als das von Kindern, die Deutsch als Muttersprache sprechen.

Entscheidende Faktoren für die schulischen Leistungen sind vor allem das Elternhaus, in dem ein positives oder negatives Verhältnis zu Schule und Leistung vorgelebt wird, und das durchschnittliche Leistungsniveau der Mitschüler. Daher sollte es in allen Schulen oberstes Ziel sein, eine gute Mischung aus unterschiedlichen sozialen Schichten und ethnischer Herkunft anzustreben. Auf dieser Basis kann Inklusion an einer Schule gelebt werden. Das betont die Bildungsexpertin:

> Es gibt in Österreich Schulen, die machen das sehr gut. Dort geht man bis zum Küchenpersonal, das bewusst so rekrutiert wird, dass diese Mitarbeiter aus den jeweiligen Ländern kommen, aus denen viele Schüler stammen, und damit die Sprachen dieser Schülerinnen und Schüler sprechen. Das betrifft den Freizeitbereich an der Schule, ist aber wichtig. Dafür braucht es allerdings ein Bewusstsein vonseiten der Schulleitung.

Wie eine ausgewogene soziale und kulturelle Mischung zum Erfolg und zu gelebter Inklusion führen kann, erklärt der Direktor einer Neuen Mittelschule und eines Bundesgymnasiums in Graz: »Zehn bis zwanzig Prozent der Schülerinnen und Schüler kommen aus der Oberschicht, und der so gegebene soziale Mix trägt wesentlich zum Gelingen der Schule bei.«[51] Die Schule erhielt im Jahr 2013 den Österreichischen Schulpreis für das erfolgreiche Nebeneinander von Neuer Mittelschule und Allgemein bildender höherer Schule unter einem Dach.[52] An dieser Schule wird Inklusion gelebt, wobei die individuelle Förderung der Schüler im Vordergrund steht.[53]

Worin liegen nun die interkulturellen Herausforderungen im Bildungskontext? Der interkulturelle Blick richtet sich auf Bereiche wie Werte und Annahmen, die unhinterfragt als »normal« gelten. Im Bildungssektor sind folgende Themen relevant: Bedeutung der Schule, kulturelle Vielfalt, Mehrsprachigkeit, Bedeutung von Leistung und kulturelle Diskriminierung.

DIE BEDEUTUNG DER SCHULE – HISTORISCH BETRACHTET

HALBTAGSSCHULEN, DIE IM DEUTSCHSPRACHIGEN RAUM immer noch in der Mehrzahl sind, setzen weitgehend voraus, dass sich Eltern um schulische Belange kümmern und ihre Kinder bei Hausaufgaben oder beim Lernen unterstützen. Diese Erwartungen vonseiten der Schule können nicht alle Eltern erfüllen. Viele Eltern mit Migrationshintergrund sprechen selbst nicht gut genug Deutsch, um ihre Kinder zu unterstützen. Eltern ohne Migrationshintergrund arbeiten beide oft Vollzeit und kommen aus zeitlichen Gründen einfach nicht dazu, mit ihren Kindern abends noch die Hausaufgaben zu machen. Andere Eltern wiederum kommen aus einer Kultur, in der die Schule ein eigenständiger Bereich ist, in den man sich nicht einmischt. Dazu sagt die Bildungsexpertin aus Wien im Gespräch:

> Eines der schwierigsten Themen in diesem Kontext ist, wie die Schulleitung erreicht, dass diese Eltern in die Schule kommen und erfahren, welche Bedeutung Schule bei uns hat. In der Türkei zum Beispiel, in Regionen, aus denen unsere türkischen Migranten und Migrantinnen kommen, hat die Schule einen ganz anderen Stellenwert. Das muss man hier wissen und sich überlegen, wie man diese Eltern erreichen kann.

Um diesem komplexen Thema zu begegnen, ist es hilfreich, kurz in die Geschichte der Schule zurückzugehen. Bildungstraditionen unterscheiden sich von Kultur zu Kultur, weil Bildung im Allgemeinen unterschiedlich bewertet wird. Die Einführung von Bildungsstandards und die Bekämpfung des Analphabetismus vollzogen sich in den einzelnen Ländern Europas sehr unterschiedlich.

In Österreich wurde die Schulpflicht 1774 von Maria Theresia eingeführt, um die staatliche Autorität zu unterstreichen und den Einfluss der Kirche zu mindern. Ihr Sohn Joseph II. band später die Kirche wieder in das Bildungswesen ein, und es wurden so genannte »Trivialschulen« gegründet, die neben Lesen, Schreiben und Rechnen auch die Erziehung zu einem anständigen Menschen verfolgten. 1869 wurde eine achtjährige Schulpflicht eingeführt, gegen die sich aber die Bauern erfolgreich wehrten, da sie ihre Kinder als Arbeitskraft im ländlichen Betrieb brauchten. Erst 1914 besuchten mehr als 90 Prozent aller Kinder regelmäßig die Schule. Dabei gab es immer ein starkes Nord-Süd-Gefälle – je weiter südlich, desto weniger ernst nahm man die Schule.[54]

Während der beiden Weltkriege hat sich die Wahrnehmung der Schulpflicht in Österreich sehr verändert. Jugendliche mit guter Schulbildung wurden eher an der »Heimatfront« eingesetzt, während jene mit geringer bis keiner Schulbildung an die Front geschickt wurden. Der Schulbesuch war also plötzlich keine Pflicht mehr, sondern ein Recht, das Vorteile mit sich brachte.

War in Österreich der Analphabetismus um die Jahrhundertwende (1900) fast vollständig verschwunden, konnte zum Beispiel in Serbien zu dieser Zeit mehr als 80 Prozent der Bevölkerung noch nicht lesen und schreiben.[55] Erst nach 1945, im Zuge der Einführung des sowjetischen Bildungssystems, setzten sich in Serbien bzw. im damaligen Jugoslawien nach und nach Standards durch, die dazu führten, dass der Anteil der Analphabeten bis 1971 auf 17 Prozent zurückging. Erst ab dem Jahr 2000 wurde Bildung im heutigen Serbien zum Recht für den Einzelnen, und es folgten grundlegende Reformen im beruflichen Weiterbildungssektor und im Hochschulsystem. Die Bildung hatte also in diesem Kontext lange nicht den gleichen Stellenwert wie in Österreich.

Betrachtet man die Geschichte des Bildungswesens in der Türkei, so fällt Ähnliches auf. Atatürk, der »Vater« der modernen Türkei, organisierte und modernisierte den Staat von Grund auf und führte radikale Reformen im Bildungswesen ein. Dazu gehörte die Umstellung von der arabischen auf die lateinische Schrift, die eine einschneidende Veränderung bedeutete. Es wurden auch türkische Neuformen in der Sprache geschaffen, um arabische Wörter zu eliminieren. Diese Schrift- und Sprachreform führte dazu, dass die nachfolgende Generation die Texte ihrer Elterngeneration und davor nicht mehr lesen konnte – allerdings konnten damals nur zehn bis 20 Prozent der Bevölkerung überhaupt lesen und schreiben. Atatürk führte die allgemeine Schulpflicht ein und eine sehr zentralistische Organisation der Schule nach französischem Vorbild. 1997 wurde die allgemeine Schulpflicht von fünf auf acht Jahre verlängert, und dies führte zu einem erhöhten Bedarf an Schulen, der in entlegeneren Gebieten wie Teilen Ostanatoliens bis heute nicht vollständig gedeckt ist. Die an europäischem Muster orientierte Schulreform wurde der Bevölkerung damals von oben übergestülpt, und es wurde dabei nicht auf soziokulturelle Faktoren vor allem bei der Landbevölkerung geachtet. Im ländlichen Bereich gab es davor traditionell keine Bildung außerhalb der Koranschule in der Moschee. Aus diesem Blickwinkel ist die distanzierte Haltung zur Schule bei Migranten aus bildungsfernen Schichten zu verstehen. Die Bildungsexpertin bestätigt das:

> Ja, in vielen, eher entlegenen Gegenden wie in Ostanatolien kümmert man sich nicht um schulische Dinge, Schule ist total ausgelagert. Daher liegt die Verantwortung für Bildung rein bei der Schule. Kein Wunder, dass dann in der Migration die Schule von vielen Eltern so gut wie ignoriert wird.

Familienstrukturen

AUCH FAMILIENSTRUKTUREN und Heiratstraditionen können den kulturell unterschiedlichen Stellenwert von Bildung erklären. Die Trennlinie zwischen kollektivistischer und individualistischer Familienform verläuft in Osteuropa von den baltischen Ländern entlang der Ostgrenze Österreichs über den Balkan. In Osteuropa setzte sich die Großfamilie durch (sie ist auch weltweit die häufigste Familienform), bei der die Söhne auch nach der Heirat und Gründung einer eigenen Familie am Hof oder im landwirtschaftlichen Betrieb der Eltern bleiben. Daraus ergibt sich ein komplexes Geflecht an Familienbeziehungen zwischen Vater und Söhnen bzw. Brüdern und deren Familien.[56]

In Westeuropa, so auch in Österreich, Deutschland oder der Schweiz, lebte auf einem Hof nur die Kleinfamilie mit den Großeltern. Der Besitz ging vom Vater auf den ältesten oder jüngsten Sohn über. Die übrigen Söhne und Töchter mussten den Hof verlassen und sich selbst eine wirtschaftliche Grundlage schaffen. Deshalb arbeiteten auf den Höfen auch keine Verwandten, sondern Gesinde. Sozioökonomisch bedeutete dies, dass jene Söhne und Töchter, die den Hof verlassen mussten, einen Beruf erlernten und einer Erwerbstätigkeit nachgingen – und das wiederum führte dazu, dass in diesen Regionen Bildung und Ausbildung einen höheren Stellenwert hatten.

Betrachtet man diese unterschiedlichen Traditionen, kann man auf bestimmte Wertehaltungen schließen. Innerhalb einer Großfamilie, auf einem Hof, auf dem nur Familienmitglieder leben und arbeiten, ist die Solidarität besonders groß. Ziel ist es für alle, möglichst bald in den Arbeitsprozess am familieneigenen landwirtschaftlichen Betrieb einzusteigen. Berufliche Weiterbildung nach der Pflichtschule wird in einem solchen Kontext als weniger wichtig erachtet. In der Migration setzt sich unbewusst eine solche bildungsferne Tradition innerhalb der Familie fort. Das zeigt sich zum Beispiel in Österreich darin, dass vor allem Jugendliche aus diesen Regionen früh aus dem Schulsystem ausscheiden.

Die eigentliche Ursache für dieses Verhalten ist aber nicht der Migrationshintergrund, sondern der niedrige Bildungsstand der Eltern und deren Bildungsferne aus der Tradition heraus.[57]

INTERKULTURALITÄT AN DER SCHULE – BLINDE FLECKEN

DIE HEUTIGEN PROBLEME ZEIGEN AUF, wo die blinden Flecken sind. Die Bedeutung von Schule und die Beteiligung der Eltern werden kulturell unterschiedlich gewertet. In der Türkei, aber beispielsweise auch in Frankreich, ist die Schule eine zentralistisch geführte Organisation, die keine Partizipation der Eltern wünscht. Die Erziehung der Kinder liegt in der Hand des Staates, und Eltern sollen sich möglichst heraushalten.

Diese Haltung ist in Österreich kaum bekannt. Im Gegenteil – denjenigen Eltern mit Migrationshintergrund, die sich nicht am Schulgeschehen beteiligen, wird »Integrationsunwilligkeit« vorgeworfen. Im türkischen Schulsystem ist es aber nicht vorgesehen, dass sich Eltern in schulische Fragen einbringen. Umgekehrt würden sich türkische Lehrende auch nicht an die Eltern wenden, wenn Schüler Probleme bereiten. Dazu berichtet ein Lehrer türkischer Herkunft, der in Wien an einer Grundschule arbeitet:

> Es ist bei uns eine Frage der Ehre, mit den Problemen selbst fertigzuwerden. Wir vermeiden Gesichtsverlust – den eigenen, aber auch den der Eltern. In der Türkei würde ich als Lehrer sofort als inkompetent und schwach gelten, wenn ich die Eltern eines Schülers um Mithilfe bitten würde.

Im österreichischen Kontext hingegen werden Eltern von der Schule explizit zur Mithilfe und Unterstützung im Schulalltag aufgefordert. Wie man Eltern mit Migrationshintergrund dazu motivieren kann, sich mehr einzubringen, werden wir später näher erläutern.

Respekt und Autorität

IMMER WIEDER KLAGEN VOR ALLEM LEHRERINNEN an den Grundschulen oder Neuen Mittelschulen über mangelnden Respekt. Vor allem bei Jungen mit türkischem Migrationshintergrund können sie sich häufig nur schwer durchsetzen. Eine Lehrerin aus einer Hauptschule in Wien berichtete dazu:

> Ich habe den jungen Mann aufgefordert, die Landkarte zurückzuhängen, wo sie hingehört. Er war der Ansicht, das solle eine Frau erledigen, und wollte es an eine Mitschülerin delegieren. Ein anderer hat ihm beigepflichtet. Da bin ich scharf dazwischen, das geht so nicht.

Die Autorität der Lehrperson muss deutlich eingefordert werden, nicht nur gegenüber den Schülern, sondern vor allem auch gegenüber den Vätern. Dazu erläutert die Bildungsexpertin aus Wien im Gespräch:

> Die Lehrenden müssen ihre eigene Autorität entgegensetzen. Sobald man einen Riegel vorschiebt und so ein respektloses Verhalten ganz klar zurückweist, funktioniert es. Die meisten Väter akzeptieren die Autorität einer Lehrerin, wenn diese klarstellt, dass sie jetzt dafür zuständig ist und dass das bei uns so ist und respektiert werden muss.

Lehrende sollten daher Kenntnisse über Führungsverhalten und unterschiedliche Führungsstile erwerben und diese situativ einsetzen können. Sie sollten wissen, welche Erwartungen Schüler oder Eltern an eine Führungsperson haben, um entsprechend darauf einzugehen.

Ein weiterer blinder Fleck ist das unzureichende Wissen um Werte wie Ehre oder Gesicht-Wahren in islamischen Kulturen. Die Direktorin einer Neuen Mittelschule in Wien erzählte:

> Es ist schon für viele Lehrerinnen schwer, sich die Autorität zu erkämpfen. Einmal wurde eine Lehrerin von einem türkischen Schüler offenbar wüst beschimpft. Er wusste aber nicht, dass eine Schülerin, die auch Türkisch spricht, es hörte und der Lehrerin im Nachhinein übersetzte. Als die Lehrerin den Vater des Jungen mit diesen Beschimpfungen zur Rede stellte, wurde dieser ganz blass. Er hatte als Vater dieses Jungen das Gesicht verloren, der Ruf der Familie war gefährdet. Von diesem Zeitpunkt an benahm sich der Junge der Lehrerin gegenüber normal.

Manchmal hilft es auch, unkonventionelle Druckmittel einzusetzen, um die Autorität der Lehrperson zu unterstreichen. Der Direktor einer Neuen Mittelschule erzählte:

> In einem Fall, in dem ein Schüler zu viele unentschuldigte Fehlstunden hatte, riefen wir von der Direktion am Arbeitsplatz des Vaters an. Es war dem Vater sehr unangenehm, dort von der Schule angerufen zu werden. Von da an war das Fehlen seines Sohnes kein Thema mehr.

Das leidige Thema »Händeschütteln« wird immer wieder erwähnt – immer wieder geben Väter der Lehrerin ihres Sohnes oder ihrer Tochter beim Elternsprechtag bei der Begrüßung nicht die Hand. Wie kann dem begegnet werden? In einem geschäftlichen Kontext würde man kein Wort darüber verlieren, sondern die weibliche Führungskraft würde durch ihr Auftreten, ihre Funktion und ihre Expertise herausstreichen, wer sie ist. Dadurch würde sie akzeptiert werden.

Bei Verhandlungen mit Chinesen lernen österreichische Manager rasch, dass sie nicht allein oder zu zweit auftreten dürfen, sondern immer in einer größeren Gruppe erscheinen müssen, um genügend Gewicht zu haben, denn die chinesische Verhandlungsdelegation besteht immer aus einer größeren Gruppe. Das wäre auch ein guter Tipp im schulischen Kontext. Dazu erzählte der Direktor einer Neuen Mittelschule in Wien:

> Ich kenne schon das Problem mit einigen türkischen Vätern, die meine Lehrerinnen nicht respektieren und ihnen nicht die Hand geben. Man muss ihnen anders begegnen. Ich versuche jetzt, wann immer es möglich ist, bei diesen Treffen dabei zu sein, und unterstütze meine Kolleginnen mit meiner Präsenz und Autorität als Direktor. Das passt zwar nicht zu unserer Kultur, aber es wird verstanden. Dann führen wir Protokoll und lassen es am Ende des Gesprächs vom Vater unterschreiben. Das wirkt auch, da es so offiziell ist. Es klingt kindisch, aber es gibt Mittel, um sich Respekt zu verschaffen.

Beteiligung von Eltern an der Schule

VIELE ELTERN MIT MIGRATIONSHINTERGRUND kümmern sich nicht um die Schule ihrer Kinder. Nicht aus Desinteresse, sondern weil sie meinen, dafür nicht zuständig zu sein. Die türkisch-deutsche Autorin Serap Çileli, die seit ihrer Kindheit in Deutschland lebt, schreibt:

> Ich kann mich erinnern, dass unser Vater mich nur ein einziges Mal in die Schule gebracht hat. Das war am ersten Tag. Er lieferte mich im Sekretariat ab und verschwand. Das war das erste und letzte Mal, dass ich einen von meinen Eltern in der Schule gesehen habe.[58]

Wie kann es gelingen, Eltern mit türkischem Migrationshintergrund mehr in schulische Belange einzubeziehen, wenn das so gar nicht ihrer Tradition entspricht? Sieht man sich die kulturellen Hintergründe genauer an, wird vieles klar. Denn ein weiterer Grund für die mangelnde Beteiligung an Schulaktivitäten in dieser Bevölkerungsgruppe ist Scham. Viele Mütter oder Väter aus bildungsfernen Schichten fühlen sich nicht gleichwertig. Sie schämen sich dafür, weil sie sich auf Deutsch nicht gut ausdrücken können, weil sie nicht so gewandt im Umgang sind oder weil sie nicht so gut gekleidet sind wie die anderen Eltern. Viele trauen sich auch einfach nicht in die Schule, weil sie Analphabeten sind, meint die Wiener Bildungsexpertin.

Diese Scham lässt sich oft auf Diskriminierung zurückführen, die diese Menschen in ihrem Lebensalltag erfahren. Das Gefühl, nicht dazuzugehören, nicht zu entsprechen oder mangelhaft zu sein, ruft Scham hervor. Scham ist in diesem kulturellen Kontext sehr negativ besetzt, sie ist ein informeller Kontrollmechanismus und bringt soziale Sanktionen mit sich. Man schämt sich, wenn jemand nicht den Verhaltensregeln entspricht oder den Ruf der Familie gefährdet.

Es wäre für Direktoren und Lehrpersonen sehr wichtig, diesen Wert in seiner Tragweite zu verstehen, um den betroffenen Eltern entgegenkommen zu können. Vonseiten der Schule gibt es allerdings wenig Spielraum. Vorschläge aus der Forschung gehen in Richtung »Hin zu den Eltern nach Hause« und gehen davon ab, die Eltern in die Schule zu holen, um Hemmschwellen abzubauen. Dazu wieder die Bildungsexpertin im Gespräch:

> Wenn ich eine Elternversammlung einberufe und einen Zettel zum Schulschikurs austeile, dann hilft das gar nichts. Es geht nicht so wie bei uns. Ich muss mir etwas überlegen, um diese Eltern zu erreichen. Es gibt bereits viele gute Beispiele wie Eltern-Cafés oder Deutschkurse für die Mütter. Vor allem die Programme für die Mütter haben sich bis jetzt sehr gut bewährt.

Programme für Mütter – das sind in erster Linie Deutschkurse, die an Vormittagen stattfinden, wenn die Kinder auch in der Schule sind. Diese Kurse werden sehr gut angenommen und sind bestens geeignet, um mit den Müttern in Kontakt zu treten und gegenseitiges Vertrauen aufzubauen. Die Mütter lernen auf diese Weise die Institution Schule kennen, erfahren aber auch, welche Aufgaben die Eltern haben, wenn ihr Kind in diese Schule geht.

Ein anderes Thema ist die Weitergabe von Informationen in den Sprachen der Migranten. In vielen Schulen herrscht noch kein kulturelles Bewusstsein dafür, dass die Attraktivität an schulischen Angeboten nur erhöht werden kann, indem die Sprachen der Migranten aufgenommen werden. Dazu die Bildungsexpertin:

> Um die Mehrsprachigkeit an den Schulen als durchgängige Erscheinung wahrzunehmen und als Selbstverständlichkeit zu behandeln, müssten alle Informationen in den wichtigsten Zuwanderungssprachen vorhanden sein – das betrifft sämtliches Informationsmaterial, Broschüren und die Schul-Homepage. Bei den Veranstaltungen müssen Übersetzer für die meisten relevanten Sprachen da sein.

Die meisten Eltern mit Migrationshintergrund kommen aus Ländern, in denen die Beziehungsorientierung sehr hoch ist. Das bedeutet, dass es nur über einen persönlichen Kontakt möglich ist, Zugang zur betreffenden Person zu finden. Um dem Rechnung zu tragen, wäre es wichtig, dass es in der Schule direkte Ansprechpersonen gibt, die die jeweiligen Sprachen sprechen, damit die Eltern zu ihnen einen persönlichen Kontakt aufbauen können. Das könnte bei den Eltern die Hemmschwelle senken, in die Schule zu kommen und Anteil am Geschehen zu nehmen.

Die interkulturelle Herausforderung ist hier, dass sich die Veränderung auch bei uns in der dominanten Kultur vollziehen muss: in den Schulstrukturen, in der Art, wie schulische Angebote kommuniziert werden, im kulturellen Bewusstsein, wie diese Gruppe erreicht werden kann. Wir müssen akzeptieren, dass sie nur mit anderen Mitteln erreicht werden kann, als wir es in unserem Kontext gewohnt sind. Um zu akzeptieren, dass in unserer Gesellschaft und an unseren Schulen Vielfalt herrscht, müssen wir uns öffnen. Nur mit einer Offenheit können wir auf diese Gruppen unserer Gesellschaft eingehen und sie dazu motivieren, sich einzubringen.

KULTURELLE UNTERSCHIEDE BEI ERZIEHUNG UND LERNEN

ERZIEHUNGSMUSTER SIND WELTWEIT UNTERSCHIEDLICH und hängen sehr mit dem Wert zusammen, der Kindern in einer bestimmten Gesellschaft verliehen wird. Welchen Stellenwert haben Kinder? Werden sie in die Welt gesetzt, um den Lebensabend zu sichern? Sollen sie den sozialen Status der Familie heben (zum Beispiel durch die Geburt von Söhnen)? Oder steht im Vordergrund eher der psychologische Wert für die Eltern, die durch ihre Kinder Glück empfinden? Dienen Kinder als Projektionsfläche für die Wünsche und Vorstellungen der Eltern (nach dem Motto: »Meine Kinder sollen es einmal besser haben«)? In vielen Kulturen sind Kinder zwar wichtig, stehen jedoch als Teil der Großfamilie keineswegs im Mittelpunkt des Familiengeschehens.

Früherziehung

IN WESTLICHEN GESELLSCHAFTEN, so auch in Österreich oder Deutschland, baut die Erziehung in der Schule auf den vorhandenen Kenntnissen auf, die in der Früherziehung im Elternhaus erworben wurden. Das Bewusstsein dafür, wie wichtig frühkindliche Erziehung und frühe Bildung sind, ist nicht in allen Kulturen flächendeckend vorhanden. Es gibt hier nämlich große kulturelle Unterschiede in den Erziehungs- und Bildungstraditionen.

Im asiatischen Kontext, der von den Lehren des Konfuzius geprägt ist, wird die Bildung als eine der höchsten Tugenden erachtet. Durch sie wird ein Mensch kultiviert, das heißt zur Selbstdisziplin erzogen. Selbstdisziplin bedeutet zu lernen, und dieses Lernen beinhaltet auch, sich zurückzunehmen und das eigene

Verhalten auf das der anderen Familienmitglieder abzustimmen. In dieser Kultur ist die frühe Bildung bei Kindern ein wichtiges Erziehungsziel.

Eine Chinesin aus Singapur, die nach Österreich emigriert ist, erzählte:

> In meiner Familie lernten meine Geschwister und ich schon mit vier Jahren ein Musikinstrument. Ich lernte die Violine. Wir mussten jeden Tag mindestens drei Stunden üben. Ich mochte es nicht, denn meine Lehrerin war sehr streng. Unsere Eltern sagten, Musik fördere die Konzentration, die wir dann in der Schule brauchen würden. Sie hatten Recht!
> In meiner Familie hier in Wien gelte ich allerdings als streng und ehrgeizig, was die Leistung unserer Kinder betrifft. Mein Mann sagt oft »Tiger-Mum« zu mir und meint damit, dass ich zu streng sei. Aber ich finde mich gar nicht streng.

Auf die Rolle der Kinder in ihrer Familie angesprochen, erzählte sie:

> Bei uns in Singapur leben wir in der Großfamilie. Kinder gehören dazu, aber sie sind nicht wichtig. Sie müssen vor allem gehorsam sein. Wir diskutieren nicht mit ihnen, wir sagen ihnen, was sie zu tun haben. Das ist hier in Österreich ganz anders.

Im asiatischen Kontext lernen Kinder, sich in eine Gemeinschaft einzufügen und sich zu unterordnen. Der Einzelne zählt weniger als die Gemeinschaft, und daher werden sie nicht so wichtiggenommen.

Die Erziehungsziele in vielen anderen Ländern wie zum Beispiel der Türkei, aber auch in Ländern wie Afghanistan, Pakistan, Syrien, dem Iran oder afrikanischen Ländern wie Ghana sind ebenfalls danach ausgerichtet, dass sich die Kinder in die Gemeinschaft der Großfamilie einfügen. Sie sollen Gehorsam und Respekt gegenüber den Älteren zeigen, die Familienehre bewahren und auch religiöse Regeln befolgen. Kinder werden zu Hause stärker kontrolliert, ausgeschimpft, auch geschlagen. Jungen werden tendenziell eher verwöhnt, während Mädchen häufig zu Haushaltspflichten herangezogen werden.[59] Dazu die türkisch-deutsche Autorin Serap Çileli:

> Während Mädchen vom frühesten Alter an zur Passivität erzogen werden, werden die Jungen von Kindesbeinen an auf die aktive Rolle vorbereitet. (...) Und schon sehr früh wird dem Jungen vermittelt, dass die Ehre die Wertskala für die gesellschaftliche Position in der öffentlichen Männerhierarchie ist.[60]

Gehorsam, Unterordnung, traditionelle Geschlechterrollen – diese Erziehungsziele stehen jenen in Österreich, Deutschland oder der Schweiz diametral entgegen. Hier werden Kinder im Idealfall zu Autonomie, Unabhängigkeit und kritischem Denken erzogen.

Da im Allgemeinen wenig Wissen über kulturell unterschiedliche Erziehungsziele besteht, werden diese kulturellen Unterschiede vielfach unterschätzt oder gar nicht bedacht. Es wäre wichtig, diese Unterschiede im Schulalltag zu thematisieren. Für Lehrende wäre es wichtig, das kulturell unterschiedliche Verhalten auf Grund von Erziehungs- und Rollenmustern bewusst wahrzunehmen, um im Rahmen von interkulturellem Lernen in der Klasse über diese Unterschiede zu sprechen.

Kulturelle Unterschiede im Lernen

AUCH LERNTRADITIONEN SIND KULTURELL GEPRÄGT. Gerade in diesem Bereich werden Wertehaltungen in der Migration weitergegeben. Studien belegen, dass in der Migration nur eine oberflächliche kulturelle Anpassung stattfindet und sich die Grundmuster kulturellen Lernens, die Kindern in den ersten Lebensjahren vermittelt werden, bei der Anpassung ins Aufnahmeland nicht wesentlich verändern.[61]

Wir haben schon gesehen, dass das Lernen in der konfuzianischen Tradition Selbstkultivierung bedeutet und einen hohen Stellenwert in der Gesellschaft hat. Der bekannte hohe Leistungsanspruch an Schulen in China, Taiwan, Japan oder Südkorea geht auf diese Tradition zurück. Lernen bedeutet, ständig zu üben, bis zur Perfektion. Der Fokus liegt auf dem Praktizieren von Wissen, das heißt auf dem praktischen Üben und Wiedergeben des Erlernten. Dem Auswendiglernen kommt eine hohe Bedeutung zu – auch, weil es als Verinnerlichung des Erlernten angesehen wird.

In westlich industrialisierten Gesellschaften – auch das wurde schon deutlich – liegt der Fokus auf der kritischen Auseinandersetzung mit dem erlernten Wissen in Form von Selbstreflexion, Argumentation und Verstehen, ausgehend von der sokratischen Denktradition. Dies sind mentale Prozesse, die in einem Umfeld von Gleichheit und Gleichberechtigung gefördert werden. Ein solches Denken ist möglich, wenn individuelle Rechte gewährleistet sind. So argumentiert die Soziologin Lin Jin:

Kritisches Denken setzt eine bestimmte Einstellung voraus, die die Person gegenüber Wissen und Lernen einnimmt. Diese Einstellung repräsentiert die westliche Auffassung vom Recht des Einzelnen, prinzipiell alles in Frage zu stellen und näher zu untersuchen. (…) Kritisches Denken, wie es in westlichen Ländern gelernt und praktiziert wird, ist nur möglich, wenn diese Rechte auch gewährt und unterstützt werden.[62]

Um interkulturelle Kompetenz zu entwickeln, sollten sich Lehrende mit ihrer eigenen Lerntradition und mit den Lerntraditionen anderer Kulturen auseinandersetzen. Damit könnten sie Kindern, die zu Hause anders lernen gelernt haben, angemessen begegnen.

WAS LEHRKRÄFTE LERNEN MÜSSEN

DIREKTORINNEN VIELER SCHULEN beklagen, dass die Ausbildung der Pädagogen (für Kindergarten und Schule) für die gegebene kulturell heterogene und mehrsprachige Situation in den Schulklassen heute unzureichend ist. Sie wissen zu wenig darüber, wie sie mit Kindern und Jugendlichen aus anderen Kulturen adäquat und respektvoll umgehen. Die Direktorin einer Neuen Mittelschule in Wien sagt dazu:

> Meine Lehrerinnen und Lehrer sind mit der Situation in den Schulklassen überfordert. Sie wissen nichts über Interkulturalität, über die Vorzüge von Mehrsprachigkeit oder Bikulturalität. Interkulturelles Lernen ist für sie ein Fremdwort. Aber ich kann es ihnen nicht vorwerfen. Sie werden nicht dazu ausgebildet, mit diesen Themen umzugehen. In der Ausbildung geht man von Monokultur und Einsprachigkeit aus.

Die Lehrenden müssen noch kompetenter und professioneller werden, um mit der kulturellen Vielfalt umgehen zu können. Dies kann in Form von Teamteaching erfolgen, bei dem sich zwei Lehrende ergänzen und individuell auf Schüler eingehen. Damit einher geht der Fokus auf individuelle Talente und Fähigkeiten, der sich in einem vielfältigen Angebot an Aktivitäten und Lernmöglichkeiten widerspiegelt. Aus diesem Ansatz heraus treten Defizite in den Hintergrund und Stärken werden gefördert. Dazu wieder Heidi Schrodt:

> Und auf dieser Folie wird der sogenannte Migrationshintergrund zu einem Aspekt unter anderem, unter dem die Kinder

und Jugendlichen an dieser Schule (in Graz) lernen und heranwachsen.[63]

Kulturelle Diversität und Heterogenität an Schulen ist jedoch nur dann eine Ressource, wenn sowohl Schulleitung als auch Lehrerschaft ein kulturelles Bewusstsein ausgebildet haben. Dann können alle ein strategisch ausgerichtetes Gesamtkonzept erarbeiten, um Nutzen aus der Vielfalt zu ziehen.

MEHRSPRACHIGKEIT –
EINE VERKANNTE RESSOURCE

ZWEI- UND MEHRSPRACHIGKEIT ist ein Thema, über das man allgemein relativ wenig weiß. Sprache bildet zunächst den Zugang zur Welt und ist eine wesentliche Voraussetzung dafür, an ihr sozial, ökonomisch und politisch teilzuhaben.[64] Über die Sprache und Sprachkompetenz bilden sich aber auch soziale Differenzen, die zu Ein- beziehungsweise Ausgrenzungen führen.

Sprachen sind auch nicht homogen, denn wir verwenden situationsbedingt unterschiedliche Formulierungen (höflich, weniger höflich, formell, informell). Außerdem besteht jede Sprache aus einer Vielfalt an Dialekten, Soziolekten, Fachsprachen sowie Jugendsprachen, die gruppenspezifisch verwendet werden und eine Zugehörigkeit zu einer Gruppe ausdrücken. Sprachwissenschaftler sprechen in diesem Zusammenhang von der inneren Mehrsprachigkeit jedes Menschen, da dieser fähig ist, mehrere solcher Varietäten situativ einzusetzen.[65]

In einer Migrationsgesellschaft dient Sprache vor allem als Identitätsmerkmal. Wir sprechen von Muttersprache, Erstsprache, Zweitsprache und Bildungssprache. Kinder, die in der Schule die Bildungssprache nicht beherrschen, werden benachteiligt. Kinder, die eine Muttersprache sprechen, die im jeweiligen gesellschaftlichen Kontext wenig Anerkennung findet, werden in ihrer muttersprachlichen Kompetenz diskriminiert. Immer noch wird in manchen Schulen verboten, dass die Kinder in ihrer Muttersprache sprechen. Das gilt auch für die Dialekte einer Sprache.

Wenn wir davon ausgehen, dass die Schule ein Ort ist, an dem nur eine Sprache, nämlich die Bildungssprache (also in unserem Fall Deutsch) gesprochen wird, dann vermitteln wir gleichzeitig, dass die anderen Sprachen nicht legitim sind, sondern unerwünscht und nicht gleichwertig sind. Der Alltag sieht jedoch so aus, dass innerhalb einer Schule oft 50 bis 60 Sprachen von den Schülerinnen und Schülern gesprochen werden. Dieser Tatsache sollten wir Rechnung tragen.

Viele Pädagoginnen und Pädagogen lernen nicht, wie sie mit der Mehrsprachigkeit in ihrem Arbeitsalltag umgehen sollen. Das Lehrsystem bietet keine Unterstützung, da der Fokus auf Deutsch liegt, das unhinterfragt oberste Priorität hat. Im Blick auf Österreich meint die Sprachwissenschaftlerin Inci Dirim im Gespräch mit Bildungsexpertin Heidi Schrodt:

> Bis auf wenige Ausnahmen ist das österreichische Bildungssystem monolingual organisiert. Damit gehen bestimmte kulturtechnische Vorstellungen einher, die nicht alle Schülerinnen und Schüler einschließen. Deshalb entsteht diese Kategorie von Schülerinnen und Schülern mit Migrationshintergrund, die benachteiligt sind.[66]

In diesem Kontext darf zum Beispiel die Erstsprache nicht wertgeschätzt werden. Diese Haltung zeigt sich darin, dass die Erstsprache nur wenig gefördert wird. Förderung wäre aber wichtig, damit die Erstsprache auch auf einem höheren sprachlichen Niveau als Schrift- und Bildungssprache erlernt werden kann. Das wäre für eine höhere Bildung und das spätere Berufsleben sehr lohnenswert – denn Zweisprachigkeit kann im Berufsleben eine wichtige Ressource sein.

Im Schulalltag ist leider das Gegenteil häufig der Fall. In ihrer Studie zitiert Heidi Schrodt eine Schülerin, die über ihre Zeit in der Hauptschule erzählte:

Ich hatte eine Serbin in der Klasse, und Serbisch und Bosnisch sind ganz ähnlich, und so haben wir uns miteinander unterhalten. Aber meine Geschichtslehrerin ist gekommen und hat gesagt: »Hört's jetzt sofort auf, in eurer Muttersprache zu reden!« Auch andere Lehrer haben es verboten.[67]

Mehr Wissen über Mehrsprachigkeit wäre nötig, damit den Kindern in der Schule vermittelt werden kann, dass ihre Muttersprache der Bildungssprache ebenbürtig, gleichwertig ist. Paradox ist dabei, dass Englisch als Zweitsprache sehr gefördert wird, andere Sprachen hingegen als weniger wertvoll eingestuft werden. In Bezug auf den Spracherwerb herrscht an Schulen ganz eindeutig eine ethnozentrische Haltung, die man hinterfragen müsste. Inci Dirim und Paul Mecheril bestätigen dies:

Türkisch gilt nicht als Weltsprache und besitzt höchstens subversives Prestige; Englisch oder Französisch hingegen genießen ein ganz anderes Ansehen.[68]

Interferenzfehler – und was man aus ihnen lernen kann

WIE WIRKT SICH DIE MUTTERSPRACHE auf den Erwerb von Deutsch als Zweitsprache aus?

Lehrer sollten wissen, welche Fehler Schüler, die Türkisch oder Arabisch als Muttersprache sprechen, im Deutschen machen. Dann könnten sie besser erkennen, welche Struktur aus der Muttersprache unbewusst angewandt wird, und auf den jeweiligen Lernprozess im Deutschen eingehen.

Solche Interferenzen haben Auswirkungen auf die Groß- und Kleinschreibung oder auf die Phonologie. Auf Grund der Vokalharmonie im Türkischen folgen zum Beispiel keine zwei Konsonanten aufeinander, weshalb es zu sogenannten »Sprossvokalen« im Deutschen kommen kann:

Bürünnen – anstatt: Brunnen

Der Satzbau ist im Türkischen so, dass das Verb am Ende steht:

Alle zusammen abend essen – anstatt: alle essen am Abend zusammen

Im Türkischen gibt es keine Geschlechter und nur eine Form des Plurals:

Deine teller, deine bett, deine puppe – anstatt: dein Teller, dein Bett, deine Puppe

Die Kenntnis von Interferenzen könnte Lehrenden helfen, den Schülern durch Sprachvergleiche die Unterschiede zwischen den beiden Sprachen zu verdeutlichen, damit sie die deutsche Sprache rascher erlernen bzw. bestimmte Fehler vermeiden.[69]

Meine eigenen Erfahrungen bestätigen dies:

Ich selbst unterrichtete während meiner Expatriate-Zeit in Brüssel Deutsch als Fremdsprache in einem Sprachinstitut. Einmal hatte ich in einem Kurs für Deutsch für Fortgeschrittene zwei Manager. Wir arbeiteten an Texten aus dem Unternehmenskontext und die beiden übersetzten französische Textabschnitte ins

Deutsche. Die Art, in der sie übersetzten und welche Fehler sie machten, war für mich sehr aufschlussreich, denn sie ließen auf die französische Sprachstruktur schließen. Da ich Französisch spreche, lernte ich dabei, welche Fehler Französischsprechende im Deutschen machen, und konnte dann gezielt darauf eingehen und mit ihnen entsprechende Übungen machen.

Die Entwicklung eines Bewusstseins für Unterschiede in Orthographie, Phonologie, Satzbau und Artikelgebrauch in verschiedenen Sprachen könnte eine große Unterstützung beim Spracherwerb des Deutschen sein. Dazu Inci Dirim und Paul Mecheril:

Das Basiswissen über Mehrsprachigkeit wird dazu führen, dass der Sprachunterricht (Deutsch oder andere Sprachen) anders gestaltet wird als bisher üblich. (...) So macht es Sinn, Deutschunterricht sowie jegliches anderes Unterrichtsfach immer auch als einen Zweitsprachenunterricht aufzufassen und die spezifischen und spezifisch unterschiedlichen Zugänge der Schüler/innen zum Deutschen zu berücksichtigen. Dies bedarf entsprechender didaktischer Konzepte und einer Ausbildung, die allen Lehrer/innen grundlegendes Wissen und entsprechende pädagogische Kompetenzen im Querschnittsthema »Deutsch als Zweitsprache« vermittelt.[70]

Allerdings ist dieses Bewusstsein in der Institution Schule bis jetzt kaum bzw. nur vereinzelt vorhanden.

Kreative Lösungen müssen her

EINE ERFOLGREICHE UMSETZUNG des interkulturell sensiblen Unterrichtens ist das sogenannte Teamteaching (zwei Lehrpersonen in einer Klasse). Dort, wo es angewandt wird, ist es sehr erfolgreich, da die Unterrichtenden sehr individuell auf die Schülerinnen und Schüler eingehen können.

Ein weiteres Thema, das in der Literatur zur Mehrsprachigkeit erwähnt wird, ist die Verwechslung von Eloquenz und Intelligenz. Kinder, die sich sprachlich gut ausdrücken können, weil die Eltern mit ihnen zu Hause bewusst sprechen, sie korrigieren und mit ihnen lesen oder ihnen vorlesen, werden als intelligenter eingestuft, obwohl sie vielleicht nur größere Kompetenz im sprachlichen Ausdruck beweisen. Viele Kinder mit Migrationshintergrund, die nicht so gut deutsch sprechen, werden in eine Sonderschule verwiesen, weil man ihnen die Intelligenz abspricht. Dazu die türkisch-deutsche Autorin Serap Çiceli:

> Besonders bedenklich finde ich in diesem Zusammenhang auch, dass der Anteil der türkischen Schüler in deutschen Sonder- und Förderschulen besonders hoch ist. In den Jahren 2001 – 2002 waren fast 15 % der Sonderschüler türkischer Herkunft.[71]

Das heißt, Lehrende sollten eine Sensibilität dafür entwickeln, dass Kinder, die erst später Deutsch lernen, sich anders ausdrücken, aber deshalb nicht weniger intelligent sind. Es handelt sich hier um ein unbewusstes Vorurteil, das in der Lehrerausbildung abgebaut werden müsste.

WAS IST LEISTUNG?

DIE AUFFASSUNG VON LEISTUNG ist je nach Kultur unterschiedlich. Was bedeutet Leistung in den unterschiedlichen Kulturen? Wie wird sie bewertet? Wie soll sie erbracht werden?

In vielen Ländern ist die Wiedergabe von Wissen, das man auswendig lernt, das entscheidende Kriterium für Leistung. In der europäischen Kultur wird Leistung dagegen an bestimmten Kompetenzen gemessen, in Anlehnung an die Bildungsstandards, die auch der PISA-Studie zugrunde liegen.

Ein kulturelles Bewusstsein ist nötig, damit sich Direktorinnen und Lehrende damit auseinandersetzen und sich die Frage stellen, wie die Kinder aus anderen Ländern lernen gelernt haben. Worin liegt der Unterschied zu unserem System? Wo können wir ansetzen?

Dass schwächere Leistungen sich nicht allein auf den Migrationshintergrund und auf mangelnde Deutschkenntnisse zurückführen lassen, haben wir bereits gesehen. Soziale Unterschiede, gepaart mit bildungsfernem Familienhintergrund, sowie Schulsysteme, in denen die Sekundarstufe I (für Schülerinnen und Schüler von zehn bis vierzehn Jahren) in getrennten Schulzweigen organisiert ist, gehören zu den großen Hemmschwellen für eine schulische Karriere. Viele Kinder der zweiten Generation mit Migrationshintergrund erfahren zu Hause keine oder wenig Unterstützung und werden weder beim Lernen noch in ihren Begabungen gefördert. Das führt zu Defiziten, die sie nicht aufholen können.

Dazu erzählte Elif, eine Kurdin aus der Türkei, die jetzt in der Schweiz lebt:

Als ich ungefähr elf war, lief es besser. Ich hatte angefangen, mit einer Freundin zu reden über das, was mich beschäftigte, und ich kam in eine gute Klasse, wo ich die einzige Ausländerin war. Da habe ich dann schnell Deutsch gelernt und auch Kollegen gefunden. Aber irgendwie habe ich immer falsch gelernt, ich hatte auch kaum Unterstützung. Meine Eltern haben fast keine Schulbildung. Mein Vater hat als Kind schon arbeiten müssen. Da, wo er aufgewachsen ist, werden die Kinder bereits mit drei oder vier Jahren zur Arbeit herangezogen, und mit zehn Jahren sind sie erwachsen.[72]

Ein Schulsystem, das für kulturelle und sprachliche Heterogenität keine Strukturen bereitstellt, kann diese Benachteiligung nicht ausgleichen – ja, es verstärkt sie sogar noch. Zu diesem Thema gibt es Studien wie die von Heidi Schrodt, die bereits mehrmals zitiert wurde und die die Hintergründe sehr genau herausgearbeitet hat.

Eine Frage der sozialen Stellung

AUS INTERKULTURELLER SICHT ist der bildungsbürgerliche Habitus der entscheidende blinde Fleck, was Leistung betrifft: Ein Elternhaus, das sich um die Leistung der Kinder kümmert und Talente und Fähigkeiten fördert, wird vorausgesetzt. Es ist der Maßstab, und an diesen kommen Kinder mit Migrationshintergrund, deren Eltern ein anderes Verständnis von Schule haben, aber auch Kinder ohne Migrationshintergrund, die aus sozialschwachen Schichten stammen, aus den erwähnten Gründen nicht heran. Dazu meint die Wiener Bildungsexpertin Heidi Schrodt:

Die österreichische Schule setzt auf die Mitarbeit der Eltern – soweit begrüßenswert. (...) Häufig, vor allem in den Gymnasien, wird darunter die Bereitschaft der Eltern oder anderer Erziehungsberechtigter verstanden, zu Vorladungen (vormittags, während der Arbeitszeit) verlässlich und pünktlich zu erscheinen und in der Folge zu Hause daran zu arbeiten, die schulischen Verhaltens- und Leistungsdefizite ihrer Kinder zu beheben.[73]

Vielen Eltern aus anderen Ländern ist diese unausgesprochene Verpflichtung zur Mitarbeit gar nicht bewusst. Andere wiederum haben keine ausreichende Schulbildung, um ihre Kinder zu unterstützen. Viele Probleme sind daher nicht an die Kultur, sondern an die soziale Stellung gebunden. Die Direktorin einer Grundschule in Wien erzählte:

Bei uns wird Musikunterricht am Nachmittag angeboten, denn die Beschäftigung mit Musik gilt als konzentrationsfördernd. Es kommen vorwiegend Kinder aus bildungsbürgerlichen Schichten, denn dort ist das Erlernen eines Musikinstruments Tradition und wird gefördert. In bildungsfernen Schichten ist das nicht so. Allein daraus ergeben sich Unterschiede in der frühen Bildung bei den Kindern.
Heute ist es sogar so, dass muslimische Kinder gar nicht in den Musikunterricht kommen, da Musik von der Religion nicht gefördert wird. Das ist eine neuere und auch problematische Entwicklung.

Wenn wir die Perspektive wechseln wollen, müssen wir herausfinden, welche schulischen Aktivitäten wir allen Kindern zugänglich machen können, ohne dass dies unbedingt zusätzliche Kosten verursachen muss. Um die Beschäftigung mit Musik zu fördern, könnten Schülerinnen und Schüler zur Teilnahme am Schulchor motiviert werden, denn beim Singen fallen keine Kosten für ein Instrument an. Die Beschäftigung mit Musik würde damit allen ermöglicht – unabhängig von Herkunft und materiellen Mitteln.

KULTURELLE DISKRIMINIERUNG DURCH LEHRKRÄFTE

KINDER MIT MIGRATIONSHINTERGRUND werden in Schulen oft diskriminiert – und zwar von den Lehrkräften. Weil ihnen die kulturelle Sensibilisierung fehlt, kommt es vor, dass Lehrende sich über ihre eigenen Vorurteile gegenüber anderen Kulturen nicht bewusst sind. Es kann dann vorkommen, dass sie in der Schulklasse sehr wertend auf Schüler mit Migrationshintergrund reagieren. Oft sind Muslime betroffen, aber Opfer können auch Kinder mit dunkler Hautfarbe sein.

Diese Lehrenden haben nicht gelernt, wie man mit unterschiedlichen Wertehaltungen umgeht. Ihr ethnozentrisches Handeln und ihre negative Wertehaltung sind Ausdruck ihrer eigenen Verunsicherung und ihrer interkulturellen Inkompetenz, sie verwenden negative Stereotypen und treten so die kulturellen Wertehaltungen ihrer Schüler mit Füßen. Bei ihrer Recherche dokumentiert Heidi Schrodt in ihrem Buch *Sehr gut oder Nicht genügend* einen Vorfall, bei dem die Lehrerin, einer Hauptschülerin Fragen stellt. Die Schülerin erzählt:

> »Irena, warum trägst du eigentlich kein Kopftuch?« Ein anderes Mal fragte sie: »Wirst du oder wird deine Mutter von eurem Papa geschlagen?« – Einfach so, ohne Anlass, und natürlich vor der ganzen Klasse. Auch, ob mein Bruder als ältester Mann im Haus das Sagen hat, wenn mein Vater nicht daheim ist, wollte sie wissen. Wieder vor der Klasse ...[74]

Eine Lösung sind interkulturelle Trainings für Schulleiter und Lehrende. Die interkulturelle Sensibilisierung bewirkt, dass man sich die eigene Kultur bewusst macht und so ein Perspektivwechsel ermöglicht wird. Damit ist die Basis für ein kulturelles Verständnis gegeben, das sich in Wertschätzung und einer nicht wertenden Haltung zeigt. Die Lehrkraft tritt dadurch als Rollenmodell auf und ist ein Vorbild für die Schüler und Schülerinnen.

Kulturelles Bewusstsein für Verhaltensweisen ist in einer multikulturellen Klasse sehr wichtig. Oft werden kulturelle Verhaltensweisen wie laut und leise sein nur am kulturdominanten Habitus gemessen – die lauten türkischen Jungs werden bestraft, weil sie stören, obwohl sie etwas können. Die braven Mädchen, die still und unauffällig sind, werden belohnt, auch wenn sie wenig können.

Damit ist das Thema Motivation angesprochen: Wiederholtes negatives Feedback ist nicht aufbauend, sondern immer defizitorientiert, und die betreffenden Schüler hören irgendwann auf, an sich selbst zu glauben. Die Folge sind noch weniger Aufmerksamkeit und noch mehr Störung, denn wenn es kaum positive Rückmeldungen für diese Schüler gibt, schalten sie ab. Im Unternehmenskontext hingegen ist positive Kritik mittlerweile selbstverständlich.

Religiöse Einschränkungen

IN MEINEN GESPRÄCHEN wurde immer wieder deutlich, dass manche Herausforderungen an den Schulen größer geworden sind. Vor allem der islamische Radikalismus macht auch vor der Schule nicht Halt. Zahlreiche Communities sind in Vereinen organisiert, die großen Druck auf die Familien ausüben und so direkt ins schulische Leben eingreifen. Dazu erzählte die Bildungsexpertin im Gespräch:

Plötzlich sind Dinge nicht mehr erlaubt, die früher kein Problem waren: Heute dürfen muslimische Mädchen oft nicht mehr auf Sportfeste mitgehen, sie dürfen nicht mehr am Turn- oder Schwimmunterricht teilnehmen, ja sie bleiben sogar dem Musikunterricht fern, da Musik im Islam nicht gefördert wird. Es gibt Ärzte, die den Mädchen für das gesamte Schuljahr eine Entschuldigung schreiben. Da muss man sich hinter die Mädchen stellen und schauen, wie man ihnen helfen kann, diese Einschränkungen zu überwinden.

Einzelne Projekte und Initiativen setzen bei der Arbeit mit den Müttern an, um mit ihnen über das Angebot an Sprachkursen zu reden und sie über das hiesige Schulsystem aufzuklären – das wurde an anderer Stelle bereits erwähnt. Es ist wichtig zu wissen, dass die Frauen in diesen Familien einen sehr hohen Stellenwert und viel zu sagen haben. Über diese Mütter kann eine Veränderung der Einstellungen in Gang gesetzt und schließlich angenommen werden.

INTERKULTURELLE HERAUSFORDERUNGEN IM HOCHSCHULBEREICH

DIE INTERNATIONALITÄT AN BILDUNGSEINRICHTUNGEN betrifft natürlich auch Fachhochschulen und Universitäten. Zu schwierigen Situationen im Arbeitsalltag der Universitäten kann es vor allem im Zusammenhang mit Aufnahmeverfahren, wegen der Anerkennung von akademischen Studien in Drittländern oder beim Nachweis des Studienabschlusses kommen. Das Personal hat mit Studierenden aus unterschiedlichsten Ländern zu tun und muss viel Flexibilität an den Tag legen, um mit den jeweiligen Situationen angemessen umgehen zu können.

In einem meiner interkulturellen Seminare an einer Universität in Wien erzählte eine Teilnehmerin mir Folgendes:

> Ich arbeite an der Stelle für die Anerkennung von bereits absolvierten Studien in Drittländern. Die Studierenden, bei uns häufig junge Männer aus arabischen Ländern oder aus dem Iran, wollen immer wieder Ausnahmeregelungen für sich beanspruchen. Ich hingegen bin an die gesetzlichen Vorgaben gebunden und kann natürlich keine Ausnahmen machen, denn die Vorgaben sind ja für alle gleich. Dabei kommt es oft zu unangenehmen Situationen, wenn diese jungen Männer insistieren und immer wiederkommen und ein Nein nicht akzeptieren wollen.

In solchen Fällen ist es wichtig, sehr bestimmt und unmissverständlich auf das Gesetz zu verweisen. Diese strikte Umgangsform ist jedoch für viele Mitarbeiterinnen ungewohnt und immer wieder ein Diskussionspunkt in den Seminaren.

Solche Versuche, Ausnahmeregelungen zu erreichen, gehen auf die kulturelle Unterscheidung von Universalismus und Partikularismus zurück. Eine Gesetzgebung gibt für alle die gleichen Rechte und Pflichten vor, ohne Ausnahme. Kommen Studierende oder Studienanwärter aus Kulturen, in denen es üblich ist, über persönliche Beziehungen und Interventionen oder aufgrund eines hohen sozialen Status Ausnahmen zu erlangen, dann erwarten sie das hier auch. Sie denken, weil sie aus einer im Heimatland angesehenen und einflussreichen Familie stammen, können sie für sich mehr erreichen. Dass ihr Familienstand vor einer universalistischen Gesetzgebung keine Bedeutung hat, ist eine schmerzhafte Erkenntnis, die diese jungen Menschen häufig nur schwer akzeptieren können.

Mein Rat an die Mitarbeiterinnen der Anlaufstelle war, so klar und eindeutig wie möglich die Regeln zu erklären und zu vermitteln, dass es in solchen Fällen keine Ausnahmen geben kann. Ein weiteres Beispiel aus diesem Kontext erzählte eine andere Teilnehmerin, die ratlos einem besonderen Problem gegenüberstand:

> Ich arbeite auch an der Studienservice-Stelle und habe manchmal mit jungen Männern zu tun, die mich als Frau nicht akzeptieren wollen. Sie beschimpfen mich und meinen, ich hätte als Frau gar nichts zu sagen.

In solchen Fällen ist es gut, über unterschiedliche Führungsstile Bescheid zu wissen, um in so einer Situation autoritär und bestimmt aufzutreten und dem Gegenüber klarzumachen, dass man in dieser Funktion die Entscheidungsgewalt hat. Die kulturelle Erklärung, Frauen hätten in den Herkunftsländern dieser jungen Männer nichts zu sagen, ist nicht schlüssig, da in allen Ländern der Welt Frauen eine sehr bedeutende Rolle innerhalb der Familie haben und sehr oft auch in Führungspositionen vertreten sind – selbst in Ländern, in denen mehr Geschlechtertrennung herrscht. Man muss allerdings so auftreten, dass die eigene Autorität aufgrund der Funktion nicht in Frage gestellt werden kann. Dazu sind eine selbstbewusste und aufrechte Körperhaltung ebenso von Vorteil wie ein fester Stand und eine sehr klare und unmissverständliche Sprache.

LÖSUNGEN UND ZIELE

EINE LÖSUNG LIEGT OHNE ZWEIFEL in einer gezielten interkulturellen Schulung der Pädagoginnen und Pädagogen für Kindergarten und Pflichtschulen. Es geht darum, das Bewusstsein dafür zu entwickeln, dass kulturelle Heterogenität und Mehrsprachigkeit positive Ressourcen sind. Dazu braucht es flächendeckend das entsprechende Angebot von Aus- und Weiterbildungsprogrammen für Pädagoginnen und Pädagogen.

Aber auch auf der Organisationsebene muss sich etwas ändern, denn jede Schule benötigt andere Ressourcen. Die Schulleitung müsste jeweils feststellen, welche Maßnahmen nötig sind, damit die Lehrerschaft an der Schule das kulturelle Bewusstsein entwickelt, das nötig ist, wenn Heterogenität und Mehrsprachigkeit an der Schule die Norm sind.

Vorbild dafür könnten Standort-Entwicklungen in anderen europäischen Ländern sein, etwa in London, wie Heidi Schrodt berichtet. Dort wurde eine sogenannte Brennpunktschule in einem begleitenden Organisationsentwicklungsprozess im Rahmen der Gegebenheiten vor Ort (lokale Bevölkerung, hohe Diversität auf sozialer und Bildungsebene, hoher Ausländeranteil) sehr erfolgreich weiterentwickelt. Einer der Schwerpunkte lag in der gezielten Schulung der Schulleiter und Lehrenden für den Umgang mit der am Standort vorhandenen kulturellen und sozialen Vielfalt und Mehrsprachigkeit.

Ein weiterer Schritt ist, Umgangsweisen zu vermeiden, die Defizite betonen, und eine Lobkultur zu entwickeln, bei der Kinder und Jugendliche gefördert und motiviert werden. Diese Haltung ist im Bildungsbereich noch entwicklungsbedürftig. Wie auch in anderen Zusammenhängen wird aber auch wieder deutlich, dass die Pädagoginnen und Pädagogen mehr über die Kulturen der Migrantenkinder wissen müssen.

So kann interkulturelles Lernen gelingen

NUR WENIGE LEHRENDE WISSEN WIRKLICH, was interkulturelles Lernen bedeutet – und weshalb es so wichtig ist, wenn man in einem kulturell heterogenen und mehrsprachigen Umfeld arbeitet. Interkulturelles Lernen bedeutet, kulturelle Unterschiede zu erkennen und nachzuvollziehen und ins eigene Handeln zu integrieren. Dabei greift man die verschiedenen Sprachen und Wertehaltungen aus den Herkunftskulturen der Kinder auf und gliedert sie in den Unterricht ein. So wird die Vielfalt in der Klasse sichtbar gemacht und zur Normalität und Selbstverständlichkeit. Die Kinder lernen spielerisch, mit kultureller Buntheit in positiver Weise umzugehen.

Was Genderrollen betrifft, so könnten im Unterricht auch Frauenbilder aus verschiedenen Ländern anschaulich erklärt werden, um die Vielschichtigkeit der Kulturen zu erklären und Werte und Umgangsregeln näher zu erläutern.

Lehrerende oder Assistenzlehrende, die selbst einen Migrationshintergrund haben, könnten Ansprechpersonen für Kinder mit Migrationshintergrund sein. Das hätte den Vorteil, dass sie unter Umständen die jeweiligen Muttersprachen der Kinder sprechen.Das sogenannte Teamteaching in der Klasse könnte viele Vorteile bringen, weil man individueller auf das Leistungsniveau der Kinder eingehen kann.

Ein weiterer Vorteil wären kleinere Klassen, Ganztagsschulen und sonderpädagogische Ausbildungen. Interkulturelle Dolmetscher, die auch unterschiedliche Schulsysteme erklären, könnten als Sprach- und Kulturvermittler fungieren.

In Bezug auf Familienstrukturen und Erziehungsmodelle wären Diskussionsrunden interessant, um auf die dahinterliegenden Werte aufmerksam zu machen und auch kulturell unterschiedliche Erziehungsstile bewusst zu machen (Gehorsam versus Selbstständigkeit und Gleichheit).

Der Psychotherapeut und Dozent für Soziale Arbeit in Zürich, Andrea Lanfranchi, fragt danach, unter welchen Bedingungen Migrationskinder trotz ungünstiger sprachlicher und kultureller Ausgangslage gute Lernergebnisse erreichen können, und wie es gelingen kann, auch Kindern aus »bildungsfernen Elternhäusern« den Zugang zu weitergehenden Ausbildungen und Universitäten zu ermöglichen.[75]

Diese Fragen können nur im Rahmen einer interkulturellen Auseinandersetzung und gegenseitigen Annäherung beantwortet werden. Eine bessere und gezielte Unterstützung für Schulen, die besonders schwierige Situationen aufweisen, wäre im Zusammenhang mit Schulentwicklungsprozessen dringend nötig. Diese Forderung deckt sich mit dem Wunsch nach mehr Autonomie von Schulen, so dass schulspezifisch Bedarfserhebungen gemacht und gezielt Maßnahmen gesetzt werden können.

Im Hochschulbereich werden interkulturelle Schulungen angeboten, wodurch die Lage für die betroffenen Mitarbeiterinnen und Mitarbeiter leichter ist. Aber auch diese Schulungen sollten regelmäßig und gezielt erfolgen, um auf allen Mitarbeiterebenen die kulturelle Sensibilität zu erhöhen.

05 | INTERKULTURELLER ALLTAG IN GESUNDHEITSEINRICHTUNGEN

DIE ZUNEHMENDE KULTURELLE VIELFALT in unserer Gesellschaft spiegelt sich auch im Gesundheitsbereich wider. Hier treffen wir auf eine sehr komplexe Situation, denn sowohl das Fachpersonal, also Ärzte und Ärztinnen, Pfleger und Pflegerinnen, Betreuer und Betreuerinnen, als auch Klienten und Patienten kommen immer öfter aus unterschiedlichen Ländern. Es wird immer offensichtlicher, dass das Gesundheitssystem ohne Menschen mit Migrationshintergrund nicht funktionieren würde, weil sie bereits jetzt die Mehrheit der Beschäftigten in diesem Bereich stellen. Gleichzeitig vergrößert sich die Gruppe der Patienten und Klienten mit Migrationshintergrund stetig und wird unter dem Aspekt der

Kundenorientierung auch zu einem wichtigen Wirtschaftsfaktor. Denn die demografischen Veränderungen unserer Gesellschaft zeigen deutlich, dass die Zahl der Patienten aus unterschiedlichen Herkunftsländern weiter ansteigen wird.

Die Institutionen haben allerdings mit Widerständen auf mehreren Seiten zu kämpfen. Grundsätzlich sei das Thema nicht sehr attraktiv, betont die Leiterin der Weiterbildungsakademie einer österreichischen Fachhochschule:

> Das Thema ist wenig »sexy«, und zwar in allen Bereichen, nicht nur im Gesundheitsbereich. Im Wirtschaftsbereich, wo das Thema der Interkulturalität schon lange aufgegriffen worden ist, verbindet man es mit Internationalität – und diese ist positiv besetzt.

Dennoch: Um den Bedürfnissen und Ansprüchen dieser äußerst heterogenen Gruppe von Patienten und Klienten in Zukunft gerecht zu werden, bedarf es zunächst einer interkulturellen Sensibilität und transkulturellen Kompetenz in der pflegerischen, medizinischen und therapeutischen Versorgung.[76] Damit Behandlungen und Therapien erfolgreich sein können, sollten Behandelnde verstärkt Faktoren wie Herkunftskultur und Religion, aber auch die individuelle Biografie miteinbeziehen. Ziel ist es, Stereotypisierungen zu vermeiden und kulturelle Faktoren in der Diagnostik, Behandlung und Pflege nicht länger zu ignorieren. Dazu brauchen alle Beteiligten interkulturelle Kompetenz und vor allem ein spezifisches Kulturwissen. Heute verwendet man im Gesundheitsbereich den Begriff der transkulturellen Annäherung.

Transkulturelle Kompetenz

DER BEGRIFF »TRANSKULTURELLE KOMPETENZ« wurde im Gesundheitsbereich eingeführt und bezieht sich auf das Erfassen der unterschiedlichen Lebenswelten von Patienten. Er beinhaltet auch
Elemente interkultureller Kompetenz, stellt jedoch die Interaktion
zwischen Pflegenden und Migranten in den Vordergrund. Dazu
die Schweizer Pflegefachfrau und Ethnologin Dagmar Domenig:

Transkulturelle Kompetenz ist die Fähigkeit, individuelle
Lebenswelten in der besonderen Situation und in unterschiedlichen Kontexten zu erfassen, zu verstehen und entsprechende,
angepasste Handlungsweisen anzuleiten. Transkulturelle Fach-
personen reflektieren eigene lebensweltliche Prägungen und
Vorurteile, haben die Fähigkeit, die Perspektive anderer zu
erfassen und zu deuten und vermeiden Kulturalisierungen
und Stereotypisierungen von bestimmten Zielgruppen.[77]

In diesem Sinne geht es darum, sich empathisch in die Lebenswelten der Patienten hineinzuversetzen und sich mit Rückgriff auf
umfassendes Hintergrundwissen mit kultursensibler Anteilnahme
der individuellen Lebensgeschichten und -erfahrungen zu nähern.

Damit Behandlungen und Therapien erfolgreich sein können,
sollten Behandelnde verstärkt Faktoren wie Herkunftskultur und
Religion, aber auch die individuelle Biografie miteinbeziehen. Ziel
ist es, kulturelle Faktoren in der Diagnostik, Behandlung und
Pflege nicht länger zu ignorieren. Dazu brauchen die Beteiligten
an den Schaltstellen transkulturelle Kompetenz und spezifisches
Kulturwissen.

Über die zunehmende Internationalisierung von Gesund-
heits-, Pflege- und Betreuungseinrichtungen sprach ich mit der

Leiterin der Akademie für Weiterbildung an einer Fachhochschule, die sich im Rahmen des interkulturellen Schwerpunkts der Fachhochschule für interkulturelle und transkulturelle Kompetenz im Gesundheitsbereich sehr einsetzt. Sie berichtete:

> Unsere zukünftigen Kunden im Gesundheitsbereich kommen aus verschiedenen Kulturkreisen. Die erste Generation der Migranten blieb hier und ist nicht, wie wir geglaubt haben, zurückgegangen. Gleichzeitig ist es durch die EU möglich geworden, sich über die Grenzen hinweg behandeln zu lassen. Das heißt, wir sind in Zukunft mit einer kulturellen Vielfalt an zu Pflegenden konfrontiert, der wir Rechnung tragen müssen.

Mit der Führungsebene fängt es an

SCHULUNGEN UND WEITERBILDUNGEN des vorhandenen Fachpersonals sind daher sehr wichtig, denn die kulturelle Vielfalt und der Migrationshintergrund vieler Klienten und Patienten erfordern zunehmende Kenntnisse über den Zusammenhang von Kultur, Migrationserfahrungen und Gesundheit. Dazu wieder die Leiterin der Akademie für Weiterbildung, die auch einen Masterlehrgang für Interkulturelles Pflegemanagement ins Leben gerufen hat:

> Es geht ja vor allem um die Gesundheitsprofessionals. Die Leute auf der Managementebene und in Führungspositionen sind gefragt, denn sie müssen ein kulturelles Bewusstsein entwickeln, um richtig eingreifen zu können.

Die Krankheitsbilder bei Klienten mit Migrationshintergrund sind häufig kulturell geprägt und erfordern andere Zugänge zum Patienten und auch spezifische Behandlungsweisen. Damit Therapien erfolgreich sind, muss sich das Fachpersonal mit der kulturellen Diversität der Patienten auseinandersetzen. [78, 79]

Wie im Unternehmenskontext sind auch im Gesundheitsbereich zunächst Führungskräfte gefragt, die als Rollenmodelle auftreten und das Bewusstsein über kulturelle Vielfalt vorleben. Dazu bemerkte eine Diversitätsbeauftragte für soziale Einrichtungen in Wien:

> Ich habe mit Seminaren für Führungskräfte begonnen. Denn was nützt es mir, wenn ich eine nette Mitarbeiterin habe, die bei mir im Seminar ist und dann zu ihrer Chefin geht und erzählt, sie habe was Tolles im Seminar gehört, wenn die Chefin dann zu ihr sagt, das sei alles Blödsinn. Die Arme ist dann frustriert und ich habe umsonst gearbeitet. Die Führungsebene muss davon überzeugt sein, sonst funktioniert es nicht. Von dieser Ebene muss das Thema nach unten getragen werden.

Die Auseinandersetzung mit kultureller Vielfalt im Gesundheitsbereich ist zum einen notwendig für den angestrebten Behandlungserfolg, der nur durch zusätzlich erworbenes Kulturwissen und transkulturelle Kompetenz gewährleistet ist, zum anderen unvermeidlich wegen der demografischen Veränderung von Patienten- und Klientengruppen, die zunehmend heterogener werden und deren Bedürfnisse und Erwartungen berücksichtigt werden müssen. Schließlich sind damit auch wirtschaftliche Faktoren für die medizinischen und Pflegeeinrichtungen verbunden.

PFLEGE- UND BETREUUNGSPERSONAL
MIT MIGRATIONSHINTERGRUND

ÜBER ZWEI DRITTEL der Gesundheits-, Krankenpfleger und Heimhilfen in Österreich, Deutschland und der Schweiz haben einen Migrationshintergrund.[80] Das liegt auch daran, dass die meisten von ihnen hierzulande mehr freie Stellen, bessere Arbeitsbedingungen und ein deutlich besseres Gehalt vorfinden. Viele dieser Beschäftigten verfügen über eine einschlägige Ausbildung, die zum Teil im Aufnahmeland anerkannt wird. Diejenigen, die keine Ausbildung vorweisen können, beginnen als Hilfskräfte.

Dazu sagt die Leiterin des Masterprogramms Interkulturelles Pflegemanagement in Österreich:

> Im Pflegebereich kamen früher die Menschen aus den Philippinen oder aus China. Heute kommen sie verstärkt aus den östlichen Nachbarländern, vor allem in der 24-Stunden-Pflege. Der Ausbildungsstatus ist sehr unterschiedlich. Aber wir müssen denen, die gut ausgebildet sind, sagen: »Eure Kompetenz ist uns wichtig.« Es ist wichtig, sie gut zu integrieren, sonst bleiben ihre Ressourcen ungenutzt. Den schlecht Ausgebildeten müssen wir helfen, die Sprachbarrieren zu überwinden. Wir müssen ihnen aber auch vermitteln, dass sie für Österreich wichtig sind, wir müssen anders auf sie zugehen – genau hier ist das Management gefragt!

Eine weitere Gruppe von Migranten findet im Aufnahmeland keinen Job in ihrem ursprünglichen Beruf, im Pflegebereich jedoch sehr leicht, da hier die Nachfrage groß ist. Diese Menschen sind gut ausgebildet und können Kenntnisse, die in den Gesundheitsberufen erforderlich sind, leicht erwerben.

Der Vorteil dieser drei Gruppen ist, dass sie wertvolle Ressourcen wie Sprache, Bikulturalität und Kulturwissen sowohl über ihre eigenen Herkunftsländer als auch Kenntnisse über das Einwanderungsland mitbringen. Wie diese Ressourcen genutzt werden können, erzählte mir die Diversitätsbeauftragte einer sozialen Einrichtung in Wien:

> Wir haben unter der Gruppe der Mitarbeiterinnen aus Bosnien, Serbien und Kroatien eine Umfrage gemacht, ob sie bereit wären, ihr kulturelles Wissen an Kolleginnen und Kollegen weiterzugeben. Hintergrund ist, dass wir künftig verstärkt Klienten aus diesen Ländern erwarten. Jene Mitarbeiterinnen, die einverstanden waren, schulen wir zusätzlich. Wir sagen ihnen aber auch, dass sie im Arbeitskontext ruhig ihre Muttersprache anwenden können. Damit machen wir klar, dass wir den kulturellen Hintergrund dieser Mitarbeiterinnen wertschätzen, aber auch ihre Sprachkenntnisse als sehr wertvoll für uns einstufen.

Wie sehr Klienten und Patienten die Pflege- und Betreuungspersonen mit Migrationshintergrund akzeptieren, ist unterschiedlich. Vor allem Pflegekräfte aus den 2004 zur EU beigetretenen Ländern, aus den Balkanländern wie Serbien, Bosnien-Herzegowina oder dem Kosovo werden von den Klienten in Pflegeheimen oder Pensionistenwohnhäusern durchweg sehr gut angenommen. Das bestätigt auch eine Leiterin der Hausbetreuung eines Pensionistenwohnhauses in Wien:

> Bei uns haben 70 Prozent des Personals Migrationshintergrund, insgesamt sind etwa 60 Nationen vertreten. Aber für die Klienten ist das kein Problem, selbst wenn einzelne Mitar-

beiterinnen nicht so gut Deutsch können. Was zählt, ist die Qualität der Pflege.

In Österreich und Deutschland ist die mobile Pflege sehr nachgefragt, während dieser Bereich in anderen Ländern so gut wie gar nicht vertreten ist. Gerade hier wird also verstärkt auf fachliche und sprachliche Aus- und Weiterbildung gebaut. Viele Pflegekräfte kommen aus den Nachbarländern und pendeln zwischen Heimat und Beschäftigungsort wochenweise oder monatlich hin und her. Der Aufbau von Kulturwissen ist für Pflegekräfte in diesem Bereich von besonderer Bedeutung. Eine Leiterin eines mobilen Pflegedienstes erzählte:

Die Pflegekräfte, vor allem jene, die ins Haus kommen, sind ja Ansprechpersonen. Sie müssen über alltägliche Ereignisse oder Politik Bescheid wissen, sonst kommen sie bei den Klienten nicht gut an oder werden für dumm gehalten.

Kulturwissen, aber auch Wissen über historische Ereignisse wie die beiden Weltkriege, den Balkankrieg oder die Wirtschaftskrise in den 1990er-Jahren sind wichtig, um mit den zu Pflegenden angemessen umzugehen oder Wertehaltungen zu erkennen und zu respektieren. Kultursensible Pflege beinhaltet auch das Wissen über den Lebenskontext und die soziokulturelle Einbettung der Klienten. Auf jeden Fall ist zu vermeiden, dass jemand zum Beispiel aufgrund seiner Religionszugehörigkeit in eine Schublade gesteckt wird. Die Leiterin eines mobilen Pflegedienstes erzählte:

Auf Grund der Datenerhebung unserer Klienten wissen wir auch über ihre Religionszugehörigkeit Bescheid, die eine

wichtige Information für das Essensangebot ist. Es ist uns jedoch schon oft passiert, dass wir Muslimen automatisch kein Schweinefleisch oder gar kein Fleisch beim Menü angeboten haben. Das ist eine unangemessene Stereotypisierung, denn wir haben es mit einer sehr heterogenen Gruppe zu tun, von denen zwar viele kein Schweinefleisch essen, andere hingegen sehr wohl. Es ist daher wichtig, immer genau nachzufragen und sich nach den individuellen Bedürfnissen der Klienten zu richten.

Diskriminierung und Vorurteile gegenüber dem Personal

ZU DISKRIMINIERUNGEN UND VORURTEILEN gegenüber Pflegekräften mit Migrationshintergrund kommt es auf verschiedenen Ebenen: durch andere Beschäftigte und vonseiten der Klienten und Patienten. Mitarbeiter mit Migrationshintergrund werden vereinzelt von Kollegen oder Kolleginnen wegen ihrer ethnischen Herkunft oder religiösen Zugehörigkeit diskriminiert. Außerdem bilden sich Gruppen, ausgehend von gleicher Nationalität oder Muttersprache, und das kann zu einer negativen Gruppendynamik führen. Dazu berichtete die Leiterin einer Pflegeeinrichtung in München:

> Unser Pflegeteam ist sehr durchmischt, aber es bilden sich immer wieder Gruppen aufgrund der Sprache. Dadurch besteht die Gefahr, dass sich Einzelne wie etwa Philippininnen, Inderinnen oder Pflegekräfte aus afrikanischen Ländern ausgeschlossen fühlen. Ich bestehe daher jetzt immer ausdrücklich darauf, dass bei uns während des Dienstes nur Deutsch gesprochen wird, um niemanden auszuschließen.

Vorurteile gegenüber Pflegekräften, die nicht »von hier« sind, halten sich bei Klienten oder Patienten oft hartnäckig. Einzelne lehnen Pfleger und Pflegerinnen mit Migrationshintergrund zunächst kategorisch ab. Erst durch die Erfahrung, dass die Qualität der Arbeit stimmt, können die Vorurteile abgebaut werden. Eine Mitarbeiterin eines Interkulturellen Pflegedienstes in Deutschland berichtete:

> Der klassische Fall ist Frau Müller, die uns beauftragt und dazu sagt, wir sollen bloß keinen türkischen Mitarbeiter schicken. Wenn es dann an einem Tag nicht anders ging und Hatice kommen musste, erleben wir es ganz oft, dass Frau Müller sich Hatice danach immer wünscht – ganz nach dem Motto: Ausländer lieber nicht, aber Hatice, Ali und Fatima können gerne kommen.[81]

Berührungsängste vonseiten der Klienten gibt es verstärkt gegenüber Helfern oder auch gegenüber Mitbewohnerinnen in Wohnhäusern, denen man ihre andere Herkunftskultur ansieht, etwa Personal aus Südindien, den Philippinen oder afrikanischen Ländern, oder wenn sie Muslime sind. Die Leiterin der Hausbetreuung eines Seniorenwohnhauses in Wien erzählte dazu:

> Wenn man visuell nicht auffällig ist, dann hat man es leichter. Wir haben hier im Haus eine Afrikanerin, die schon länger hier wohnt. Am Anfang wurde sie von den anderen Bewohnern extrem angefeindet. Oder unsere junge Mitarbeiterin an der Rezeption, die ein Kopftuch trägt. Manche Bewohner meiden seitdem die Rezeption, andere finden sich damit ab, weil sie sehen, dass sie freundlich ist, ihren Job gut macht und wie eine Wienerin Deutsch spricht.

Eine betroffene Pflegerin aus der Caritas-Heimhilfe erzählte:

> Am Anfang habe ich offene Ablehnung erlebt und war wirklich enttäuscht. Mittlerweile gibt es Patienten, die nur von mir versorgt werden wollen. Ich denke, es liegt daran, dass ich den Bedürftigen mit Wärme und Achtung begegne, vor allem älteren Menschen. Denn so lernt man das im Kongo: den Ältesten gebührt Respekt.[82]

Das Kennenlernen ist der Schlüssel

VORURTEILE UND ERLEBTE DISKRIMINIERUNG verletzen die betroffenen Pflegerinnen und Betreuerinnen, die ihre Arbeit gut machen möchten und sich für ihre Leistung und ihr persönliches Engagement Anerkennung wünschen. Deshalb gibt es Informationsveranstaltungen für die Klienten, um sie besser darauf vorzubereiten, dass ihre Betreuer aus sehr unterschiedlichen Ländern kommen und gleich gut ausgebildet sind wie österreichisches, deutsches oder Schweizer Personal.

Dazu sagt die Diversitätsbeauftragte einer sozialen Einrichtung in Wien:

> Ja, die Bewohner bzw. Klienten sind eine Schwachstelle. Aber sie sind mit einem ganz anderen Denken groß geworden und können ihre Einstellungen in ihrem Alter oft nur schwer ändern. Bei uns werden die Bewohner mit der kulturellen Diversität des Personals konfrontiert und sie müssen sich damit auseinandersetzen. Sie müssen mit ihnen kommunizieren, sonst bleiben sie alleine oder erhalten keine Hilfeleistungen. Ein bisschen Druck ist hier schon nötig. Aber vor allem klare Richtlinien: Wir dulden bei uns keine Diskriminierung.

Eine klare Unternehmenskultur, die kulturelle Vielfalt auf allen Ebenen lebt, und Vorgaben, die eingehalten werden müssen, deutlich kommuniziert, sind wichtig. Diversitätsbewusstsein muss auf allen Ebenen im Unternehmen gelebt werden, nur dann überzeugt es und wird von allen mitgetragen, wie die Diversitäts-beauftragte bestätigt:

> Das Unternehmen muss klar signalisieren, welche Richtlinien gelten. Je stärker die Unternehmenskultur, desto eher wird sie von allen angenommen. Und sowohl Mitarbeitern als auch Klienten kann man sagen: »So ist das Unternehmen, das sind unsere Richtlinien, wenn es Ihnen nicht gefällt, dann passen Sie nicht zu uns.«

Verordnungen allein führen aber nicht zum Ziel, also dazu, dass kulturelle Vielfalt akzeptiert wird. Um ein kulturelles Bewusstsein und den Abbau von Vorurteilen voranzutreiben, bedarf es nach-haltiger Überzeugungsarbeit. Die Diversitätsbeauftragte macht vor, wie es gehen kann:

> Ich versuche, bei möglichst vielen Teams und Arbeitsgruppen dabei zu sein und die Leute persönlich kennenzulernen. Damit werden die vorgegebenen Richtlinien verbindlich, weil es eine persönliche Auseinandersetzung, aber auch Wertschätzung gibt.

WENN MIGRANTINNEN UND MIGRANTEN SELBST SOZIALDIENSTLEISTUNGEN EMPFANGEN

DIE ZAHL DER PFLEGEBEDÜRFTIGEN mit Migrationshintergrund wird sich in Deutschland bis 2030 voraussichtlich beinahe verdoppeln, da der Anteil der 60-Jährigen und älteren Menschen mit Migrationshintergrund bis dahin auf etwa 24 Prozent der Gesamtbevölkerung ansteigen wird.[83] In der Schweiz verbringt etwa ein Drittel der Migranten den Lebensabend in der Migration und kehrt nicht in ihr Heimatland zurück. Viele von ihnen sind potenzielle Kunden von Pflegeheimen und Seniorenwohnanlagen. Ähnlich sind die Zahlen in Österreich.

Warum entscheiden Menschen sich, in der Migration zu bleiben? Die Erhebungen zeigen, dass es mehrere Gründe dafür gibt, dass Zugewanderte im Einwanderungsland bleiben. In der Migration zu bleiben, ist eine emotionale Herausforderung, denn ursprünglich war der Lebensplan darauf ausgerichtet, im Alter ins Heimatland zurückzukehren. Doch wenn man zwanzig, dreißig oder vierzig Lebensjahre in einem anderen Land lebt, dann kommt es automatisch zu einer emotionalen Verbindung mit der Umgebung – und diese Veränderung sehen die Betroffenen nicht vorher.

Studien zum Thema kulturelle Anpassung bei Expatriates oder Migranten weisen diese Veränderung nach. Im Laufe der Zeit werden Verhaltensweisen, Umgangsformen und auch Werte des Landes, in dem man lebt, angenommen und so genannte »alte« Verhaltensweisen, die in der neuen Umgebung nicht passen, aufgegeben. Diesen Veränderungsprozess nennt man *Akkulturation*. Dabei kann auch eine emotionale Entfremdung zum Herkunftsland entstehen, das meistens nur im Urlaub besucht wird.

Ein weiterer Aspekt kommt hinzu: Kinder und Enkelkinder verstärken die Bindungen innerhalb der Kernfamilie in der Migration, und die Beziehungen zur weiteren Verwandtschaft im Heimatland verlieren an Bedeutung. Was den Lebensstandard betrifft, ist vielen Migranten klar, dass die Gesundheitsversorgung im Einwanderungsland hervorragend ist, und diese Qualität möchten die wenigsten missen. Viele von ihnen leben mit der neuen Familie zufrieden in der Migration, die sie als neue Heimat betrachten.[84]

Ein weiteres Merkmal der Pflegebedürftigen mit Migrationshintergrund liegt darin, dass sie voraussichtlich etwa zehn Jahre früher pflegebedürftig sein werden als die restliche Bevölkerung, die im Durchschnitt erst mit 62,1 Jahren Pflege benötigt. Das lässt sich möglicherweise auf die schweren körperlichen Tätigkeiten zurückführen, die Gastarbeiter der ersten Generation oft verrichteten, und auf eine schlechtere Gesundheitsversorgung. Nach einer Studie des Robert-Koch-Instituts von 2008 nehmen Menschen mit Migrationshintergrund im Durchschnitt weniger Leistungen im Gesundheitsbereich in Anspruch als die Mehrheitsbevölkerung, vor allem in der gesundheitlichen Vorsorge (Vorsorge, Rehabilitation, psychiatrische Hilfe).[85]

Diese Tatsache wird auch von einer aktuelleren Studie belegt, die der Gesundheitskompetenz von Patienten nachging. Gesundheitskompetenz bedeutet das Wissen, die Motivation und die Fähigkeiten, Informationen über Gesundheitseinrichtungen und -angebote zu finden, zu verstehen und in Anspruch zu nehmen. Die Verfasser der Studie kamen zu dem Schluss, dass der Migrantenstatus häufig ein Risikofaktor für die Entwicklung von Gesundheitskompetenz darstellt.[86]

Ob jemand im Alter wieder in sein Herkunftsland zurückkehrt, hat auch etwas mit Geld zu tun. Materiell gut abgesicherte und gesunde Migranten erwägen eher zurückzukehren, vor allem, wenn sie sich einen Alterswohnsitz in der alten Heimat erwirtschaftet haben. Eine Studie über die Inanspruchnahme von Pflege- und Betreuungsleistungen in Wien ergab, dass Migranten aus Serbien und Bosnien am häufigsten einen Alterssitz in der alten Heimat haben, während die Zahl bei Migranten aus Polen und der Türkei weitaus geringer ist.[87] Aufgrund der Personenfreizügigkeit innerhalb Europas können viele Migranten zwischen beiden Orten pendeln. Wer finanziell bessergestellt ist, nimmt das oft in Anspruch. Materiell unterversorgte Migranten hingegen, die eventuell zusätzlich gesundheitliche Probleme haben, können sich nur selten den Wunsch nach Rückkehr in die Heimat erfüllen.

Alt werden in der Migration – eine interkulturelle Herausforderung

WENN ES UMS ALTERN IN DER MIGRATION GEHT, ist zu betonen, dass die Gruppe der Migranten und Migrantinnen sehr heterogen ist. Die Biografie bestimmt nachhaltig die Weise, wie das Leben im Alter verläuft. Herkunftsland, sozialer Status, Bildungsstand, berufliche Tätigkeit und Geschlecht sind Faktoren, die den Altersprozess beeinflussen. Außerdem müssen die migrationsbezogenen Faktoren in Daten-Auswertungen und Behandlungsmaßnahmen miteinbezogen werden, um das Bild zu vervollständigen.

Grundsätzlich zeigen die erhobenen Daten, dass Migranten häufiger von Armut betroffen sind als die einheimische Bevölkerung. Wegen der tendenziell schwereren körperlichen Arbeit sind sie verstärkt ausgelaugt und erschöpft und damit eher pflegebedürftig.[88]

Oft haben Menschen mit Migrationshintergrund sich kaum Gedanken darüber gemacht, wie sie im Alter leben werden, und sie können sich nicht vorstellen, vom institutionellen Angebot für Pflegebedürftige oder Senioren Gebrauch zu machen. Die Lebenspläne in Industrieländern sind ganz anders als die in agrarwirtschaftlich orientierten Regionen, aus denen viele Migranten stammen. In kollektivistischen Familienstrukturen sind Kinder verpflichtet, für ihre alten Eltern zu sorgen. Auch wenn es oft eine hohe Belastung ist, neben dem eigenen Familienmanagement und dem Berufsleben die Pflege eines Elternteils zu übernehmen, wird diese Verpflichtung selten in Frage gestellt. Darüber hinaus ist der Druck vonseiten der Gemeinschaft oft groß, die sehr darauf schaut, dass traditionelle Werte wie diese eingehalten werden.

Bei dem folgenden Beispiel erwägen die Betroffenen sogar die Rückkehr ins Heimatland:

Herr A. lebt seit 40 Jahren mit seiner Frau in Österreich und ist Pensionist. Er hat zwei Töchter und einen Sohn. Seine Frau ist ein Pflegefall. Eine ihrer Töchter lebt bei ihnen und pflegt ihre Mutter. Sie sieht eine Pflege generell als notwendig an, aber sie würde ihre Mutter nicht in ein Heim geben. Das empfindet sie als sehr traurig. Es wäre auch sehr traurig, wenn ihre Mutter alleine sterben müsste. Daran möchte sie gar nicht denken. Sie möchte, dass ihre Mutter sich wohlfühlt. Sie überlegt, mit den Eltern in die Türkei zu ziehen. Dort könnte sie sich mit der Pension ihrer Eltern eine Pflegerin leisten, die bei ihnen auch übernachten könnte. So macht es ihre Cousine. Da die Cousine arbeitet, hat sie eine Pflegerin aus Aserbaidschan für ihren Vater aufgenommen. Und das funktioniert angeblich sehr gut.[89]

Im Zusammenhang mit dem demografischen Wandel ändern sich jedoch auch die Lebenspläne. Die ursprüngliche Absicht vieler Österreicher, Deutscher oder Schweizer mit Migrationshintergrund der ersten Generation, der sogenannten Gastarbeiter, in der Rente oder im Alter wieder ins Heimatland zurückzukehren, wird aus den oben genannten Gründen immer seltener umgesetzt. Eine Teilnehmerin aus einem Lehrgang für Interkulturelles Pflegemanagement erzählte:

> Meine Familie kommt aus Bosnien. Ich ging davon aus, dass meine Oma wieder zurück möchte, wenn sie alt ist. Aber sie hat gesagt:»Was mache ich dort, wenn ihr alle hier seid? Österreich ist jetzt meine Heimat!« Damit habe ich nicht gerechnet. Aber eigentlich ist es ja logisch. Man ist dort zu Hause, wo die Familie lebt. Nur müssen wir jetzt für sie ambulante Pflege oder einen Pflegeheimplatz organisieren.

Wer übernimmt die Pflege?

SOLCHE ÄNDERUNGEN IN DER FAMILIENSTRUKTUR sind allerdings oft belastend, da die Angehörigen nicht immer in der Lage sind, ihre alten Eltern zu Hause zu pflegen, wie es die Tradition des Heimatlandes einfordert. Der Wiener Studie von 2016 zufolge möchten vor allem Migranten aus der Türkei im Alter nur von ihren Kindern gepflegt werden und betrachten das als Verpflichtung der Kinder gegenüber den Eltern. Migranten aus Bosnien und Serbien legen hingegen Wert auf eine gute Einbindung der Kinder in ihre Lebenswelten und verpflichten die Kinder nicht zur Pflege.

Ein Großteil der Migranten ist nicht ausreichend über das Angebot an Pflege und Betreuung für ältere Menschen informiert.

In der genannten Studie wurde festgestellt, dass Migranten aus Bosnien und Serbien am besten über diese Angebote informiert sind, Migranten aus der Türkei und Polen am wenigsten.

In Zukunft wird ein erhöhter Bedarf an Plätzen in Pflegeheimen und Seniorenwohnungen prognostiziert. Aber viele Migranten befürchten, dass sie sich einerseits eine Pflegeeinrichtung nicht leisten können und andererseits dort mit Diskriminierung, mangelndem Sprachverständnis und dem Unbehagen, Dienstleistungen in Anspruch zu nehmen, zu kämpfen haben. Daher sind die Leiter von Seniorenwohnheimen aufgerufen, Klienten mit Migrationshintergrund als willkommene Kunden verstärkt anzuwerben mit kultursensibler Pflege und der Möglichkeit, auch in der Muttersprache versorgt zu werden. Sie müssten daher besser über das bestehende Pflegesystem und über Förderungen informiert werden.

Dazu äußert sich eine Leiterin der Hausbetreuung eines Seniorenwohnhauses in Wien wie folgt:

> Das Thema stellt sich zum ersten Mal. Früher hat man nicht darüber nachgedacht, Vielfalt war kein Thema. Ich glaube, wir müssen uns anschauen, wie wir das Gesamtpaket gut schnüren können und wie es umsetzbar sein kann. Und zwar auf beiden Ebenen: als Anbieter für die neuen Klienten, die Migrationshintergrund haben, und für die bestehenden Bewohner. Wir als Anbieter müssen offen bleiben und dürfen niemanden ausschließen.

Darin spiegelt sich eine neue Haltung der Pflegeinstitutionen wider, denn diese neue Kundengruppe wird in Zukunft das System erhalten – angesichts der zurückgehenden Geburtenzahlen der einheimischen Generation X (Jahrgänge ab den 1970er-Jahren) und der steigenden Zahl künftig zu pflegender Personen mit Migrationshintergrund. Hier ein Beispiel, wie es funktionieren kann:

> Herr A. ist Pensionist und lebt in Wien. Er lebt allein. Seine Kinder leben auch in Wien. Er möchte sie nicht belasten und überlegt, in ein Seniorenwohnhaus überzusiedeln. Seine Kinder möchten das nicht, da der soziale Druck groß ist. Herr A. hat sich aber schon für ein Heim entschieden. Ein Freund von ihm wohnt dort und dem geht es sehr gut. Herr A. hatte viele Ängste, aber durch seinen Freund hat er gesehen, dass ein Wohnheim eigentlich eine gute Lösung ist, da es dort auch Altersgenossen gibt, die genauso Zeit haben wie er.[90]

Im folgenden Beispiel möchte sich die Betroffene der ständigen Diskriminierungserfahrung ganz entziehen und wieder zurück ins Heimatland gehen:

> Frau I. lebt seit 30 Jahren in Wien und wird in zwei Jahren in Rente gehen. Auf die Frage, ob sie in Österreich einmal in ein Pensionistenwohnhaus gehen möchte, sagt sie:»Das kann ich mir nicht vorstellen. Ich möchte nicht auch noch in hohem Alter den Leuten erklären müssen, warum ich keinen Alkohol trinke, warum ich das oder jenes nicht esse, viel Besuch bekomme und und und ... Ich möchte mich auch einfach in meiner Muttersprache ausdrücken und unterhalten können. Ich möchte einfach endlich Ruhe haben und nicht schief angeschaut werden. Daher möchte ich lieber in die Türkei zurückgehen.«[91]

Diese Frau wird sich wohl nur schwer vom Angebot der Seniorenwohnheime überzeugen lassen. Das nächste Beispiel macht die engen Familienbindungen deutlich – und die Verpflichtung, sich um die Eltern zu kümmern –, aber auch die Unwissenheit über das Angebot in Pflegeeinrichtungen:

Frau M. lebt seit 30 Jahren in Österreich und kommt aus Kroatien. Ihre Kinder und Enkelkinder leben in Wien. Sie ist seit zwei Jahren an Alzheimer erkrankt. Ihre Schwiegertochter betreut sie. Es ist jedoch sehr schwer für sie, da sie auch Kinder hat. Da Frau M. mit ihrem Mann zusammenlebt, kümmert er sich auch um sie. Ihre Familie möchte sie nicht in ein Pflegeheim geben, da sie befürchten, sie würde dort keine Halal-Kost bekommen und man würde ihre religiösen Bedürfnisse nicht beachten. Die Situation wird für die Angehörigen von Tag zu Tag schwieriger, da sie auch nicht wissen, wie sie mit einer Alzheimerpatientin umgehen sollen. Sie finden es sehr traurig und respektlos, ihre Mutter aus dem Familienverband zu reißen.[92]

Um der neuen Situation gerecht zu werden und Informationen zu verbreiten, werden in den Seniorenwohnheimen verstärkt Tage der offenen Tür veranstaltet, um über die Angebote zu informieren. Diese Informationsveranstaltungen werden aber, so die Leiterin eines Seniorenwohnhauses in Wien, oft nur von alteingesessenen Wienerinnen und Wienern und kaum von Personen mit Migrationshintergrund wahrgenommen und besucht.

Vorurteile sitzen tief

NEUE KLIENTEN ODER HAUSBEWOHNER mit Migrationshintergrund werden von den alteingesessenen Bewohnern oft auf Grund tief verwurzelter Vorurteile abgelehnt. In meinem Gespräch mit der

Leiterin eines Seniorenwohnhauses in Wien höre ich, dass die Bemühungen der Institutionen, mit der kulturellen Vielfalt der Kunden in kultursensibler Weise umzugehen, auf große Widerstände vonseiten der Bewohnerinnen und Bewohner stoßen, die vorwiegend alteingesessene Österreicher sind:

Wir haben nicht das Problem mit unseren Mitarbeiterinnen, die Migrationshintergrund haben, denn sie sprechen die Sprachen und kennen sich mit den verschiedenen Kulturen aus, aus denen künftig mehr Klienten kommen werden. Widerstand kommt vielmehr von den Bewohnerinnen und Bewohnern unseres Hauses, die mehrheitlich rein österreichisch sind. Plötzlich wird ethnische Vielfalt im Haus bei den Bewohnern ein Thema, und die meisten wollen das nicht. Ich stoße auf tief sitzende Vorurteile bei ihnen, aber auch auf Ängste, denn sie glauben, dass sie sich nun an die anderen, an die Migranten, anpassen müssen.

Die Vorurteile sitzen tief, denn sie betreffen nicht nur die ethnische Herkunft, sondern vor allem die Zugehörigkeit zu einer als soziale »Unterschicht« eingestuften Gruppe. Die Gastarbeiter, die in den 1960er-Jahren nach Österreich kamen, stammten meistens aus dem Arbeitermilieu, da sie ja für entsprechende Tätigkeiten angeworben wurden. Dazu bemerkte die Leiterin:

Die Bewohnerinnen und Bewohner hier im Haus wollen mit diesen Leuten nicht unter einem Dach leben. Und zwar nicht nur, weil sie anderer Herkunft sind, sondern auch, weil sie aus einer sozialen Schicht kommen, von der sie sich distanzieren möchten. Es bestehen große Vorurteile gegenüber dieser Gruppe – auf ethnischer, religiöser und sozialer Ebene.

Die Vorurteile betreffen manchmal auch Personen in leitenden Positionen wie die Leiterin selbst. Sie erzählte:

> Ich wurde einmal, da ich selbst Migrationshintergrund habe und vor vierzehn Jahren für mein Studium nach Wien gekommen bin, von einem Klienten gefragt, ob mein Job tatsächlich der richtige für mich sei, da ich ja nicht wissen könne, wie man hier in Österreich alt wird. Das könne ich ja als Migrantin nicht wissen. Mit diesen Vorurteilen muss ich leben, und ich kann nur mit der Qualität meiner Arbeit beweisen, dass ich es kann. Es hat mich aber sehr beschäftigt.

Die Leiterin dieses Wohnhauses für Senioren weiß, dass es nicht einfach sein wird, die Hausbewohner auf die ethnische und soziale Vielfalt positiv einzustimmen, da sich Einstellungen und Wertehaltungen nicht von heute auf morgen ändern. Es ist ein langsamer Prozess, bei dem Veränderungen nur schrittweise geschehen.

Transkulturelle Pflege

HEUTE VERSUCHEN PFLEGEHEIME und Seniorenwohnhäuser, die Ressourcen ihrer Beschäftigten mit Migrationshintergrund verstärkt zu nutzen – allem voran ihre Sprachkompetenz und ihr Kulturwissen –, um auf die Bedürfnisse von Klienten besser einzugehen. Darin liegt der Kern des »transkulturellen« Ansatzes in der Pflege und Medizin.

Dazu wieder die Leiterin des Wiener Seniorenwohnhauses:

> Die erste Generation der Gastarbeiter kann im Allgemeinen nicht so gut Deutsch – im Gegensatz zur zweiten und dritten

Generation. Daher ist es ein großer Vorteil, wenn das Pflegepersonal die jeweiligen Sprachen spricht und die Kulturen
kennt. Gerade im Alter lebt man mehr in der Vergangenheit,
und das Herkunftsland tritt immer mehr in den Vordergrund.
Das betrifft vor allem Personen mit demenziellen Erkrankungen.
Sie haben oft das Deutsch, das sie schon konnten, aufgrund
ihrer Erkrankung vergessen, und sind darauf angewiesen, dass
das Pflegepersonal mit ihnen ihre Muttersprache spricht.

Im folgenden Beispiel geht es um diesen Sprachverlust in der
Demenz:

Der 54-jährige Mustafa S., ein freundlicher, gut Deutsch spre-
chender Arbeiter, kommt mit einer depressiven Verstimmung
in die Sprechstunde der Ambulanz einer Klinik in Marburg.
Er lebt seit dem Tod seiner Frau vor knapp einem Jahr mit
seiner 18-jährigen Tochter und einem seiner beiden Söhne
(24 Jahre) zusammen. Er fühlt sich schuldig am Tod seiner Frau
und entwickelte einen depressiven Wahn, nichts mehr wert zu
sein und von der Polizei abgeholt zu werden. Trotz intensiver
Behandlung wird er nach fünf Jahren vorzeitig pensioniert und
scheidet aus dem Arbeitsleben aus. Nach der Pensionierung
verstärkt sich die wahnhafte Symptomatik. Herr S. verliert zunehmend die deutsche Sprache, ein Wechsel zu einem Facharzt
in der geronto-psychiatrischen Ambulanz scheitert, weil er sich
nicht an den neuen Arzt gewöhnen kann. Zwei Jahre nach
Beginn der dementiven Erkrankung ist keine Kommunikation
in deutscher Sprache mehr möglich.[93]

Es geht aber nicht nur um die Sprache. Im Vordergrund stehen vielmehr die Wertschätzung der kulturellen Vielfalt und die vielschichtige kulturelle Identität der Menschen. Wichtig ist, diesen Menschen zu vermitteln, dass sie alle Facetten und Seiten ihrer kulturellen Identität leben dürfen – ein Punkt, der in der interkulturellen Thematik ganz zentral ist. In einem interkulturellen Umfeld haben alle Kulturen den gleichen Wert. Gleichgewicht herrscht, wenn jede Person die vielen verschiedenen Seiten ihrer Identität leben darf.

Viele Migranten haben in der Migration sehr wohl gelernt, in beiden Kulturen zu leben, und in diesem Sinne interkulturelle Kompetenz aufgebaut. Sie können zwischen beiden kulturellen Kontexten hin und her wechseln und wissen genau, wo welche Regeln gelten. Diese Kompetenz erwerben möglicherweise nicht alle dieser Einwanderer, aber viele.

Den Bedürfnissen so weit wie möglich entgegenkommen

FÜR GESUNDHEITSEINRICHTUNGEN BEDEUTET DIES, dass sie mehr über die Bedürfnisse und Erwartungshaltungen in der Pflege der Betroffenen wissen müssen. Laut der deutschen Studie *Pflege und Pflegeerwartungen in der Einwanderungsgesellschaft*[94] wünschen sich zum Beispiel Klienten mit türkischem Hintergrund vor allem einen respektvollen und beziehungsorientierten Umgang vom Personal. Sie erwarten auch Rücksichtnahme auf ihr Schamgefühl, da in diesem kulturellen Kontext die Geschlechtertrennung nach wie vor sehr streng ist.

Ein Beispiel soll das verdeutlichen:

Wegen einer Blutvergiftung durch eine infizierte Wunde wurde ein vierjähriges Mädchen mit hohem Fieber nachts in eine Kinderabteilung eingewiesen. Nach Versorgung der Wunde wurde das Mädchen zur intravenösen Antibiotikabehandlung einige Tage stationär aufgenommen. Der Vater (Mutter deutscher Herkunft, Vater Türke) wollte als Begleitperson ebenfalls aufgenommen werden. Auf der Kinderstation trafen die Eltern auf die Pflegenden, welche ein Begleitbett in ein Doppelzimmer stellten. Im Zimmer lag schon eine libanesische Frau mit ihrem Kind. Der Vater des Mädchens bat das Pflegepersonal um ein anderes Zimmer, da er nicht mit der libanesischen Frau im selben Zimmer schlafen wollte. Das Pflegepersonal lehnte die Bitte des Vaters mit der Begründung ab, dass es nur ein freies Zimmer gebe, dieses jedoch für eine eventuelle Notaufnahme während der Nacht frei bleiben müsse. Der Vater, der über gute deutsche Sprachkenntnisse verfügte, erklärte der Schwester, warum es für ihn als Türken nicht möglich sei, mit einer ebenfalls islamischen Frau eine Nacht gemeinsam in einem Zimmer zu verbringen.

Das Pflegepersonal bekundete sein Verständnis und nach einigem hin und her wurde die Vereinbarung getroffen, dass er im Einzelzimmer schlafen könne, dieses bei einer Notaufnahme jedoch wieder räumen müsse. Damit erklärte sich der Vater einverstanden. Am nächsten Tag bedankte sich die libanesische Frau bei der Mutter des Mädchens dafür, dass deren Ehemann darauf bestanden habe, in ein anderes Zimmer verlegt zu werden. Für sie wäre es schlimm gewesen, wenn der Mann mit ihr im selben Zimmer übernachtet hätte.[95]

Die gleiche Erhebung ergab, dass sich Migranten mit russischer Herkunft Pflegekräfte wünschen, die Russisch sprechen. Darüber hinaus wurde bei dieser Studie erhoben, dass bei stationärer Pflege oft Einzelzimmer oder auch die Mitnahme eigener Möbel, Zugang zu einer Kochgelegenheit oder Küche sowie entsprechende Gebetsräume gewünscht werden. Kultursensible Einrichtungen sind heute immer mehr darum bemüht, solchen Wünschen entgegenzukommen.

Die Zukunft liegt daher im Anspruch transkultureller Pflege, den Klienten bezüglich ihrer Bedürfnisse auf kultureller, religiöser oder sprachlicher Ebene weitgehend entgegenzukommen sowie auch die Auswirkungen individueller Biografien mit einzubeziehen.[96] Das erfordert eine Öffnung in kultureller Hinsicht, aber auch die Einstellung, dass Patienten Kunden sind und man Kundenwünsche ernstnehmen muss.

Veränderte Strukturen sind nötig

BEI DER TRANSKULTURELLEN PFLEGE geht es jedoch nicht nur darum, auf ethnische Zugehörigkeit und kulturelle Unterschiede Rücksicht zu nehmen. Entscheidend ist, den heterogenen Lebenswelten, spezifischen Lebensbedingungen und Erfahrungen sowie den Bedürfnissen von Migranten Rechnung zu tragen und strukturelle Gegebenheiten dafür zu schaffen. Dazu erklärte eine Pflegedienstleiterin bei der Caritas in Wien:

Transkulturelle Pflege bezieht sich auf die Leistung und besteht darin, wie ich mich auf den Kunden und seine Bedürfnisse auf kultureller, religiöser, sprachlicher Art Ebene einstelle. Auf transkultureller Ebene ist man bereits offen für das andere.

Transkulturelle Pflege braucht jedoch strukturelle Gegebenheiten. Für die kulturelle Öffnung müssen institutionelle Strukturen verändert werden, um entsprechende Angebote im Sinne einer kultursensiblen Gesundheitsförderung bereitzustellen. Die meisten Einrichtungen sind darauf noch unzureichend eingestellt, und viele Bereiche, die wichtig wären, wurden noch nicht aufgegriffen. Die Leiterin eines Interkulturellen Pflegemanagement Masterprogramms wies im Gespräch darauf hin:

Der Aufbau von Gesundheitskompetenz ist ein weiterer Bereich. Es gibt verschiedene Wirtschaftsbereiche, in die kultursensible Gesundheitsförderung selbstverständlich eingebracht werden sollte – wie zum Beispiel die Kindergärten und Schulen oder die Schwangerschaftsbetreuung, um nur einige zu nennen. Bereiche, in denen wir direkt zur Bevölkerung kommen, das wäre wichtig. Wir wissen seit Jahren schon, was wir machen sollten, aber wir sind noch nicht einmal am Anfang.

HERAUSFORDERUNGEN FÜR FÜHRUNGSKRÄFTE IM PFLEGEBEREICH

Eine Herausforderung für Führungskräfte im Pflegebereich ist zunächst der hohe Anteil an niedrig qualifiziertem Pflegepersonal. Dadurch kommt es aufgrund fehlender Kompetenz der Mitarbeiter zu falsch eingeschätzten Situationen und in der Folge zu Überforderung für alle Beteiligten. So können Symptome unter Umständen nicht richtig eingeordnet werden, wenn transkulturelle Kompetenz fehlt. Das zeigt das folgende Beispiel, das eine Pflegekraft in einem Wiener Krankenhaus erzählte:

> Ich kann mich an eine Patientin erinnern, ich glaube, sie kam aus der Türkei. Sie hatte nach der Operation Schmerzen und schrie. Ich gab ihr Schmerzmittel, aber sie hörte nicht auf zu schreien. Es war unerträglich, vor allem für die anderen Patienten. Meine Kollegin, die selbst Türkin ist, wies mich darauf hin, dass so ein Verhalten in der Türkei üblich sei. »Ja, wir schreien, laut und anhaltend. Und alle Verwandten sind (idealerweise) da, um mitzufühlen.« Ich setzte mich dann einfach neben sie und hielt eine Weile ihre Hand, bis sie sich ein wenig beruhigt hatte.

Der Umgang mit Schmerz, aber auch das Empfinden von Schmerz ist kulturell sehr unterschiedlich. Wie wir gerade gesehen haben, wird zum Beispiel in der Türkei Schmerz häufig sehr deutlich ausgedrückt, und der Patient erwartet, dass seine Angehörigen ihn durch diesen Zustand »durchtragen«. In vielen afrikanischen Ländern hingegen werden Schmerzen eher nicht nach außen gezeigt, um sich keine Blöße zu geben, da ein heldenhaftes Verhalten erlernt wurde. Da können Mitarbeiter aus unterschiedlichen Ländern sehr hilfreich sein, da sie das nötige Kulturwissen mitbringen und mit den Patienten kultursensibel umgehen können.

Auch die hohe beziehungsorientierte Erwartungshaltung von Patienten an das Pflegepersonal ist oft eine Herausforderung. Eine Pflegedienstleiterin aus Wien erzählte:

Wenn eine deiner Mitarbeiterinnen in der Nacht zehn Mal zu einem Patienten gerufen wird, weil er mit ihr reden möchte, dann ist das eine Herausforderung. Auf der anderen Seite ist es klar, dass es bei ihm um den Zuspruch geht. Er fühlt sich allein, möchte reden, braucht jemanden, der ihm zuhört. Ich weiß aber auch, dass meine Mitarbeiterin nicht nur für ihn da sein kann.

Sie weiß, wie wichtig es für Führungskräfte ist, ihre Teams im interkulturellen Kontext richtig zu führen:

Als Führungskraft muss ich die Kompetenz haben, mich auf die Mitarbeiterinnen einzustellen. Man ist wie ein Chamäleon. Ich schaue ganz genau, wer was braucht – manche brauchen viel Selbstständigkeit, andere möchten klare Anweisungen und ständiges Feedback. Mein Team ist sehr interkulturell und ich lasse mich in meiner Führungshaltung sehr auf diese kulturellen Unterschiede ein.

Respekt, Toleranz und Sensibilität

ZUNÄCHST MUSS DAS TEAM selbst interkulturelle Sensibilität für die eigene Gruppe entwickeln. Dann können die Mitarbeiter mit einer

ethnorelativistischen Haltung – im Gegensatz zu einer ethnozentrischen Haltung, bei der die eigene Kultur der Maßstab ist –
und mit transkultureller Kompetenz auf die Klienten und Patienten zugehen.

Transkulturelle Kompetenz bedeutet Respekt, Toleranz und
Sensibilität. Sie sind die Eckpfeiler einer gelingenden kultursensiblen Pflege und Betreuung, die Führungskräfte immer wieder
einfordern müssen. Weiterbildung und regelmäßiger Austausch
sowie gemeinsame Reflexion schwieriger Situationen helfen den
Pflegekräften dabei, interkulturelle Sensibilität zu entwickeln.

Dazu erzählte die Pflegedienstleiterin bei der Caritas in Wien:

> Wir bieten regelmäßige Workshops für unsere Stationsleiter-
> innen an, in denen sie Techniken lernen, um ihre Kommuni-
> kation zu verbessern. Sie müssen lernen, dass sie in der Praxis
> immer wieder nachfragen, wenn etwas nicht klar ist, oder
> sicherstellen, dass alle wissen, worum es geht. Denn jeder hat
> eine andere Auffassung von bestimmten Begriffen. Das muss
> man klären. Das kulturelle Bewusstsein wird dadurch für unter-
> schiedliche kulturelle Kontexte geschärft – denn abgesehen
> von national-kulturellen Unterschieden der Mitarbeiterinnen
> hat ja auch jede Station ihre eigene Kultur.

Eine Pflegedienstleiterin an einer Universitätskinderklinik in der
Schweiz betont, dass in ihrer Klinik das Pflegepersonal in transkultureller Kompetenz und migrationsspezifischer Anamnese
geschult wird:

> Vonseiten der Fachpersonen ist ein gutes Verständnis für die
> speziellen Situationen der Kinder und Familien mit Migrations-

hintergrund wahrnehmbar. Die Pflegenden fühlen sich heute in transkulturellen Situationen sicher und verfügen über die nötigen Ressourcen, um gut handeln zu können. Hilfreich ist außerdem, dass jetzt vermehrt jüngere diplomierte Pflegefachpersonen in der Universitätsklinik arbeiten, die das Thema der transkulturellen Kompetenz bereits in der Ausbildung hatten.

Pflegeexpertinnen unterstützen das Pflegepersonal dabei auf übergeordneter Ebene. Dennoch entsprechen die strukturellen Rahmenbedingungen heute noch lange nicht den Anforderungen einer kulturell vielfältigen Klientel[97], auch wenn sich bereits einiges getan hat.

Führungskräfte müssen in dieser Hinsicht ständig einen kritischen Blick auf bestehende Strukturen und Kommunikationsformen haben. Eventuellen Widerständen gegen eine transkulturelle Weiterbildung – nach dem Motto:»Die sollen sich anpassen« – kann und muss man entgegenhalten, dass kulturelle Vielfalt unsere berufliche Umgebung bestimmt und Teil unseres Alltags ist.

INTERKULTURELLE ÖFFNUNG IN KRANKENHÄUSERN

IN KRANKENHÄUSERN sollte ein kultursensibler Umgang mit Patienten gewährleistet sein. Dazu sind interne wie externe Faktoren zu beachten: Führungskultur, Kommunikationskultur und ein positiver Umgang mit Klienten aus unterschiedlichen Kulturen einerseits sowie eine strategische Verankerung, intern auf Organisationsebene und extern auf kommunalpolitischer Ebene, andererseits.

Wie in anderen Unternehmen im Geschäftsleben muss die Öffnung von oben her strategisch eingeleitet werden, um nach unten wachsen zu können und anschließend von der Basis aus, das heißt von den unteren Ebenen der Organisation, getragen zu werden.

Patientenorientierte Versorgung

ZU DEN HÄUFIGSTEN PROBLEMEN im Klinikalltag gehören sprachliche Missverständnisse wegen mangelhafter Sprachkenntnisse oder gänzlich fehlender verbaler Verständigungsmöglichkeiten. Heute ist es oft möglich, fachspezifisch geschulte Dolmetscher einzubinden, zum Teil über Videokonferenzen. Allerdings ist der Krankenhausführung meist immer noch nicht genügend bewusst, dass ungeschulte Übersetzungshilfen durch zweisprachige Mitarbeiter, die selbst einen Migrationshintergrund haben, unzureichend sind und im schlimmsten Fall zu Fehldiagnosen führen können. Mangels professioneller Dolmetscher werden Familienangehörige, auch Kinder und Jugendliche, für die Übersetzung herangezogen. Dass dadurch wichtige Informationen, vor allem bei schwerwiegenden Diagnosen, auf Grund der persönlichen Befangenheit verzerrt oder nicht angemessen mitgeteilt werden, liegt auf der Hand.

Das folgende Beispiel gibt eine Ärztin eines Krankenhauses in Wien:

> Der 16-jährige Sohn von Frau Hatice S. begleitete seine Mutter ins Krankenhaus, denn ich wollte über die Ergebnisse der Laboranalyse und die Diagnose sprechen. Frau Hatice S. hat Kehlkopfkrebs, dies teilte ich mit und fügte hinzu, zu welcher Therapie ich raten würde und dass geringe Aussichten für eine Heilung bestanden. Ihr Sohn übersetzte. Als er hörte, dass seine Mutter nicht mehr gesund werden würde, hörte er auf zu übersetzen. Seine Mutter erfuhr nur, dass die Therapie in drei Tagen beginnen würde. Ich erkannte die Situation und nahm mir vor, beim nächsten Termin mit Hatice einen Dolmetscher anzufordern.

Ärzten wird generell geraten, sowohl zweisprachiges Personal als auch Familienangehörige nicht als Übersetzer zu akzeptieren. »Eine Überforderung ergibt sich hier sowohl aus emotionalen und persönlichen Gründen als auch aus Gründen häufig mangelnder Sprachkenntnisse sowie aus fehlenden fachlichen Kenntnissen.«[98]

Folgendes Beispiel soll aufzeigen, dass die Unterstützung durch die Familie auch oft die wahren Hintergründe für Symptome verschleiern kann, sofern Ärzte nicht fachkundige Dolmetscher anfordern. Eine Ärztin erzählte:

> Wir nahmen eine junge türkische Patientin auf. Sie war frisch verheiratet, schwanger und vor kurzem aus der Türkei nach Wien gekommen. Sie lag bei uns auf der gynäkologischen Station wegen vorzeitiger Wehen und machte einen verängstigten Eindruck. Ihre Familienangehörigen übersetzten zwischen ihr

und unserem Ärzteteam. Als dann eine Übersetzerin eingeschaltet wurde, fasste die Patientin Vertrauen und traute sich, frei zu sprechen. Sie erzählte, ihr Ehemann hätte sie wiederholt geschlagen und sie hätte große Angst vor der gesamten Familie. Sie konnte sich aber zunächst den Ärzten oder Schwestern nicht anvertrauen, weil die Familie bei allen Gesprächen anwesend war, da sie übersetzten. Es gelang dann, die junge Frau in einem Frauenhaus unterzubringen und damit für ihre persönliche Sicherheit und die ihres Kindes zu sorgen.[99]

Die Möglichkeit, in der Muttersprache zu sprechen, kann auch dazu führen, dass sich Patienten emotional öffnen können und Vertrauen fassen, wie folgendes Beispiel einer Ärztin am AKH in Wien zeigt:

Spreche ich mit Patienten in ihrer Muttersprache (in meinem Fall Kroatisch), beginnen sie sofort zu lächeln. Ich kann richtig sehen, wie ein riesiger Berg von Angst und Schrecken von ihnen abfällt. Sie sind nämlich oft der Meinung, dass sie aufgrund ihrer Erkrankung schlechter Deutsch sprechen und insgesamt ihre Sprachfähigkeit verloren haben. Und das ist oft nicht der Fall. Dann schöpfen sie auch wieder Mut und machen bei der Therapie mit.

Als weitere Problemzone wird der Umgang mit kulturspezifischen Besonderheiten wie Schamgefühl, Wahren der Intimsphäre oder Besucherakzeptanz der Familie genannt. Hier wäre es wichtig, dass auch eine entsprechende Infrastruktur vorhanden ist, damit auf diese Aspekte Rücksicht genommen werden kann – etwa genügend weibliche und männliche Krankenpfleger oder Ärzte

sowie mehrere Besucherräume für jene Patienten, die vor allem
von großen Familien besucht werden.

Das folgende Beispiel aus dem Städtischen Klinikum München GmbH schildert das Bedürfnis nach religiöser Intimsphäre:

> Es handelte sich um einen älteren türkischen Muslim auf der
> chirurgischen Station. Die Dolmetscherin war zu ihm gerufen
> worden, weil der Patient einen Antrag ausfüllen sollte. Als die
> Stationsärztin die türkische Dolmetscherin sah, sprach sie ein
> Problem an, welches die Beschäftigten auf der Station täglich
> zu bewältigen hätten. Jeden Morgen würde der ansonsten
> sehr liebenswerte alte Herr bei der Morgenwäsche die ihn
> versorgende Pflegekraft abwehren, quasi um sich schlagen.
> Das Pflegepersonal wisse sich nicht zu helfen, man sei ratlos.
> Mit Hilfe der Dolmetscherin war die Grundlage des Problems
> rasch erfasst: Der Patient, zu strenger Bettruhe verpflichtet,
> wollte am Morgen seine rituellen Waschungen vornehmen,
> wurde aber dabei von der Pflegerin, die nach der Regel der
> pflegerischen Waschung vorging, daran gehindert. Es handelte
> sich also nicht um einen »aggressiven« Patienten, sondern
> um einen gläubigen Muslim, der nichts anderes wollte als
> frisches Wasser und ein paar Minuten Zeit, um seinen religiösen
> Handlungen nachzugehen.[100]

Die soziale Unterstützung durch die Familien kann in Krankenhäusern ebenfalls oft zu Missverständnissen führen. Eine Ärztin
aus dem AKH in Wien erzählte mir:

> Wenn ich in der Früh in die Ambulanz komme, ist der Warte-
> raum bereits voll mit Patienten – der Großteil davon mit

Migrationshintergrund. Das ist ja o.k.. Wenn ich dann zwei Kinder behandle und wieder rauskomme, ist der Raum leer – also waren alle diese Leute Familienmitglieder. Wie kann man ihnen erklären, dass das bei uns nicht geht? Ein Familienmitglied, auch zwei – aber die ganze Großfamilie? Das übersteigt unsere räumlichen Kapazitäten. Ich bin dafür, hier besser aufzuklären oder strikte Maßnahmen zu ergreifen.

Aufklären, Grenzen setzen oder zusätzliche Räume bieten? Bestehende Strukturen gelangen an ihre Grenzen, das wird immer wieder betont. Eine transkulturelle Öffnung bedeutet aber auch, der Vielfalt an Bedürfnissen Rechnung zu tragen. Gerade die soziale Unterstützung vonseiten der Familienmitglieder trägt zu einer rascheren Gesundung bei und ist nur wünschenswert.

Was bringt die interkulturelle Öffnung?

UM EINE INTERKULTURELLE ÖFFNUNG strategisch zu verankern, muss man zunächst die Frage beantworten, welcher Nutzen dadurch für das Krankenhaus, aber auch für die Gesellschaft im weiteren Sinn entsteht. Im Wesentlichen geht es um folgende Punkte: Steigerung der Zufriedenheit von Patienten mit Migrationshintergrund, Vermeidung von Fehldiagnosen durch professionelle Dolmetscher und kultursensible Kommunikationsweisen sowie Erhöhung der Mitarbeiterzufriedenheit durch unkomplizierte Abläufe und Standards.[101] Der Bedarf ist vorhanden – in den Krankenhäusern, in den Ärztezentren, im niedergelassenen Bereich sowie in den Gesundheitsbehörden.

Abgesehen von einem sensibleren Umgang mit Patienten mit Migrationshintergrund ist auch die Integration von Medizinern aus anderen Sprachräumen und Kulturen, gerade aus den aktuellen Flüchtlingsgebieten, besonders wichtig, weil dadurch viele Barrieren abgebaut werden könnten. Dazu meinte der Direktor der Klinik für Gastroenterologie und Rheumatologie des Universitätsklinikums Leipzig:

> Das wichtigste Instrument des Arztes aber ist die Kommunikation. Sie macht eine erfolgreiche und sichere Therapie erst möglich. Wenn wir Migranten künftig in einer vertrauensvollen Arzt-Patienten-Beziehung versorgen möchten, müssen wir Ärzte, die zum Beispiel fließend Arabisch sprechen, in die medizinische Versorgung in Deutschland integrieren.[102]

Eine kulturell verschiedene Ärzteschaft kann Sprachschwierigkeiten beheben, aber auch Interaktions- und Kommunikationsformen einsetzen, die in anderen kulturellen Kontexten erwartet werden, und damit Berührungsängste abbauen. In europäischen Ländern werden Patienten eher isoliert von sozialen Zusammenhängen betrachtet, obwohl es einen Zusammenhang zur Erkrankung des Betroffenen gibt. Damit klammert man einen ganzen Bereich aus, der in anderen kulturellen Kontexten, in denen vor allem die Gemeinschaft im Vordergrund steht, zentral ist. Dazu schreibt Dagmar Domenig:

> Bei PatientInnen und KlientInnen aus soziozentriert ausgerichteten Kontexten sollten deren Familienangehörige in weitaus stärkerem Maße in die Behandlung und Pflege einbezogen werden (...). Zudem sollte Gruppenwerten und Gruppenzielen in Behandlungskontexten eine große Beachtung geschenkt werden. (...) Auch sollte die teilweise große Präsenz von

Familienmitgliedern während eines Spitalaufenthaltes respektiert werden und primär als wichtige Zuwendung, Unterstützung und Ressource (und nicht nur als zu große Belastung) für die PatientInnen betrachtet und auch entsprechend geschätzt werden.[103]

Darüber hinaus steht bei uns die verbale Kommunikation im Vordergrund. Der sprachliche Ausdruck von Gefühlen wird hierzulande sehr hoch bewertet, in anderen Ländern aber gar nicht wirklich erlernt. Dazu Dagmar Domenig:

Der verbale und direkte Ausdruck von Gefühlen wird geschätzt und als Zeichen von Introspektionsfähigkeit (und Intelligenz) gewertet.[104]

Eine Behandlung hat in unserer Kultur zum Ziel, dass der oder die Erkrankte möglichst rasch wieder in den Arbeitsprozess und in den Alltag zurückkehren kann. In Ländern, die kollektiv-orientiert sind und in denen die Großfamilie eine zentrale Stellung einnimmt, werden der Schwäche und Abhängigkeit des Einzelnen bei einer Erkrankung oder auch in der Schwangerschaft in der Gruppe oft mehr Raum und Zeit gegeben. Wöchnerinnen werden in Indien oft monatelang von der eigenen Mutter umsorgt und von allen Alltagsaufgaben befreit, um sich von der Geburt ihres Kindes zu erholen.

Betrachtet man diese Thematik auf gesellschaftlicher Ebene, dann haben Ärzte mit Migrationshintergrund viel Wissen und Ressourcen, die allen nutzen. Dazu wieder der Direktor des Universitätsklinikums Leipzig:

Das Interesse der Ärzteschaft daran ist vom Interesse der Gesellschaft nicht zu trennen. Wir benötigen Migranten als Hausärzte, als Fachärzte, als Hochschullehrer, die forschen und lehren. Es geht um Nachwuchs für die medizinische Wissenschaft, aber auch für die Gesundheitsversorgung in der Fläche und für Behörden wie Gesundheitsämter oder Institutionen wie den Ärztekammern, die auf regionaler Ebene mitwirken, dass spezifisch qualifizierte Ärzte für die Versorgung zur Verfügung stehen. Es ist außerdem im Interesse der Patienten, aber auch der Öffentlichkeit, dass zum Beispiel bestimmte, bei uns vergleichsweise seltene infektiöse Erkrankungen erkannt werden. Das erfordert Ausbildung, Erfahrung, Kommunikation.[105]

Interkulturelle Betrachtungsweisen und transkulturelle Kompetenz führen dazu, blinde Flecken aufzudecken, neue Sichtweisen zu eröffnen und einen kultursensiblen Umgang mit Patienten zu ermöglichen. Auch auf dieser Ebene ist kulturelle Vielfalt eine Ressource, die weit über den konkreten Einzelfall hinausgeht.

INTERKULTURELLE KOMPETENZ
BEI ÄRZTINNEN UND ÄRZTEN

EIN GROSSER BEDARF AN TRANSKULTURELLER KOMPETENZ besteht auch bei Ärztinnen und Ärzten. Der Lehrgang »Transkulturelle Medizin und Diversity Care« in Wien ist jedoch der einzige in Österreich, der sich an die Zielgruppe der Mediziner richtet. Die Leiterin der Weiterbildungsakademie an einer österreichischen Fachhochschule beklagt:

> Beim niedergelassenen Bereich ist noch viel Nachholbedarf: Gesundheitszentren, Ordinationen, Pflegepraxen, Gesundheitsnetzwerke – der Bereich außerhalb der Krankenhäuser wurde bis jetzt sehr vernachlässigt. Aber er ist wichtig für die Menschen mit Migrationshintergrund, denn dort gehen sie zuerst hin. Dort könnten wir sie abholen.

Die Kommunikation ist oft schwierig

KOMMUNIKATIONSKOMPETENZ steht an erster Stelle, denn das Gespräch zwischen Ärztin und Patient ist entscheidend für die Diagnose. Wenn aber von Laien übersetzt wird, so ein Arzt von der Medizinischen Universität Wien, kommt es unweigerlich zu Missverständnissen und falschen Informationen:

> Es zeigte sich, dass die Laien-Dolmetscher – oftmals waren es Familienmitglieder – vielfach statt der Patienten sprechen, also nicht vermitteln. Teilweise wird gekürzt, manches falsch übersetzt. Auch eigene Anliegen bringen Laien-Dolmetscher oft mit ein – es fehlt ihnen die nötige kritische Distanz zur Sache.[106]

Dadurch kommt es oft dazu, dass Medikamente falsch oder gar nicht eingenommen werden, und aufgrund des weiteren Krankheitsverlaufs wird dies dann als Unwilligkeit oder auch als kulturelle Eigenheit interpretiert. Dabei lag nur ein sprachliches Missverständnis vor.

Neben dem Einsatz professioneller Dolmetscher und der Beratung durch Ärzte mit Migrationshintergrund, die verschiedene Sprachen sprechen, ist auch eine Schulung sinnvoll, damit Ärzte eine kultursensible Gesprächsführung erlernen.

Eine Radiotechnologin und Austro-Türkin am AKH in Wien schätzt die kulturelle Vielfalt, vor allem für die Patienten. Sie erzählte:

Arabisch fehlt uns hier noch. Durch Mitarbeiter mit Wurzeln in der Türkei, in Nigeria, in Bosnien, im Iran und in Rumänien und sonstige Sprachkenntnisse der Mitarbeiterinnen decken wir aber eine breite Palette an Sprachen wie Englisch, Französisch, Türkisch, Serbokroatisch, Persisch, Polnisch und Igbo (Nigeria) ab.[107]

Verschiedene Faktoren erschweren das Verständnis

AM WICHTIGSTEN IST JEDOCH die Bereitschaft vonseiten der Ärztinnen und Ärzte, sich mit den kulturspezifischen Unterschieden von Krankheit und Gesundheit auseinanderzusetzen. Dazu gehören zunächst Untersuchungspraktiken: Viele Patientinnen oder Patienten weigern sich, sich ganz auszuziehen, vor allem vor mehreren Personen, wenn zum Beispiel ein Ärzteteam und Krankenpfleger anwesend sind, oder auch vor behandelnden Personen des anderen

Geschlechts. Ein Gespräch mit einer Hautärztin am Wiener AKH macht die Probleme deutlich:

> Es ist schon schwierig, wenn sich die Patienten nicht ausziehen wollen. Wie soll ich als Hautärztin dann eine Diagnose erstellen, wenn ich nur kleine, ausgesuchte Körperstellen sehen darf? Ich habe so großen Zeitdruck, dass ich darauf keine Rücksicht nehmen kann. Aber wie geht man damit »kultursensibel« um?

Viele Patienten bevorzugen einen persönlicheren Umgang und mehr Vertrauen. Hier ist Zeit ein wesentlicher Faktor, denn der zeitliche Rahmen in unserem Kontext lässt keine persönliche Begegnung mit den Patienten zu. Hier wird die Geduld auf die Probe gestellt, wenn das Zeitverständnis der Patienten ein ganz anderes ist. Die Hautärztin aus dem AKH erzählte:

> Einmal hatte ich Visite und ein Patient war nicht da. Der Patient vom Nachbarbett sagte, er sei kurz eine rauchen und komme gleich wieder, ich solle warten ... Ich warte doch nicht auf einen Patienten! Das Zeitverständnis ist oft ein Problem, viele Patienten haben keine Ahnung, unter welchem Zeitdruck wir stehen. Das müsste man ihnen erklären.

Umgang mit Schmerzen – ein kultureller Aspekt

AUCH DER AUSDRUCK VON SCHMERZEN hat kulturell unterschiedliche Hintergründe, wie eine Psychiaterin vom Wiener AKH erklärt:

> Die Patientinnen (aus südeuropäischen Ländern) drücken ihre Schmerzen anders aus, diffuser und weniger differenziert,

es tut alles weh und ständig, und auch die Affektlabilität ist gesteigert, die Frauen weinen und klagen viel. (...) Wir bleiben aber nicht bei den Schmerzen stehen, wir versuchen, den Gesamtkontext zu sehen und damit einen ganzheitlichen Zugang zum Patienten zu finden.[108]

Der interkulturelle Blickwinkel ist wichtig, um eine Ausdrucksform wie Schmerz richtig zu deuten. Ein Experte von der Medizinischen Universität Wien erläutert zu diesem Thema:

Die Erklärungsmodelle für das Entstehen oder die Lokalisation von Schmerzen sind kulturbedingt sehr unterschiedlich und die emotionale Ausdrucksweise ist davon ebenfalls beeinflusst. Auch die Reaktion der Gesellschaft auf das Verhalten des Betroffenen bei Schmerzen spielt eine Rolle. Wenn etwa Schmerzen als Bestrafung für »schlechtes Benehmen« gesehen werden, wird sie der Betroffene eher nicht öffentlich ausdrücken. Wer sich Aufmerksamkeit erwartet, wird seine Hilfsbedürftigkeit vielleicht besonders äußern (...). Als Ärzte sind wir einerseits auf die Angaben unserer Patienten zu ihren Schmerzempfindungen angewiesen. Andererseits sollten wir uns auch der gesellschaftlichen und soziokulturellen Aspekte bewusst sein.[109]

Tabuthemen – hier ist besondere Sensibilität gefragt

SEXUALITÄT UND UNFRUCHTBARKEIT sind Themen, die in unserem kulturellen Kontext offen besprochen werden, während sie in anderen Kulturen oft tabu sind. Im Islam gilt Sexualität als Bedrohung oder als etwas Unkontrollierbares. Deshalb bestimmen strenge Verhaltensregeln, wie damit umzugehen ist. Das betrifft zum Beispiel Körperkontakt und Blickkontakt, die zwischen Männern und Frauen, die sich nicht kennen, auf jeden Fall zu vermeiden sind. Das Thema Händeschütteln fällt auch in diesen Bereich und ist deshalb so sensibel. Ebenso natürlich Bekleidung und Bedeckung der Haare bei Frauen.

Eine Gynäkologin in einem Wiener Krankenhaus erzählte:

Auf meiner Station versuche ich darauf einzugehen und als Ärztin Frauen aus islamischen Ländern zu übernehmen, wenn sie eine Ärztin bevorzugen, ebenso meine Kolleginnen. Da wir aber ein gemischtes Team sind, ist das nicht immer möglich. Dann kann es Probleme geben. Das Hauptproblem ist aber, dass es uns einfach an der Zeit fehlt, uns mit solchen Dingen auseinanderzusetzen. Der Arbeitsdruck ist so hoch, dass für die »Kultur« keine Zeit bleibt. Das ist bedauerlich.

Scham ist ein Thema, das im interkulturellen Kontext immer wieder auftaucht. Menschen schämen sich in Situationen, in denen jemand bloßgestellt wird oder eine soziale Regel verletzt hat. Auch in unserem kulturellen Kontext gibt es Schamgefühl, das wir heute jedoch eher mit dem Begriff »peinlich« ausdrücken.

In Schamkulturen (dazu gehören islamische, aber auch asiatische Länder) ist zum Beispiel eine Schwangerschaft vor der Ehe so sehr mit Scham und Ehrlosigkeit besetzt, dass die Betroffene möglicherweise darüber nicht sprechen kann. Darüber hinaus betrifft die Scham nicht nur die Person selbst, sondern sie überträgt sich auf die ganze Familie, die als Kollektiv durch das Handeln dieses einen Familienmitglieds das Gesicht verliert. Sanktionen sind unausweichlich. Die letzte Konsequenz ist der soziale Ausschluss aus der Gruppe, die Ächtung oder sogar ein Ehrenmord.

Im medizinischen oder therapeutischen Kontext besteht die Schwierigkeit darin, überhaupt über diese Tabuthemen zu sprechen. Dazu kommt, dass zum Beispiel türkische junge Frauen häufig von Familienmitgliedern sehr kontrolliert werden und vonseiten der Familie massiv unter Druck stehen. Eine Ärztin eines Wiener Krankenhauses erzählte:

Wir hatten einmal einen Fall mit einer jungen Frau, die uns verzweifelt mit Gesten verständlich machen wollte, dass sie mit uns alleine reden möchte. Ihre Familie ließ sie aber nicht aus den Augen, die Schwiegermutter folgte ihr überall hin. Bis wir sehr bestimmt darauf bestanden haben, mit der jungen Frau alleine zu sprechen. Es stellte sich dann heraus, dass sie unbedingt abtreiben wollte, weil ihr Mann gewalttätig war. Sie konnte das aber vor ihrer Familie natürlich nicht sagen.

Eine gut entwickelte kulturelle Sensibilität ist nötig, um in so einer Situation kultursensibel zu handeln. Viele Ärztinnen und Ärzte sind damit überfordert – oft aus Zeitmangel, aber auch weil sie nicht gelernt haben, indirekte Signale nonverbaler Kommunikation wahrzunehmen.

Religion und Tradition als interkulturelle Faktoren

AUCH DIE RELIGION GEWINNT AKTUELL immer mehr an Bedeutung im Arbeitsalltag von Gesundheits- und Pflegeeinrichtungen. Gebetsräume oder Bereiche, die einen individuellen Rückzug gewähren, sind in vielen Krankenhäusern bereits Standard. Zum Thema Beten im Patientenraum möchte ich meine eigenen Erfahrungen anführen:

Als wir meinen Onkel im Krankenhaus besuchten, war in seinem Raum – einem Sechsbettzimmer – Hochbetrieb. Alle Patienten hatten Besuch. Beim ägyptischen Patienten, dessen Bett beim Fenster stand, war die ganze Familie da. Sie saßen im Kreis um den Patienten und redeten kaum. Als er einmal hinausging, kniete sich seine Frau am Boden neben seinem Bett hin, nachdem sie ein Tuch ausgebreitet hatte, und begann zu beten. Für mich war das okay. Aber eigentlich gibt es im Krankenhaus eigens vorgesehene Gebetsräume. Ich nehme an, die Angehörige wurde nicht darauf hingewiesen.

Religiöse Ernährungsvorschriften, aber auch andere Ernährungsgewohnheiten passen häufig nicht zu einer verschriebenen Diät im Krankenhaus und erzeugen beim Patienten Unwillen oder Unbehagen. Eine Ärztin aus einem Wiener Krankenhaus berichtete:

Die bei uns übliche Schonkost greift bei Patienten aus manchen anderen Ländern wie aus Asien oder dem Nahen Osten oft gar nicht. Haferbrei oder gekochtes Obst führt eher zu Durchfall und wird nicht vertragen. Da hilft es, nachzufragen und dann einfach nur gekochten Reis servieren zu lassen. Unsere Essensgewohnheiten zu hinterfragen, das ist ja nicht selbstverständlich, aber es ist in solchen Fällen wichtig, als Ärztin daran zu denken, wenn man eine Schonkost verschreibt.

Auch Genderrollen sind ein Thema. Die Ärzteschaft ist mehr und mehr kulturell durchmischt, und natürlich gibt es männliche und weibliche Mediziner. Es kommt vor, dass männliche Fachärzte mit Migrationshintergrund aus einer sehr traditionellen Geschlechterrolle heraus handeln und sich gegenüber Ärztinnen nicht korrekt

verhalten. Eine Chirurgin aus einem Krankenhaus in Niederöster-
reich erzählte:

> Ich hatte öfters Probleme mit einem der Ärzte in der Notauf-
> nahme. Er kommt aus einem arabischen Land. Das betone ich
> nur, weil er mich in einer Situation als Fachärztin ignoriert
> hatte. Er stellte eine Diagnose, zu der er mich hätte hinzuziehen
> müssen. Es stellte sich dann heraus, dass die Diagnose falsch
> war, und ich wurde drei Stunden später für einen Noteingriff
> gerufen. Er wollte es allein durchziehen. Ich habe mich damals
> wirklich sehr geärgert, vor allem weil es auf dem Rücken des
> Patienten ausgetragen wurde. Aber ein sexistisches Verhalten
> hat bei uns keinen Platz mehr!

Der interkulturelle Ärztealltag ist eine große Herausforderung,
weil im Umgang mit Patienten und Patientinnen viele Bereiche
hinzukommen, die nicht mit dem jeweiligen Fachgebiet der Ärzte
zu tun haben. Interkulturelle Kompetenz bedeutet in diesem Zusammenhang, den soziokulturellen Hintergrund sowie die Biografie der Patienten mit einzubeziehen und ernstzunehmen. Die bestehenden Strukturen in Krankenhäusern sind bislang jedoch
wenig geeignet, um auf kulturell unterschiedliche Bedürfnisse
einzugehen. Es mangelt an Raum, Zeit, Sprachkenntnissen bzw.
Dolmetschern und an Kulturwissen. Alle Beteiligten sind mit
Strukturen und Auffassungen konfrontiert, die eine interkulturelle
Praxis vonseiten der Ärzte erschweren.

TRANSKULTURELLE ASPEKTE PSYCHISCHER GESUNDHEIT

ZUR GESUNDHEIT GEHÖRT AUCH das psychische Wohlergehen. Migranten leben zwischen den Kulturen und werden damit oft nicht fertig. Es gibt unterschiedliche Bewältigungsstrategien im Umgang mit der neuen kulturellen Umgebung, und bei vielen Migranten verläuft der Anpassungsprozess positiv und unauffällig. Andere halten sehr an ihrer Ursprungskultur fest und organisieren ihr privates wie berufliches Leben im Umfeld der jeweiligen kulturspezifischen Gemeinschaft so, als wären sie noch im Heimatland. Das heißt, bei ihnen findet nur sehr wenig Anpassung statt. Das äußert sich zum Beispiel darin, dass in diesen Migrantengruppen viele die Sprache des Aufnahmelandes nur in Ansätzen sprechen. Auch bei der Kindererziehung halten sie eher an der traditionellen Form fest, indem sie die Werte der Herkunftskultur vermitteln, ohne die Werte im Aufnahmeland zur Kenntnis zu nehmen.

Die Kinder der ersten und zweiten Migrantengeneration wachsen im Aufnahmeland auf und stehen zwischen zwei Kulturen – der des Landes, aus dem ihre Eltern stammen, und der des Aufnahmelandes.

Einige dieser Kinder wurden erst nach mehreren Jahren von ihren Eltern in die Migration nachgeholt. Sie wurden in der frühen Kindheit von Großeltern oder Onkeln und Tanten erzogen und kamen dann unvorbereitet ins Migrationsland ihrer Eltern – die ihnen in der Zwischenzeit fremd geworden waren. Das kann zu starken Spannungen führen, die diese junge Menschen psychisch sehr belasten können. Dazu erzählte Elif, ein Mädchen kurdisch-türkischer Herkunft:

Die Reise in die Schweiz war für mich das Ende meiner Kindheit. Ich habe nicht gewusst, dass ich Eltern in der Schweiz habe. Ich bin in der Türkei geboren und habe die ersten fünf Jahre dort verbracht. Eines Tages haben sie mich zum Bus gebracht. Alle standen um mich und weinten. Mein Onkel hat mich dann zum Flughafen gebracht, und mit zwei, drei Leuten aus meinem Dorf bin ich dann in die Schweiz geflogen. Plötzlich war ich in einer anderen Welt. So viele Autos und Häuser, alles so modern. Es war ein Schock. Als ich ankam, umarmte mich ein Mann. Das war mein Vater. Und zu Hause umarmte mich eine Frau, das war meine Mutter. [110]

Im Zusammenhang mit der psychischen Gesundheit sind zentrale Fragen einzubeziehen, die vor allem den soziokulturellen Hintergrund von Migranten betreffen. Welche Einstellungen und Wertevorstellungen stehen im Vordergrund? Wie sehen die Familienstrukturen aus und welche Rolle haben die einzelnen Familienmitglieder? In welcher Weise hat sich die Migration auf die psychische Verfassung der Betroffenen ausgewirkt? Wie verlief der Anpassungsprozess? Wie verläuft die Identitätsbildung bei jungen Menschen?

Anpassungsprozess

WIE BEI JEDER LÄNGEREN ENTSENDUNG ins Ausland oder bei Migration und Immigration beginnt ein Prozess der kulturellen Anpassung, der *Akkulturationsprozess*. Dabei müssen Anpassungsleistungen erbracht werden. Zum Beispiel muss man sich an ein Klima gewöhnen, aber auch an Regeln des Alltagslebens und Umgangsformen, ohne die ein Alltags- oder Berufsleben nicht zu bewältigen ist. Dazu kommt eine neue Sprache, die der Neuankömmling erlernen muss, um kommunizieren zu können. Es kann aber auch zu einem Kulturschock kommen, der sich im Verhalten ausdrückt. Das bedeutet, ein anfänglicher Enthusiasmus beim Neubeginn kann unter Umständen zur depressiven Verstimmung führen, wenn die Anpassung nicht so störungsfrei verläuft wie erwartet. Erklären kann man diesen Zustand dadurch, dass Veränderungen in den wichtigsten Lebensbereichen wie Lebens- und Wohnort, Familie und Beziehungen, Arbeitsplatz und Klima bewältigt werden müssen.

Expatriates oder Migranten müssen sich in diesen vier zentralen Lebensbereichen neu orientieren: Der neue Wohnort und die neue Umgebung sind unbekannt, man muss neue Beziehungen knüpfen, man arbeitet an einem neuen Arbeitsplatz und ist damit neuen Herausforderungen ausgesetzt und man lebt oft auch in einem ganz anderen Klima, an das man sich erst gewöhnen muss. Um diese beschwerlichen Veränderungen zu meistern, brauchen Zuwanderer gute Bewältigungsstrategien. Wenn die Anpassung schwerfällt, können in manchen Fällen als Zeichen für überhöhten oder unbewältigten Stress psychosomatische Symptome entstehen.[111]

Für alle, die mit psychisch belasteten oder erkrankten Menschen mit Migrationshintergrund zu tun haben, ist es wichtig, über Kenntnisse zum soziokulturellen Hintergrund der Betroffenen zu verfügen, um Symptome richtig einordnen zu können. Die Migrationspsychiatrie setzt sich mit dieser Thematik intensiv auseinander.

Wer bin ich? Identitätsfindung bei bikulturellen Jugendlichen

DIE FOLGENDEN BEISPIELE zeigen vor allem die Zerrissenheit junger Menschen auf, wie sie im Migrationskontext zu finden ist. Viele junge Menschen mit Migrationshintergrund stehen zwischen den Kulturen und damit zwischen unterschiedlichen Wertehaltungen. Die Sozialisationsprozesse verlaufen in mindestens zwei Wertekontexten, die sich oft diametral gegenüberstehen.

Gerade Jugendliche leiden unter dem Verlust von Zugehörigkeit und Verbindlichkeit durch ihre eigene Migration oder die der Eltern. Sie stehen irgendwo zwischen Herkunftskultur und Kultur des Aufnahmelandes und sind oft Loyalitätskonflikten ausgesetzt, die sie überfordern.

Dazu erzählte Zvonimir aus Kroatien, der in der Schweiz lebt:

Ich fühle mich eigentlich nirgends richtig zu Hause, nicht in Kroatien und nicht hier. Hier ist mein Alltag, hier sind meine Kollegen und meine Ausbildung, meine Familie natürlich. Aber auch in Kroatien habe ich Familie, zu der ich gehöre. Und dort sprechen alle meine Muttersprache, ich kenne die Landschaft sehr gut, die Umgebung, das Meer. Wenn ich von Kroatien weggehe, zurück in die Schweiz, fällt mir das auch jedes Mal schwer. Das finde ich manchmal kompliziert, diese verschiedenen Gefühle an den verschiedenen Orten.[112]

Viele Jugendliche entwickeln ein klares Bild ihrer Situation in diesen Zwischenwelten oder unterschiedlichen kulturellen Kontexten. Sinae aus Südkorea, die ebenfalls in der Schweiz lebt, schildert ihre Erfahrungen:

Ich glaube, das Problem, das sowieso alle Secondos haben, ist, dass man nirgends richtig zu Hause ist. Vor allem als ich jünger war, kam es mir vor, als lebte ich in zwei Welten, und deswegen gab es viele Auseinandersetzungen. Was zu Hause und in der Außenwelt galt, stimmte nicht überein. Das Familienbild nach außen muss für die meisten Koreaner perfekt sein. Sobald ein Familienmitglied keinen Erfolg nachweisen kann, ist die ganze Familie schlecht angesehen. Drum müssen die Kinder immer top sein. Für meine Eltern war es wichtig, dass ich in der Schule gut war, also gab es immer Streit, wenn ich ausgehen wollte.[113]

Die Suche nach Verbindungen zwischen den beiden Welten ist wichtig, so dass eine Chance für eine individuelle Entwicklung besteht. Der Psychotherapeut Andrea Lanfranchi erklärt:

Im Individuationsprozess konstruieren Heranwachsende ihre Identität bzw. ihre Identitäten. Sie fragen sich: Wer bin ich? Was kann ich? Wie möchte ich sein? Wie sehen mich die anderen? Wie sollte ich sein? In diesem Prozess suchen sie nach Modellen, an denen sie sich orientieren können.[114]

Dazu bedarf es auch der Eltern, die für diese Veränderung offen sind und ihrem Kind ein Leben in der neuen Wirklichkeit ermöglichen. Elif, eine Kurdin aus der Türkei, erzählt:

Meine Eltern haben mich ermuntert zu lernen. Sie waren nicht der Meinung, dass ich, weil ich ein Mädchen bin, sowieso bald heiraten würde. Und mein Vater hat meinem Bruder und mir eindringlich geraten: »Macht etwas aus eurem Leben.« Doch bei den schulischen Sachen konnten meine Eltern mir nicht

helfen. Ich habe immer alles selbst machen müssen, während meine Kolleginnen Hilfe von daheim hatten.[115]

Diese Jugendlichen haben durch ihre Position zwischen den Kulturen ein hohes kulturelles Bewusstsein entwickelt. Viele von ihnen leiden jedoch unter Ausgrenzung und Diskriminierung durch ihre Umwelt und schulische Umgebung.

Junge Migranten brauchen Unterstützung

DIE HERAUSFORDERUNG für schulische oder therapeutische Einrichtungen besteht darin, diese Jugendlichen zu unterstützen. Ziel dabei ist es, ihnen durch den Aufbau interkultureller Kompetenz den Umgang mit Widersprüchlichkeiten zu erleichtern, die sich aus ihrer mehrkulturellen Identität ergeben. Entscheidend ist, dass diese jungen Menschen Widerspruchsfähigkeit erlernen – das heißt, ein Gleichgewicht herzustellen zwischen ihrem Bedürfnis, die Traditionen aus ihrer Herkunftskultur zu bewahren, und dem Bedürfnis, sich nach außen zu öffnen und an die außerfamiliäre Welt Anschluss zu finden.

Die Kompetenz, sich in unterschiedlichen Lebenswelten oder kulturellen System hin und her zu bewegen, wird in diesem Kontext immer wichtiger. Dazu ein Beispiel aus der Forschung von Andrea Lanfranchi:

Eine junge Frau aus dem Libanon will weder eine Berufslehre machen noch einer regulären Arbeit nachgehen. Sie verweist energisch auf ihre kulturelle Identität:»Mein Vater muss mich durchtragen, bis ich verheiratet bin!«Trotzdem will sie mehr-

mals pro Woche in die Disco gehen, in dieser Sache dieselben Rechte wie die Schweizer Jugend einfordernd. Dabei prügelt sich die junge Dame sogar mit ihrem Vater, wenn dieser, selbst fürsorgeabhängig, die Mittel, die sie für den nächtlichen Ausgang benötigt, nicht ohne weiteres bereitstellen kann.[116]

Die junge Frau steht zwischen zwei kulturellen Bezugssystemen, die für sie selbstverständlich sind und aus denen sie sich jeweils das Beste herausnimmt. *Code-Switching* wird dieser Vorgang genannt – er bezeichnet den kreativen Wechsel zwischen verschiedenen kulturellen, aber auch sprachlichen Systemen.[117] Die jungen Menschen sind fähig, kulturelle Widersprüchlichkeiten zu ertragen, ohne sie zu verdrängen. Sie können auch eigene Ideen von denen anderer abgrenzen und eigene Werte und Ziele formulieren. Sie lernen, die Initiative zu ergreifen und für das, was sie tun, die Verantwortung zu übernehmen. Der Umgang mit kulturellen Widersprüchlichkeiten erweist sich als eine zentrale Kompetenz und darüber hinaus als integraler Bestandteil interkultureller Kompetenz insgesamt.

Die Identitätsbildung gründet sich bei diesem Prozess auf eine sogenannte Kernidentität, die zwar Bestandteile der Herkunftskultur beinhaltet, aber nicht ausschließlich. In der Migration werden auch Zugehörigkeiten zur Kultur des Aufnahmelandes entwickelt. Es muss eine Art Versöhnungsprozess zwischen den beiden Zugehörigkeiten stattfinden. Bei Jugendlichen kommt dann noch der Ablöseprozess vom Elternhaus hinzu, wodurch der innere Konflikt verstärkt wird. Denn in vielen Ländern der Migranten ist die Bindung zur Familie und die Familienverantwortlichkeit sehr stark, während in Europa Individualität und Autonomie sowie Selbstverantwortung im Vordergrund stehen.[118]

Junge Frauen mit Migrationshintergrund

SEHR OFT WACHSEN JUNGE FRAUEN in der Migration im Umfeld bedingungsloser Familienloyalität und väterlicher Strenge auf, die mit der äußeren Umwelt des Einwanderungslandes unvereinbar erscheinen. Außerdem sind die Unterschiede zwischen dem Rollenverständnis der Frau in der Herkunftsfamilie und in der Aufnahmegesellschaft enorm groß und es kann zu belastenden Spannungen innerhalb der Familie kommen. Andrea Lanfranchi beschreibt das so:

> Sehr oft wirkt die ganze Verwandtschaft, selbst bei großer geografischer Entfernung, als moralische Begleit- und Kontrollinstanz mit dem Ziel, das Mädchen im Jugendalter unter allen Umständen von Risikosituationen (sexuelle Kontakte vor der Ehe) fernzuhalten.[119]

Viele junge Frauen sind dem Konflikt zwischen familiären Ansprüchen und dem Drang, so wie die Schulkameradinnen das eigene Leben selbst in die Hand zu nehmen, nicht gewachsen. Dadurch kann es zu einer schicksalsergebenen Anpassung an die Familie und die vorgegebenen Werte kommen oder auch zu einem Bruch mit der Familie, der aber emotional äußerst schwierig ist. Folgeerscheinungen sind häufig auch Schulabbrüche, Symptombildungen, Suchtverhalten oder sogar Suizid.

In manchen Fällen gelingt es jedoch, einerseits Elemente aus der Tradition der Herkunftskultur zu wahren und andererseits über Bildung und einen liberaleren Erziehungsstil den Mädchen den Weg in die Außenwelt zu ermöglichen. Dies gelingt allerdings nur in Familien, die diese Veränderung mittragen und vorwärtsgewandt sind.[120]

Die zentrale Frage ist, wie diese Veränderungen von schulischen oder therapeutischen Einrichtungen unterstützt und begleitet werden können. Dazu ein weiteres Beispiel von Andrea Lanfranchi:

Die sechzehnjährige Semine ist vor knapp einem Jahr aus der albanisch-mazedonischen Kleinstadt Tetovo in die Schweiz gereist. Ihr Vater lebt seit vielen Jahren in der Schweiz, zunächst als Saisonarbeiter, dann bekam er die ersehnte Jahresaufenthaltsbewilligung mit dem Recht, die Familie nachziehen zu lassen. Die aufgeweckt wirkende, modisch gekleidete junge Frau besucht eine so genannte Integrationsklasse, wo sie sich für den Eintritt in eine Berufslehre vorbereitet. Sie erkrankt (...) und eine psychotherapeutische Diagnose stellt nach zahlreichen Gesprächen folgendes fest: Semine steckt in einem belastenden Spannungsfeld diskrepanter Normen und Werte (...). Der etwas rigid wirkende Vater erzählt während einer Einzelsitzung, dass Semine nicht unbeaufsichtigt das Haus verlassen könne und sie deshalb ihre Mutter oder der ältere Bruder immer von der Schule abholen würden. Diese umfassende Kontrolle soll verhindern, dass Semine ihre »Jungfräulichkeit« verliert und dadurch nicht nur ihre Ehre, sondern die Zukunft der ganzen Familie zerstört würde. Während Schulkolleginnen in die Disco gehen und von den Jungs erzählen, realisiert Semine, dass sie in der Falle sitzt und in ihren Freiheiten weit mehr als im Herkunftsland eingeschränkt wird.[121]

Die Intervention von außen verlief in diesem Fall sehr behutsam und zielte darauf ab, dem Vater zu erklären, dass Semine langsam lernen müsse, in der neuen Umgebung auf sich selbst aufzupassen, denn in einem Land wie der Schweiz sei es unmöglich, eine junge Frau bis zur Heirat total zu kontrollieren. Als Lösung bot sich hier an, dass der Vater ihr schrittweise immer mehr Spielraum gewährt, damit sie lernt, sich selbst zu schützen.[122] Den Schritt zur Veränderung musste letztendlich der Vater machen, jedoch im Rahmen der Wertschätzung seiner eigenen Wertvorstellungen.

Herausforderungen für Therapeuten, Psychiater und Ärzte

DIESES BEISPIEL ZEIGT, wie wichtig es ist, über die komplexen kulturellen und sozialen Einwirkungen von außen auf junge Patienten Bescheid zu wissen. Nur dann kann eine einfühlsame und kultursensible Behandlung greifen, und die Einstellungen der Betroffenen, wie am Beispiel dieses Vaters, können sich ändern. Das ist ein langer Weg, aber ohne den Umweg über transkulturelle Kompetenz der Behandelnden führt er nicht zum Ziel.

Dazu meint eine Fachärztin für Psychiatrie und Psychotherapie:

> Eine Migration ist per se weder krankmachend noch krankheitsauslösend. Je nach Umständen der Migration können besondere psychische Belastungen entstehen. Transkulturell kompetenter Umgang fördert einerseits die Versorgung der Patienten mit Migrationshintergrund und verringert andererseits unnötige Gesundheitskosten bei der Versorgung.[123]

Für Behandelnde im Kontext der transkulturellen Psychiatrie und Psychotherapie stellen sich Fragen wie: Inwieweit ist die Migration in einem konkreten Fall Anlass für eine Erkrankung? Ist jedes

Symptom eines Menschen, der immigriert, ein Hinweis auf die Migration?[124] Voreilige Kulturzuordnungen von Symptomen sind ebenso wenig zielführend wie das Ignorieren des soziokulturellen Kontexts, in dem Patienten stehen. Daher ist es wichtig, dass die Behandelnden auch selbst über Migrationshintergrund und fundiertes Kulturwissen und vor allem Sprachkenntnisse verfügen.

In Wien gibt es die Ambulanz für Transkulturelle Psychiatrie an der Medizinischen Universität, die muttersprachliche Beratung und Intervention für Jugendliche anbietet. Hier liegt der Schwerpunkt auf den kulturspezifischen, kulturübergreifenden und individuellen Aspekten bei psychischen Störungen von Menschen mit anderem kulturellen Hintergrund. Die Miteinbeziehung von Religion, Migrationsgründen und Migrationsprozessen erhöht die Zuverlässigkeit bei der Diagnose und die Verbesserung der Behandlungsergebnisse. Und das alles unter Hinzunahme professioneller Dolmetscher, die in engem Kontakt mit den Behandelnden arbeiten.

Transkulturelle Kompetenz ist im Gesundheitsbereich eine wichtige zusätzliche Fähigkeit, um auf die heutige kulturelle Vielfalt unserer Gesellschaft zu antworten.

06 | ZUSAMMENFASSUNG

DER UMGANG MIT KULTURELLER VIELFALT am Arbeitsplatz gestaltet sich in den hier behandelten Branchen durchaus unterschiedlich. In allen Bereichen liegt die größte Herausforderung darin, kulturelle Vielfalt in Unternehmen oder Institution als Normalität anzuerkennen. Damit diese Vielfalt auch abgebildet werden kann, müssen strukturelle Veränderungen herbeigeführt werden.

Kulturelle Vielfalt in Unternehmen

IM UNTERNEHMENSBEREICH wird kulturelle Vielfalt im Rahmen der Internationalisierung zunehmend positiv betrachtet. Internationale Geschäftsbeziehungen sind die wirtschaftliche Grundlage zahlreicher Unternehmen in Österreich, Deutschland und der Schweiz. Die meisten dieser Unternehmen bemühen sich, in ihrer Unternehmensorganisation die nötigen strukturellen Grundlagen zu schaffen, um aus der Ressource »kulturelle Vielfalt« auch tatsächlich einen Nutzen zu ziehen. In diesen Unternehmen wird deshalb der Umgang mit Diversität thematisiert und es geschieht eine Öffnung auf allen Ebenen, allen voran auf der Führungsebene. Dennoch hängt es vom Blickwinkel ab, aus dem kulturelle Vielfalt betrachtet wird. Unter dem Aspekt der Internationalität, in deren Rahmen ein Unternehmen nach außen agiert, fällt die Bilanz positiv aus – das gilt übrigens auch für Bildungseinrichtungen wie Universitäten und Fachhochschulen und sogar für den Medizin-»Tourismus«, der länderübergreifenden Inanspruchnahme von medizinischen Leistungen. In diesem Zusammenhang fällt es nicht schwer, Internationalität und Weltoffenheit zu demonstrieren, da das positive Image nach außen und wirtschaftliche Faktoren dabei eine Rolle spielen.

Interkulturelle Sensibilisierung geschieht durch interkulturelle Trainings und Sprachkurse für die Betroffenen, die international tätig sind, die also in andere Länder entsendet werden oder als Mitglied eines internationalen Teams arbeiten. Interkulturelle Vorbereitung und Weiterbildung für diese Gruppen gehört heute in vielen Unternehmen bereits zum Standard. Dazu erzählte eine Human Ressource Managerin eines großen Technologiekonzerns in Südösterreich:

Unser Unternehmen erweitert sich ständig. Wir haben mittlerweile am Standort Mitarbeiter aus über sechzig Nationen. Wir wollen natürlich, dass sie sich hier wohlfühlen und versuchen alles zu tun, um sie gut zu unterstützen, vor allem in der

Anfangsphase. Interkulturelle Trainings gehören dazu. Sie werden von allen sehr gut aufgenommen.

Die Mitarbeiter empfinden es als Wertschätzung, wenn das Unternehmen diese Art von Unterstützung anbietet. Das positive Gefühl wirkt sich anschließend direkt auf Leistung und Motivation aus. Richtet sich der Blick auf die interne Belegschaft eines Unternehmens, ist es nicht selbstverständlich, dass kulturelle Vielfalt im Unternehmen als Ressource gesehen wird und eine strategische Verankerung erfährt. Häufig wird ein Teilbereich aufgegriffen und dann abgehakt. Dazu bemerkte die Geschäftsführerin eines Beratungsunternehmens in Wien:

Ich glaube nicht, dass dieses Thema in unserer Gesellschaft schon angekommen ist. Nicht alle wissen, was kulturelle Diversität ist – jeder glaubt es zu wissen, aber wenn man dann in die Diskussion geht, versteht jeder etwas anderes darunter. Viele verstehen nur Genderthemen darunter und Quoten ...

Um der Vielfalt in einem Unternehmen gerecht zu werden, müssen alle Diversitätsdimensionen einbezogen werden. Dazu gehören Gender, Alter, Religion, Herkunft, sexuelle Orientierung, psychische und physische Beeinträchtigungen. Vom Gesetzgeber initiierte Anti-Diskriminierungsmaßnahmen sind nur ein erster Schritt. Beim *Diversity Management* geht es darum, dass das Unternehmen zum Abbild der Vielfalt in der Gesellschaft wird. Das bedeutet, niemand wird ausgeschlossen, alle haben einen Platz – das ist Inklusion: anzuerkennen, dass die gesellschaftliche Diversität die Norm ist, die unser soziales Leben bestimmt und sich im Unternehmen widerspiegelt. Aber so weit sind bislang nur wenige Unternehmen.

Die Geschäftsführerin des Beratungsunternehmens führte weiter aus:

Dann beobachte ich, dass Diversity Management oft als eine Art Orchideenfach im Unternehmen behandelt wird. Meistens werden Frauen dazu beauftragt und meistens haben sie nicht viel zu sagen. Es ist wie ein Luxus, den man sich leistet – aber nur an der Oberfläche. Das Thema wird so in eine Ecke gedrängt, wo die Wertschätzung nur mittelmäßig ist. Der Grund liegt darin, dass es um Soft Skills geht, die allgemein zu wenig ernstgenommen werden.

Wenn es um interne Aspekte wie die Sprachenvielfalt im Unternehmen, die gegenseitige Akzeptanz, den Umgang mit Vorurteilen oder um die Auswahlkriterien von Mitarbeitern geht, dann wird sichtbar, welche Maßnahmen wirklich greifen. Richtet der Blick sich darauf, auf welchen Ebenen im Unternehmen Diversität überhaupt vorhanden ist, erkennt man, ob diese kulturelle Vielfalt im Unternehmen auch tatsächlich gelebt wird.

Unternehmen sollten sich folgende Fragen stellen: Wo ist Diversität im Unternehmen vorhanden? Wie schaut die Führungsebene aus? Wie die mittlere Managementebene? Und wie die unteren Ebenen im Unternehmen? Es lässt sich rasch feststellen, wie die Verteilung der Mitarbeiter und Mitarbeiterinnen mit Migrationshintergrund im Unternehmen ist. Die Geschäftsführerin des Beratungsunternehmens ergänzt:

Meine Mitarbeiterinnen und Mitarbeiter kommen aus sehr vielen unterschiedlichen Ländern, und angesichts der Vielfalt und obwohl man meinen könnte, jeder von ihnen hätte schon einmal die Erfahrung des Ausgegrenztwerdens gemacht, könnte man annehmen, dass mehr Verständnis für diese Vielfalt vorhanden sein sollte.

Dort, wo der Vielfalt Raum gegeben wird, spürt und sieht man es.

In Unternehmen, in denen Diversität strategisch verankert ist und Vielfalt gelebt wird, kann man das an der innenarchitektonischen Arbeitsplatzgestaltung erkennen, an der Sprachenvielfalt im Unternehmen, sichtbar abgebildet durch mehrsprachig verfasste Informationen, und natürlich an den Mitarbeitenden, die die Vielfalt der Gesellschaft im Sinne von Gender, ethnischer Herkunft, Alter, Beeinträchtigungen usw. abbilden. Darüber hinaus spiegelt sich gelebte kulturelle Vielfalt in flexiblen Arbeitszeiten und -orten wider, die den unterschiedlichen Bedürfnissen in verschiedenen Lebensphasen entgegenkommen.

Damit die Vielfalt in Unternehmen wirklich genutzt werden kann, bedarf es auch geeigneter Instrumente und Angebote, um die eigenen Kompetenzen zu erweitern. Ausgangspunkt sollte immer die Führungsebene sein, die sich eindeutig dazu verpflichtet, das Thema auf allen Unternehmensebenen zu etablieren. Eine Führungskraft in einem großen Transportunternehmen in Wien erzählte mir, wie wichtig das interkulturelle Coaching war:

Ja, ich sehe mich als Role Model. Das Thema hat in meinem Umfeld Schule gemacht. Als Erster hat mein Kollege aus der Produktion einen großen Workshop mit Ihnen gemacht. Der kam sehr gut an. Mittlerweile möchten andere Führungskräfte auch so ein interkulturelles Coaching machen. Darüber hinaus ist das Thema nun strategisch klar positioniert und Teil der Mitarbeiterweiterbildung, aber auch einer der vier Aspekte bei der Führungskräfteentwicklung.

Nur die klare strategische Positionierung des Themas führt zur allgemeinen Akzeptanz. Die Entwicklung, da sind sich alle Befragten einig, geht jedoch nur in kleinen Schritten. Führungskräfte sind dabei eine Schnittstelle. Sie müssen selbst interkulturelle Kompetenzen und ein Bewusstsein für die Vielfalt entwickeln, um sensibel für jene »blinden Flecken« zu sein, deretwegen es immer wieder zu Fehlern und Ausgrenzungen kommt.

Kulturelle Vielfalt im Bildungsbereich

BETRACHTEN WIR DEN BILDUNGSBEREICH im Kontext kultureller Diversität, zeigt sich ein anderes Bild. Auch hier lässt sich zunächst feststellen, dass kulturelle Vielfalt in Form von Internationalität positiv besetzt ist. Universitäten und Fachhochschulen öffnen sich im Zuge des Internationalisierungsauftrags. Das Angebot an englischsprachigen Lehrveranstaltungen oder Lehrgängen ist heute bereits sehr umfangreich und attraktiv für Studierende aus anderen Ländern. Auch so genannte bilinguale Schulen, in denen die Unterrichtsfächer auf deutsch und englisch unterrichtet werden, sehen Vielfalt positiv und leben sie im Schulalltag. Diese Schulen sind für jene Eltern attraktiv, die ihren Kindern eine zweisprachige Ausbildung (englisch-deutsch) ermöglichen möchten. In diesen Bildungsinstitutionen richtet sich die Orientierung nach außen.

Im Pflichtschulbereich, in dem Deutsch als Unterrichtssprache gilt, wird die Vielfalt bei der Schülerschaft jedoch häufig als Belastung für das System angesehen. Dort fällt die Bilanz ernüchternd aus. Viele Jahre lang wurde die demografische Veränderung unserer Gesellschaft, die sich natürlich auch in einer kulturell vielfältigen Schülerschaft niederschlägt, ignoriert, so dass wir heute zahlreichen komplexen Problemen gegenüberstehen und Versäumnisse eingestehen müssen.

Die Strukturen der meisten Bildungseinrichtungen im Pflichtschulbereich sind auf monokulturelle und monosprachliche Schülerinnen und Schüler ausgerichtet. Es gibt nur wenige Angebote, die auf die kulturelle Vielfalt der Schüler antworten. Viele Ressourcen, die Unternehmen als Bereicherung und Nutzenfaktor betrachten, werden in der Schule nicht genutzt. Dazu gehören Zwei- oder Mehrsprachigkeit, Bikulturalität und Kulturwissen. Könnten diese Bereiche im Unterricht einen Niederschlag finden, fände eine kulturelle Sensibilisierung statt, die sich sowohl für die Lehrenden als auch für die Schülerinnen und Schüler positiv auswirken würde. Gelebte Inklusion könnte so stattfinden – ein Ziel, das in vielen Unternehmen strategisch angestrebt wird.

Beispiele interkultureller Situationen aus dem Bildungsbereich zeigen vor allem Vorurteile, mangelndes kulturelles Bewusstsein und mangelnde interkulturelle Sensibilität, wenig bis kaum interkulturelle Kompetenz, aber auch wenig Wissen um Mehrsprachigkeit und über den Umgang mit kultureller Heterogenität in der Institution Schule. Auch hier sind wieder die Führungskräfte gefragt. Wie in einigen Beispielen deutlich wurde, bemühen sich vereinzelt Direktorinnen und Direktoren auf Grund ihrer persönlichen Initiative, ihre Schule inklusiv zu führen. Auch zahlreiche Lehrende, die in dieser Funktion eine Führungsrolle einnehmen, investieren privat in Weiterbildungen, um sich das nötige Wissen anzueignen, um den Schulalltag in seiner kulturellen Komplexität zu bewältigen.

Insgesamt steht jedoch eine interkulturelle Öffnung an den Schulen noch aus. Das Konzept »Managing Diversity« ist noch nicht in den Organisationsstrukturen verankert – vielleicht, weil man sich erst intensiv mit den Vorteilen von Migration und Einwanderung auseinandersetzen und von einem Defizitdenken wegkommen muss, das durch eine ethnozentristische Haltung gefördert wird.

Der Umgang mit kultureller Heterogenität gelingt nur, wenn wir der Vielfalt Raum geben und interkulturelles Lernen stattfinden kann. Interkulturelles Lernen ist das grundlegende Konzept, wenn es darum geht, ethnozentrisches Denken und Handeln zu bekämpfen und stattdessen die Gleichwertigkeit von Kulturen zu betonen. Kulturen unterscheiden sich voneinander, lassen sich aber nicht als »besser« oder »schlechter« bewerten. Interkulturelles Lernen stellt die Weichen dafür, dass wir einander verstehen und mehr voneinander wissen wollen. Es geht vor allem darum, respektvoll miteinander umzugehen. Interkulturelles Lernen bricht festgefahrene Wahrnehmungsmuster auf, erhöht die Akzeptanz für kulturelle Unterschiede und ebnet den Weg für gegenseitige Wertschätzung und, darauf aufbauend, für gelebte Inklusion an der Schule. Es ist das Ergebnis eines komplexen Lernprozesses und einer tief greifenden Bewusstseinsbildung, durch die schließlich Aus- und Abgrenzungen abgebaut werden und die hierarchische Struktur von Dominanz- und Minderheitskulturen aufgehoben wird.

Denn ein Blick auf die kulturelle Vielfalt im Bildungsbereich bringt noch einen anderen wichtigen Aspekt ans Tageslicht: Machtstrukturen, die die kulturelle Dominanz der Mehrheitsgesellschaft widerspiegeln. Integration wird dann so verstanden, dass die anderen, also die Zuwanderer und die Migrationsgesellschaft sich an die herrschende Kultur anpassen sollen. Das ist Ausdruck einer ethnozentrischen Haltung.

Diversität als strategisches Konzept gibt jedoch jeden Anspruch an ein Machtmonopol auf. Auch vonseiten der Mehrheitsgesellschaft. Im Gegenteil: Das hierarchische Gefälle zwischen Mehrheitsgesellschaft und Migrationsgesellschaft muss aufgehoben werden, um der interkulturellen Öffnung und dem Polyzentrismus Platz zu machen. Erst dann werden wir kulturelle Heterogenität und Diversität in einer Gesellschaft irgendwann als Normalität betrachten.

In der Praxis bedeutet dies, dass wir an der Auseinandersetzung mit anderen Kulturen nicht herumkommen. Es bedeutet, dass wir der Sprachenvielfalt und Mehrsprachigkeit im Klassenzimmer Raum geben, Kulturwissen aufbauen und mit Lehrerteams in der Klasse arbeiten, dass wir Kinder in ihrer Bikulturalität unterstützen und ihnen vermitteln, dass sie so wertgeschätzt werden, wie sie sind. Es bedeutet auch, das wir uns Eltern offen zuwenden, für die Schule einen ganz anderen Stellenwert hat, und uns Strategien überlegen, wie diese Eltern mehr in schulische Belange miteinbezogen werden können. Gleichzeitig bedarf es umfassender Schulungen für Lehrpersonen, um interkulturelle Kompetenz und Kulturwissen aufzubauen, damit sie sowohl auf die Schüler und Schülerinnen als auch auf deren Eltern kultursensibel zugehen können.

Kulturelle Vielfalt im Gesundheitsbereich

IM GESUNDHEITSBEREICH bietet sich in Bezug auf die kulturelle Vielfalt ein komplexes Bild. Auch hier erfolgt bei der Beurteilung der kulturellen Vielfalt die Unterscheidung von innen und außen. Bei der Orientierung nach außen stehen die Internationalisierung und eine entsprechende Servicebereitschaft im Vordergrund. Dazu gehören die medizinische Forschung, der Medizin-Tourismus und Privatkliniken.

Der Blick in die Strukturen der Gesundheitseinrichtungen offenbart jedoch eine kulturelle Vielfalt sowohl beim Personal (auf allen Ebenen) als auch bei den Patientinnen und Patienten.

Die Thematik »Transkulturelle Kompetenz und kultursensible Gesundheitsförderung« ist im deutschsprachigen Umfeld bereits Teil von zahlreichen Aus- und Weiterbildungsangeboten für Pflege- und Betreuungsmanagement sowie die Ärzteschaft. Mehr als die Hälfte der Beschäftigten in Gesundheitseinrichtungen sind Migranten, vor allem im niedrig qualifizierten Sektor und in der Betreuung und Pflege. Wir haben gesehen, dass man ansatzweise versucht, die Mitarbeiter interkulturell zu schulen und von vorhandenen Ressourcen wie Sprachkenntnissen und Kulturwissen zu profitieren, weil diese in der Arbeit mit Patienten und Klienten von Vorteil sind. In diesem Rahmen wird Diversity Management im Gesundheitsbereich vereinzelt durchaus betrieben.

Das Thema »Alt werden in der Migration«, wie es in den Interviews deutlich wurde, ist im Pflegebereich besonders wichtig. Migranten der ersten »Gastarbeiter«-Generation aus der Türkei und aus dem ehemaligen Jugoslawien, also aus den heutigen Ländern Serbien, Kroatien, Bosnien-Herzegowina, werden nach und nach pflegebedürftig und suchen die Aufnahme in Seniorenwohnhäusern. Anders als ursprünglich erwartet, gehen nur wenige im Alter in ihr Heimatland zurück. Daher ist man in den Pflege- und Betreuungseinrichtungen gezwungen, sich mit der kulturellen Vielfalt der Klientinnen und Klienten auseinanderzusetzen.

Kulturelle Unterschiede und religiöse Einstellungen müssen gerade in der Pflege berücksichtigt werden. Auch die sogenannten einheimischen Bewohner von Pflegeheimen und Seniorenanlagen müssen in Zukunft Mitbewohner aus vielen unterschiedlichen Ländern akzeptieren.

Wenn es um den kultursensiblen Umgang mit Patienten geht, zeigt sich, dass das kulturelle Bewusstsein bei der Ärzteschaft durchaus vorhanden ist, aber die Organisationsstrukturen der Einrichtungen andere Formen der Behandlung oder Interaktion eigentlich nicht zulassen. Zeitdruck und strenge Sachorientierung erweisen sich als Konstanten, die einen kultursensiblen Zugang zu Patienten verhindern. Zahlreiche interkulturelle Situationen, die in den Fallbeispielen beschrieben werden, bezeugen, wie schwer unterschiedliche kulturelle Wertehaltungen im Gesundheitsbereich miteinander vereinbar sind.

Es liegt auf der Hand, wie dringlich es ist, dass Führungskräfte im Gesundheitsbereich transkulturelle Kompetenz und einen kultursensiblen Zugang zu Patienten entwickeln. Im Gesundheitsbereich hat sich auch der Begriff »transkulturelle Kompetenz« etabliert, der Aspekte interkultureller Kompetenz beinhaltet, aber auch noch andere Bereiche abdeckt. Transkulturelle Kompetenz bezieht mit besonderer Aufmerksamkeit das soziale und kulturelle Umfeld von Patienten mit Migrationshintergrund mit ein und richtet die Behandlungsweisen und Therapien danach aus. Deshalb ist die individuelle Biografie der Behandelten ein wichtiger Faktor für die Diagnose: Migrationshintergrund und damit einhergehende Diskriminierungserfahrungen, Kriegs- und Fluchterfahrungen, Identitätsfindungsprobleme junger Menschen, die in zwei Kulturen leben, widersprüchliche Genderrollen in der Migration, vor allem bei jungen Frauen, und vieles mehr.

Das Zusammenspiel von interkultureller und transkultureller Kompetenz im Gesundheitsbereich bewirkt, dass die so genannten »blinden Flecken« erkannt und reduziert werden können. Daher ist ein wesentlicher Aspekt der Perspektivwechsel, also die Fähigkeit, unterschiedliche Standpunkte und Sichtweisen einzunehmen, um Patienten empathisch und einfühlsam zu begegnen.

Der positive Umgang mit kultureller Vielfalt im Gesundheitswesen läuft meist über Mitarbeiter und Mitarbeiterinnen, die selbst einen Migrationshintergrund haben. Diese Gruppe eignet sich hervorragend als Kulturvermittler. Hier sind vor allem die Ressourcen Sprachen und Kulturwissen relevant. Hier zeigt sich deutlich, wie wichtig strategisch verankertes Diversity Management ist, um einerseits die kulturelle Vielfalt des Personals optimal zu nutzen und andererseits mit Patienten und Klienten wertschätzend und respektvoll umzugehen.

In der Praxis benötigen Gesundheitseinrichtungen also einen Dolmetscher-Pool, eine interkulturell geschulte Ärzteschaft, die auch kulturell divers ist und deren Ressourcen auf Grund ihrer kulturellen Herkunft zum Einsatz kommen, und interkulturell geschultes Pflegepersonal sowie strukturelle Veränderungen, die einen kultursensiblen Umgang mit Patienten und Klienten ermöglichen. Ein Beispiel aus einer Pflegeeinrichtung in Deutschland macht dies deutlich:

Frau Ilknur Naimi, Pflegebereichsleitung Chirurgie im Hospital zum heiligen Geist Frankfurt, ist an der Klinik als Koordinatorin für Migrantinnen und Migranten zuständig. Ihre Aufgabe ist es, auf Grund ihrer Zweisprachigkeit Türkisch-Deutsch und ihrer Fachkenntnis, für die Patienten zu dolmetschen und zwischen Patienten, deren Angehörigen und Ärzten zu vermitteln. Sie führte ein, dass im Kommunikationssystem eine neue Rubrik »unzureichende Deutschkenntnisse« hinzugefügt wurde. Sie kontrolliert täglich die Einträge und fordert bei Bedarf fachkundige Dolmetscher aus dem geschaffenen Pool an Übersetzern an, welcher regelmäßig aktualisiert wird. Sie setzte sich dafür ein, dass im Krankenhaus ein Raum der Stille eingerichtet wurde, in dem Patienten beten, meditieren oder sich zurückziehen können. Auf ihre Anregungen wurden auch die Voraussetzungen für religiöse Waschungen in der Pathologie geschaffen. Im Gespräch erzählte Frau Naimi, dass solche Maßnahmen zwar kleine Schritte sind, in der Summe jedoch Vertrauen von Seiten der Patienten schaffen und sich letztlich auf den Genesungsprozess positiv auswirken können.[125]

Interkulturelle und transkulturelle Kompetenzen erweisen sich einerseits als Zusatzkompetenzen für Führungskräfte im Gesundheitswesen, andererseits können sie nur dann auf der Handlungsebene umgesetzt werden, wenn strukturelle Veränderungen in den Gesundheitseinrichtungen vorgenommen werden. Daher ist gerade in diesem Bereich strategisch verankertes Diversity Management im Sinne von kultursensibler Gesundheitsförderung unentbehrlich.

07 PRAKTISCHE TIPPS FÜR DEN INTERKULTURELLEN ARBEITSALLTAG

IM FOLGENDEN GEBE ICH TIPPS und praktische Anleitungen, die Ihnen helfen sollen, Ihren interkulturellen Arbeitsalltag besser zu bewältigen. Übungen zur Entwicklung eines kulturellen Bewusstseins, zum Abbau von Ethnozentrismus, interkulturelle Kommunikationstechniken und Konfliktlösungsmodelle, praktische Tipps für den Umgang mit der kulturellen Diversität und Mehrsprachigkeit in Teams sowie Tipps für Führungskräfte, um sich gegenüber den Erwartungen von Mitarbeiterinnen oder Mitarbeitern durchzusetzen. Es sind Anregungen, die Sie dabei unterstützen können, interkulturelle Kompetenz zu entwickeln oder zu erweitern.

ENTWICKLUNG EINES KULTURELLEN BEWUSSTSEINS

DIE ENTWICKLUNG EINES KULTURELLEN BEWUSSTSEINS ist die Grundlage, um kulturelle Unterschiede überhaupt wahrzunehmen. Dazu ist es nötig, sich der eigenen Werte bewusst zu werden. Am besten gelingt das in einer neuen kulturellen Umgebung. Im Zuge meiner eigenen Auslandszeit war ich in meinem Arbeitsalltag mit sehr unterschiedlichen Wertehaltungen konfrontiert, durch die mir meine eigenen Werte und Einstellungen besser bewusst wurden.

Als ich in New Delhi lebte, erlebte ich, dass von mir erwartet wurde, viele Aufgaben des Alltags zu delegieren und sehr klare und präzise Anweisungen zu geben. Das war ich von meiner Arbeitsumgebung in Österreich in keiner Weise gewohnt, denn dort sind Dienstleistungen in diesem Umfang unerschwinglich. Ich musste also lernen, meinem Impuls zu widerstehen und mir nicht selbst den Tee oder das Wasser zu holen, sondern unseren Boy namens Rhajee dafür zu rufen. Am Anfang war es mir unangenehm, mich »bedienen« zu lassen. Mir wurde bewusst, wie sehr ich dazu erzogen wurde, alles allein zu machen und von niemandem abhängig zu sein.

ÜBUNG 1

Antworten Sie auf die Fragen
und reflektieren Sie Ihre Antworten.

1. Denken Sie an eine Situation, in der Sie mit ganz anderen Wertehaltungen konfrontiert waren. Können Sie die Gefühle beschreiben, die Sie damals hatten?

2. Lassen Sie in Ihrem Büro die Tür immer offen?

3. Fällt es Ihnen schwer, im Hotel auf das Personal zu warten, das Ihren Koffer in Ihr Zimmer bringt?

4. Wenn Sie Kaffee trinken möchten, rufen Sie dann Ihren Mitarbeiter, um ihm zu sagen, er soll ihn für Sie zubereiten und Ihnen bringen?

5. Wenn Sie zu einem wichtigen Meeting zehn oder 15 Minuten zu spät kommen, ärgern Sie sich dann?

6. Diskutieren Sie bei Entscheidungen für Ihre Abteilung mit Ihren Mitarbeitern und sind Sie sehr interessiert an deren Meinung?

7. Erwarten Sie von Ihren Mitarbeitern und Mitarbeiterinnen, dass sie selbstständig und unabhängig arbeiten?

8. Fällt es Ihnen schwer, mit Ihrer Mitarbeiterin über deren persönliche Probleme zu sprechen? Wäre es Ihnen lieber, sie würde Ihnen nichts davon erzählen?

9. Gehen Sie regelmäßig und gern nach der Arbeit mit Ihrem Team noch auf einen »After-Work-Drink«?

10. Wenn Sie etwas bei Ihren Mitarbeitern stört, sagen Sie es dann geradeheraus, ohne viel darüber nachzudenken? Oder überlegen Sie, wie Sie es sagen?

Die Antworten haben mit Ihren Werten zu tun. Es ist wichtig, sie sich bewusst zu machen, wenn Sie in einem interkulturellen Umfeld arbeiten. Zu wissen, was Ihnen persönlich wichtig ist, ist die Basis dafür, auch die Werte anderer Menschen anzuerkennen.

AUFBAU VON
INTERKULTURELLER SENSIBILITÄT

INTERKULTURELLE SENSIBILITÄT bedeutet kulturelles Bewusstsein, das heißt, Sie nehmen Ihre eigenen und andere Wertehaltungen bewusst wahr. Sie sind fähig, die Werte der anderen zu respektieren, zumindest in einer konkreten Situation.

Als ich in New Delhi lebte und arbeitete, wurde mir klar, wie wichtig es mir ist, dass ich die Tür meines Bürozimmers zumachen konnte, um in Ruhe zu arbeiten, und dass es mich sehr irritierte, wenn Arbeitskolleginnen oder -kollegen oder auch Rhajee, unser Boy, eintraten, ohne anzuklopfen. Ich empfand es als ein gewaltsames Eindringen in meine Privatsphäre. Ich lernte, dass meine Kollegen und auch Rhajee es nicht böse meinten, wenn sie einfach in mein Büro kamen. Niemand klopfte an eine Bürotür, das war nicht üblich. Alle Bürotüren standen immer offen und oft unterhielten sich die Mitarbeiter über die offenen Türen hinweg. Ich lernte mit der Zeit, meine Tür auch offen zu lassen; nur wenn ich ein wichtiges Telefonat hatte oder mich sehr konzentrieren wollte, machte ich sie zu. Einmal sprach ich mit einer Kollegin über dieses Thema. Sie erklärte mir, dass sie als Kind kein eigenes Zimmer hatte, sie im Büro lieber in einem großen gemeinsamen Raum mit den anderen arbeite und es in Indien üblich sei, Freunde einfach zu besuchen, ohne sich vorher anzumelden. Ich stellte ihr jede Menge Fragen, denn ich wollte noch mehr über diese kulturellen Unterschiede herausfinden.

ÜBUNG 2

Beantworten Sie diese Fragen für sich:

1. Was wissen Sie über Ihre Mitarbeiterinnen und Mitarbeiter?

2. Ist es Ihnen wichtig, mehr über Ihre Mitarbeiter zu wissen?

3. Kennen Sie die privaten Umstände Ihrer Mitarbeiter? Sind sie Singles, verheiratet, in einer Beziehung, haben sie Kinder?

4. Wissen Sie, wie Ihre Mitarbeiter das Wochenende verbringen?

5. Was wissen Sie über die Länder, aus denen Ihre Mitarbeiter kommen?

6. Kennen Sie auffällige Gepflogenheiten oder besondere Wertehaltungen Ihrer Mitarbeiter?

7. Gab es schon einmal mit einem Ihrer Mitarbeiter ein größeres Missverständnis oder einen Zwischenfall wegen eines kulturellen Unterschieds?

8. Welche Fragen möchten Sie Ihren Mitarbeitern stellen, um mehr über ihre kulturellen Hintergründe zu erfahren?

Kulturelle Sensibilität bedeutet auch, Interesse für die anderen zu zeigen – für sie persönlich und für die Kultur, aus der sie kommen. Fragen zu stellen, Gemeinsamkeiten zu finden, Unterschiede festzustellen, Wissen übereinander aufzubauen. Damit erweitern Sie Ihre kulturelle Sensibilität und können viele Situationen besser einschätzen.

ABBAU VON
ETHNOZENTRISMUS

ETHNOZENTRISCHES VERHALTEN stellt den eigenen kulturellen Kontext in den Vordergrund und nimmt ihn als Maßstab für Werte und Einstellungen im Allgemeinen. Wenn Ihnen Ihre Privatsphäre sehr wichtig ist, haben Sie möglicherweise wenig Verständnis für Personen, die in Ihr Büro hereinplatzen, ohne anzuklopfen. Auf der persönlichen Ebene ärgern Sie sich dann. Betrachten Sie diese Situation hingegen auf einer kulturellen Ebene, überlegen Sie, warum diese Person nicht anklopft. Sie stellen dieses Verhalten in einen weiteren Kontext und suchen nach Hintergründen für dieses Verhalten. Damit sind Sie nicht mehr persönlich getroffen.

ÜBUNG 3

Denken Sie über folgende Fragen nach:

1. An welchem Ort, in welchem Unternehmen oder Arbeitskontext befinden Sie sich?

2. Aus welchen kulturellen Kontexten kommen die Menschen, mit denen Sie zu tun haben? Woher kommen Ihre Mitarbeiter oder Mitarbeiterinnen?

3. Sind Personen darunter, die bikulturell oder mehrsprachig sind?

4. Was sind die Angewohnheiten dieser Mitarbeiter?

5. Wie passen diese Gewohnheiten zu Ihren Werten und Angewohnheiten?

6. Wo sehen Sie Gemeinsamkeiten und/oder Unterschiede?

7. Stört Sie ein bestimmtes Verhalten bei einem Ihrer Mitarbeiter oder einer Ihrer Mitarbeiterinnen? Warum? Können Sie dieses Verhalten erklären?

8. Wie ist das Zeitmanagement Ihrer Mitarbeiterinnen und Mitarbeiter? Sind sie pünktlich? Geben sie Aufgaben fristgerecht ab?

9. Teilen alle in Ihrem Umfeld oder Team diesen Umgang mit Zeit? Falls nicht, wie gehen Sie damit um? Bringen Sie das im Team zur Sprache?

10. Stehen Ihre Mitarbeiter gern in der Kaffeeküche zusammen, um zu reden? Oder holen sie sich ihren Kaffee oder Tee, um dann gleich wieder zum Arbeitsplatz zurückzukehren?

11. Bleiben Sie gern mit den anderen in der Kaffeeküche eine Weile stehen, um mit ihnen zu reden?

12. Würden Sie sich als toleranten und offenen Menschen beschreiben? Sind Sie schon einmal an die Grenze Ihrer Toleranz gestoßen? In welcher Situation? Wie fühlten Sie sich dabei?

Wenn Sie diese Fragen stellen, relativieren Sie Ihre eigene Haltung und öffnen den Raum für andere Wertehaltungen. Damit verlassen Sie eine ethnozentrische Haltung und akzeptieren mehrere mögliche Handlungsweisen in einer Situation.

PERSPEKTIVWECHSEL

DIE ÄNDERUNG DES BLICKWINKELS öffnet neue Sichtweisen. Diese Fähigkeit ist sehr wichtig, um in der Zusammenarbeit mit Menschen aus unterschiedlichen kulturellen Kontexten die Vielzahl an möglichen Perspektiven zu erfassen. Sie hat sehr viel mit Empathie zu tun. Empathie bedeutet, sich in den anderen hineinversetzen zu können und eine Situation mit den Augen des anderen zu sehen. Dazu muss ich mich sehr bemühen und meinen eigenen Standpunkt verlassen. Das heißt, ich muss auch bereit und offen dafür sein und mich zurücknehmen können.

ÜBUNG 4

Versuchen Sie, folgende Beobachtungen aus der Sicht der beschriebenen Personen zu betrachten. Versetzen Sie sich in sie hinein:

1. Der neue Kollege aus Indien erwartet ganz genaue und detaillierte Anweisungen.

2. Rajiv sagt Ja und meint Nein.

3. Ram bittet Sie schon zum vierten Mal um eine erweiterte Deadline für die Abgabe der Berichte.

4. Der neue Vorgesetzte lädt die ganze Abteilung nächste Woche zu seiner Einweihungsparty zu sich nach Hause ein.

5. Wenn Swen morgens ins Büro geht, schaut er weder links noch rechts und begrüßt niemanden.

6. Die drei neuen Mitarbeiter aus Mumbai nehmen ihr selbst gekochtes Essen ins Büro mit und essen mittags gemeinsam in der Kaffeeküche.

7. Die neue Mitarbeiterin ist am Morgen die Erste im Büro und geht abends als Letzte.

8. Im Team ist ein Mitglied, das sich wenig an den Diskussionen beteiligt, aber durch seine Haltung Interesse und Anteilnahme ausdrückt.

Die Perspektive der anderen einzunehmen, eröffnet andere Sichtweisen. Automatisch beschäftigen Sie sich mit den Hintergründen für die Handlungsweisen. Dadurch erweitern Sie Ihre Akzeptanz für verschiedene Verhaltensoptionen.

INTERKULTURELLE KOMMUNIKATIONSTECHNIKEN

KOMMUNIKATIONSFÄHIGKEIT ist eine zentrale Fähigkeit für uns alle, vor allem als Führungskraft. Das Erkennen unterschiedlicher Kommunikationsstile trägt in einer internationalen Arbeitsumgebung dazu bei, kulturelle Missverständnisse zu vermeiden.

ÜBUNG 5

Beobachten Sie einen Tag lang, in welcher Situation Sie wie mit wem sprechen:

1. Wie beschreiben Sie Ihren Gesprächsstil?

2. Welchen Stil pflegen Sie? Direkt und geradeaus? Oder eher indirekt, vorsichtig?

3. Fassen Sie sich lieber kurz? Oder bringen Sie gern Erklärungen, Hintergründe, erzählen Sie gern Geschichten zur Veranschaulichung?

4. In welchen Situationen wenden Sie welchen Stil an?

5. Wie geben Sie Ihren Mitarbeitern Anweisungen?

6. Welchen Stil wenden Sie an, wenn Sie in einem Mitarbeitergespräch Kritik üben, welchen, wenn Sie Lob ausdrücken?

Die Antworten auf diese Fragen geben Aufschluss darüber, dass wir ständig in unterschiedlichen Situationen andere Stile praktizieren.

AKTIVES ZUHÖREN

ZUM KOMMUNIZIEREN gehört auch das Zuhören. Aktives und ein-fühlsames Zuhören ist eine wichtige Kompetenz im Berufsalltag, vor allem in einem kulturell vielfältigen Berufsalltag. Englisch ist häufig Unternehmenssprache und viele sprechen es als Fremd-sprache. Wenn Sie nicht gut zuhören, kann es deshalb leicht zu Missverständnissen kommen, weil Begriffe anders verwendet werden oder Sie oder andere einen Ausdruck nicht kennen. Aktives Zuhören signalisiert auch Interesse am anderen. Es bedeutet, dass Sie den anderen reden lassen und ihm dabei Ihre ganze Aufmerksamkeit widmen. Währenddessen denken Sie nicht darüber nach, was Sie antworten werden. Sie bekräftigen Ihr Verständnis nicht, indem Sie über Ihre eigenen Erfahrungen oder Erlebnisse zu sprechen beginnen. Sie signalisieren nur, dass Sie aufmerksam sind – mit Kopfnicken, Blickkontakt, einer zuge-wandten Körpersprache, die Aufmerksamkeit signalisiert, und dem Wiederholen von Schlüsselworten. Sie vermeiden es, dem anderen zu sagen, was er tun soll. Sie nehmen lediglich Anteil am Gesagten und an den Gefühlen des anderen. Aufmerksames Zu-hören bedeutet, dass Sie sich ganz zurücknehmen und den anderen im Mittelpunkt lassen.

- »Ich möchte genauer erfahren, worum es in deinem neuen Projekt geht. Es klingt spannend.«
- »Wie war dein Gespräch mit der Chefin? Deine Augen verraten mir, dass du das erreicht hast, was du wolltest. Habe ich Recht?«
- »Erzähl weiter, das interessiert mich.«
- »Komm, setz dich doch und erzähl! Ich habe jetzt Zeit.«

Wer aktiv zuhört, ...

1. ... nimmt sich selbst zurück;
2. ... versucht nicht zu werten;
3. ... gibt keine Ratschläge;
4. ... zeigt offenes Interesse am anderen;
5. ... fragt nach;
6. ... bestätigt den anderen durch nonverbale Signale.

KOMMUNIKATIONSMUSTER

IN JEDER KULTUR WERDEN SPRACHMUSTER verwendet, die nur innerhalb des kulturellen Kontextes verstanden werden. Im interkulturellen Kontext ist es daher wichtig, möglichst viele dieser Muster zu decodieren. Hier einige Beispiele kontextbezogener Ausdrucksweisen, die indirekt eine Verneinung ausdrücken:

1. Ich werde sehen, was sich machen lässt.
2. Das wird schwierig sein.
3. Ich melde mich, wenn ich Näheres weiß.
4. Ja, ich verstehe.
5. Ja, eine gute Idee.
6. Ja, ich denke auch. Ich werde meinen Kollegen fragen.
7. Ja, nein, keine Fragen.
8. Ja. Wenn Sie mit dem Preis um 60 Prozent runtergehen, sind wir dabei.

Auch übertriebene Forderungen oder Schweigen gehören zum Muster höflich ausgedrückter Ablehnung. Diese Muster zu erkennen hilft Ihnen, darauf angemessen zu reagieren und sich im Kommunikationsstil anzupassen. Denn Sie können auch signalisieren, dass Ihr Gesprächspartner vielleicht noch für die Entscheidung Zeit braucht. Sie können ebenfalls unverbindlich antworten und sich höflich zurückziehen.

STYLE SWITCHING

STYLE SWITCHING IST DIE FÄHIGKEIT, sein Kommunikationsverhalten an das seines Gesprächspartners anzupassen. Wenn wir kommunizieren, passen wir uns gewöhnlich im Stil an den anderen an. Das geschieht unbewusst. Im interkulturellen Kontext lernen wir, bewusst zu steuern, wie wir kommunizieren, und verschiedene Stile situativ einzusetzen. Beim Style Switching verfügen Sie über eine Kommunikationskompetenz, mit deren Hilfe Sie den Stil der anderen Person bewusst aufgreifen und anwenden.

> Sie merken, dass Ihr Kunde sehr sachlich und instrumental mit Ihnen kommuniziert. Er beschränkt sich auf Informationen, die er Ihnen knapp und gebündelt weitergibt. Sie selbst tendieren dazu, im Gespräch eher emotional und auf der persönlichen Ebene zu sein. Sie bemühen sich, mit diesem Kunden ebenso auf der sachlichen Ebene zu bleiben und halten sich mit ausführlicheren Kommentaren zurück.
>
> Kunde: »Detaillierte Unterlagen zu den Produkten haben Sie doch, ja?«
> Sie: »Hier sind die Unterlagen zum angefragten Produkt. Es gibt noch Broschüren zu den Produkten X und Y.«
> Kunde: »Danke.«

ÜBUNG 6

Sie erhalten eine E-Mail von einer Kundin aus Tokio:
Geschätzte Frau S., ich darf mich an Sie wenden, da ich von mehreren Personen gehört habe, wie interessant Ihr Artikel

im Journal XXX ist. Ihre Ansichten sind sehr aufschlussreich. Im Frühjahr findet eine Tagung zum Thema statt und wir möchten gern einige Experten einladen. Sie wurden mir von Professor Ch. als ausgewiesene Spezialistin empfohlen. Wir haben noch keinen Key Note Speaker. Vielleicht möchten Sie diese Rolle übernehmen. Wir sind sehr bemüht, die hohe Qualität auch bei den anderen Gästen zu gewährleisten. Sie würden uns einen großen Gefallen tun, wenn Sie sich bereit erklären, bei uns zu sprechen.

Wir freuen uns, wenn Sie unserem Wunsch entgegenkommen würden. Wir werden alles tun, damit Sie bei uns einen angenehmen Aufenthalt haben.

Wie antworten Sie auf diese E-Mail? Versuchen Sie, sich an diesen Stil anzupassen. Beim Ausprobieren von Kommunikationsstilen, die Sie sonst nicht verwenden, erweitern Sie Ihr Spektrum und Ihr Verständnis für den anderen Stil. Sie lernen, die Grundintention unterschiedlicher Stile zu erkennen, und können diese dann in den jeweiligen Situationen bewusst einsetzen.

KULTURELLER DIALOG

DER KULTURELLE DIALOG ist die Fähigkeit, im Rahmen eines Gesprächs kulturelle Unterschiede aufzudecken und eine gemeinsame Vorgehensweise zu entwickeln. Dabei sprechen Sie bewusst kulturelle Unterschiede an, die Sie beobachtet haben. Sie beschreiben und interpretieren sie. Gemeinsam suchen Sie nach einer Vorgehensweise. Ein Beispiel:

»Ich hatte den Eindruck, dass es Ihnen unangenehm war, als ich Sie vor allen anderen gelobt hatte. Aber Sie haben großartige Arbeit geleistet!«

»Danke. Ich hätte es ohne mein Team nicht tun können. Es ist mein Team, dem das Lob gebührt. Nicht ich.«

»Ja, aber Sie leiten Ihr Team. Wissen Sie, bei uns loben wir die Vorgesetzten. Ich denke, es geht darauf zurück, dass wir sehr individualistisch denken. Der, der die Verantwortung hat, erhält eine Auszeichnung. Wenn ich Sie lobe, dann übertragen Sie die positive Energie auf Ihr Team.«

»Aber mein Team braucht das Lob von Ihnen. Wir denken immer als Team. Ich sehe mich nicht getrennt von meinem Team. Wir sind eins. Nur so sind wir stark. Sie müssen die Anerkennung allen geben.«

»Wie kann ich das tun?«

»Wir könnten gemeinsam nach Arbeitsende essen gehen. Bei uns machen wir das immer, wenn etwas gut gelaufen ist. Dann können Sie mit allen vom Team reden.«

»Auf diese Idee wäre ich nie gekommen. Bei uns ist das gar nicht üblich. Die Mitarbeiter möchten am Abend zu Hause sein. Das ist ihnen viel wichtiger.«

»Bei uns ist die Arbeit sehr wichtig. Zu Hause versteht man, dass man manchmal wegen der Arbeit abends nicht zu Hause ist.«

»Gut, dann machen wir das so. Ich danke Ihnen für Ihre Erklärungen. Jetzt ist mir vieles klarer.«

OFFENE FRAGEN

IN UNSEREM KULTURELLEN KONTEXT neigen wir dazu, eher geschlossene Fragen zu stellen, auf die man mit Ja oder Nein antworten kann. In kulturellen Kontexten, in denen ein Nein nicht direkt ausgesprochen werden kann, werden ausweichende Antworten gegeben. Um eine Antwort zu erhalten, mit der man etwas anfangen kann, empfiehlt es sich, offene Fragen zu stellen. Auf offene Fragen kann der andere nicht so leicht mit einer allgemeinen und unverbindlichen Antwort ausweichen.

Offene Fragen sind W-Fragen:
Was, wo, wie, wann, warum, welche?

- **Was haben Sie nicht verstanden?**
- **Wie könnten Sie den Inhalt des eben Gehörten wiedergeben?**
- **Welchen Bereich soll ich nochmals ausführen?**
- **Wann sind Sie mit dem Bericht fertig?**
- **Was fiel Ihnen bei der Präsentation auf?**

Mit offenen Fragen sind Sie selbst gezwungen, präziser in Ihrer Fragestellung zu sein. Ihr Gesprächspartner muss konkret antworten und kann sich nicht hinter einem Ja verbergen, das kein wirkliches Ja ist.

NONVERBALE KOMMUNIKATION
BEWUSST WAHRNEHMEN

DIE WAHRNEHMUNG VON GESTIK und Körperhaltung, aber auch Tonlage und Intonation sind gerade im interkulturellen Bereich sehr wichtig. Wir nehmen diese Aspekte unbewusst wahr. Um sie auf die Bewusstseinsebene zu bringen, müssen wir genau beobachten und aktiv zuhören. Es ist wichtig, die ganze Aufmerksamkeit auf den anderen zu richten. Auch hier geht es darum, sich selbst zurückzunehmen.

ÜBUNG 7

Achten Sie beim nächsten Gespräch auf die nonverbale Kommunikation Ihres Gegenübers:

1. Beobachten Sie, wie Ihr Gesprächspartner etwas sagt.

2. Überlegen Sie, warum er/sie Ihnen gerade diese Geschichte erzählt. Was könnte er/sie damit bezwecken oder ausdrücken?

3. Achten Sie auf die Körperhaltung – was drückt sie aus?

4. Wie ist die Kopfhaltung?

5. Haben Sie während des Gesprächs direkten und intensiven Augenkontakt?

6. Wenn nein, was könnte das bedeuten?

7. Wie ist die Gestik Ihres Gesprächspartners? Lebendig? Ruhig? Untermalt die Gestik das Gesprochene?

8. Empfinden Sie eine Einheit von Gestik, Körperhaltung und dem Gesprochenen? Wenn ja, woran erkennen Sie das? Wenn nein, woran erkennen Sie das?

KONFLIKTLÖSUNG

KONFLIKTE GEHÖREN ZUM BERUFLICHEN ALLTAG. Sie entstehen, weil wir Sachverhalte oder Ereignisse aus unterschiedlichen Perspektiven sehen. Man könnte auch sagen: Jeder von uns sieht die Welt aus seiner eigenen Realität. Sobald wir dazu bereit sind, den Stein des Anstoßes aus der Sicht des anderen zu sehen, sind wir bereit, den Konflikt aufzulösen. Bleiben wir hingegen auf unserem Standpunkt, ohne unseren Blickwinkel zu verändern, bleibt der Konflikt bestehen.

Zur Lösung des Konflikts können entweder beide Konfliktparteien gemeinsam eine neue Sichtweise suchen, oder ich selbst ändere meine Perspektive und versuche, das Problem aus der Sicht des anderen zu sehen. Ich versetze mich in seine Lage und versuche, die Situation mit seinen Augen zu sehen. Damit erweitere ich meinen Handlungsspielraum, weil ich nicht nur meine Handlungsoption sehe, sondern auch seine. Und noch etwas geschieht: Ich trete aus einem Wahrnehmungsmuster heraus, das mich bisher bestimmt hat. Ich nehme neue Aspekte wahr und relativiere dadurch meine alte Sichtweise.

Konflikte sind eine Chance, die unterschiedlichen Realitäten wahrzunehmen, aus denen wir die Welt betrachten. Darin liegt ihre konstruktive Kraft. Sie rufen Veränderung hervor, sobald wir uns für die Sichtweise des anderen öffnen.

Das bedeutet jedoch, dass wir die Sicht des anderen ernstnehmen und gleichwertig neben unserer eigenen Sichtweise gelten lassen. Darin besteht eine Parallele zum interkulturellen Kontext: Wir lassen andere kulturelle Erscheinungsformen als gleichwertig gelten und nehmen dadurch eine polyzentrische Haltung ein.

Die folgende Übung dient dazu, dass Sie versuchen, die Intention der anderen herauszufinden:

Versuchen Sie, die Situation mit den Augen des anderen zu sehen:

1. Sie kommen an einem Montagmorgen gut gelaunt ins Büro und möchten Ihrer Kollegin voll Enthusiasmus vom gelungenen Wochenende berichten. Diese verzieht das Gesicht und wendet sich mit den Worten ab: »Jetzt bloß keine Erfolgsstories! Danach ist mir jetzt wirklich nicht ...« Wie reagieren Sie?

2. Sie werden zu einem Interview für einen Artikel einer Redakteurin gebeten. Als der Artikel erscheint, bemerken Sie, dass Ihr Teil nicht darin enthalten ist. Sie sind sehr enttäuscht, fragen sich aber, worin der Grund liegen mag. Welche Fragen stellen Sie sich?

3. Sie möchten Ihrem Kollegen gern ein Geschenk zu seinem Geburtstag machen, überlegen sich lange, was, und finden schließlich etwas Passendes. Am Tag des Geburtstags legen Sie das Paket zusammen mit einer Karte auf seinen Schreibtisch. Als Ihr Kollege es sieht, reagiert er sehr verlegen, bedankt sich überschwänglich und schiebt das Paket an den Tischrand. Entgegen Ihrer Erwartung öffnet er es nicht in Ihrer Anwesenheit. Was könnte der Grund dafür sein?

4. Sie gehen in die Kaffeeküche und sehen mehrere Ihrer Mitarbeiter in einer Gruppe zusammenstehen. Sie diskutieren lebhaft über ein Thema. Als Sie näherkommen, verstummen sie und die Gruppe löst sich auf. Was könnten Gründe für dieses Verhalten sein?

Konflikte entstehen in Beziehungen in bestimmten Kontexten mit Hilfe bestimmter Sprachmuster. Nehmen wir uns aus dem Kontext heraus, vermeiden wir den Konflikt. Zum Beispiel ist die übliche Logik: Auf Angriff erfolgt Verteidigung. Verzichte ich auf den Angriff, kommt es nicht zur Verteidigung. Damit schaffe ich die Grundlage für eine andere Form des Miteinandersprechens.

UMGANG MIT KULTURELL DIVERSEN TEAMS

KULTURELL DIVERSE TEAMS erfordern Aufmerksamkeit und Empathie im Umgang miteinander. Um sie gut zu führen, muss es – auf mehreren Ebenen – Gelegenheiten geben, bei denen sich jedes Teammitglied unterschiedlich positionieren kann. Wie es gehen kann, erzählte eine Führungskraft:

Ich schaue, dass das Team auf unterschiedlichen Ebenen interagiert. Zunächst schaue ich darauf, dass sich alle gut kennenlernen. Je besser wir uns kennen, desto besser funktioniert die Zusammenarbeit. Zum Beispiel machen wir ein Mal im Jahr eine Outdoor-Aktion, bei der wir alle etwas tun. Dabei geschieht viel. Dann natürlich die jährliche Weihnachtsfeier, bei der viel gegessen und getrunken wird. Das ist wichtig, um eine emotionale Verbindung herzustellen.

Auf Organisationsebene gibt es Meetings, in denen wir an bestimmten Themen arbeiten, bei denen es darum geht, wie wir die Organisation weiterbringen können und was jeder Einzelne dazu beitragen kann. Die kulturelle Diversität ist dabei implizit vorhanden und ein wichtiger Bestandteil.

Kulturelle Vielfalt im Team muss nicht immer eigens betont werden, um ein tragendes und gestalterisches Element zu sein. Überlegen Sie, wie Ihr Team zusammengesetzt ist und ob Raum für alle vorhanden ist – ob wirklich jeder Einzelne seinen Platz hat und Gehör findet.

ÜBUNG 9

Stellen Sie sich folgende Fragen:

1. Beteiligen sich beim wöchentlichen Meeting wirklich alle gleichermaßen? Wer nicht? Was könnte der Grund sein?

2. Wie kann ich bei diesen Personen erreichen, dass sie sich positionieren? In welcher Umgebung könnten sie sich mehr öffnen? In Einzelmeetings? In Kleingruppen? Über schriftliche Kommunikation?

3. Sprache: Wir sprechen im Meeting Englisch. Ist das für alle o.k.? Könnten kleine Arbeitsgruppen, die sich nach den Sprachen organisieren, im Vorfeld zusammenarbeiten, um zu ermöglichen, dass sich alle gleich einbringen können?

4. Zeitlicher Rahmen: Wie ist das Zeitverständnis der einzelnen Teammitglieder? Wäre dazu ein Workshop gut?

5. Interkulturelle Kompetenz: Was wissen wir voneinander in Bezug auf die kulturellen Hintergründe der Einzelnen? Ist das ein Thema, worüber wir einen Workshop machen sollten?

6. Welche Teamaktivitäten wären für uns passend? In welchem Rahmen? Wo? Wann?

AUFTRETEN VON FRAUEN IN FÜHRUNGSPOSITIONEN

FÜHRUNGSKOMPETENZ BEDEUTET, sein Führungsverhalten situativ an die Situation anzupassen. Frauen in Führungspositionen sind zuweilen gefordert, in interkulturellen Situationen autoritär aufzutreten und klare Anweisungen zu geben. Die Fähigkeit, die eigene Autoritätsfunktion durch die gesamte Erscheinung und Kommunikationsweise unmissverständlich auszudrücken, kann man lernen.

Wichtige Aspekte dafür sind:

- aufrechte Körperhaltung;
- fester Stand mit beiden Beinen auf dem Boden;
- gute Beobachtung und Wahrnehmung der Situation;
- klare und eindeutige Sprache;
- Verständnis zeigen, aber die eigene Autoritätsfunktion betonen;
- direkte Anweisungen geben;
- mit Fakten und Daten argumentieren;
- Höflichkeitsrituale (Siezen, Sprachrituale) anwenden.

Sie können dieses Verhalten üben, indem Sie sich vor einen großen Spiegel stellen und einige Situationen (eventuell mit einer anderen Person) mehrmals durchspielen. Dabei finden Sie auch heraus, was Ihnen leichter oder schwerer fällt.

TRANSKULTURELLE KOMPETENZ
FÜR DEN GESUNDHEITSBEREICH ERLERNEN

DER AUFBAU TRANSKULTURELLER KOMPETENZ ist in den Gesundheitsberufen wichtig, um die zusätzlichen Aspekte wie Kriegs- und Fluchterfahrungen, Migrationserlebnisse, Diskriminierungserfahrungen usw., die Menschen mit Migrationshintergrund prägen, wahrzunehmen und in Therapie und Behandlung zu berücksichtigen.

Transkulturelle Kompetenz besteht zunächst in Selbstreflexion und kulturellem Bewusstsein (wie die interkulturelle Kompetenz), wodurch ich mit anderen Werten respektvoll umgehen kann. Ein anderer Bestandteil ist das kulturspezifische Hintergrundwissen in Bezug auf migrationsspezifische Lebenswelten und Lebensbedingungen. Dazu gehören auch der Umgang mit Vorurteilen und Stereotypisierungen, Kenntnisse über Genderrollen in anderen Kulturen und deren Einfluss auf das Leben in der Migration sowie Kenntnisse über kulturspezifische Familienstrukturen und Sozialisierungsformen. Ein dritter Aspekt betrifft Empathie und Anteilnahme. Diese wird ausgedrückt in Neugierde, Offenheit und Aufgeschlossenheit gegenüber der individuellen Biografie der Patienten, um aus dem Verstehen der persönlichen Geschichte heraus die Behandlung abzustimmen.

Der Erwerb dieser Kompetenz erfolgt idealerweise unter professioneller Begleitung in Weiterbildungsangeboten. Dennoch können Übungen zur Selbstreflexion der eigenen Kultur helfen, ein kulturelles Bewusstsein zu entwickeln. Auch Diskussionen über Vorurteile und Stereotypisierungen sind gut geeignet, hier einen Bewusstseinsprozess in Gang zu setzen.

In der Arbeitspraxis mit Personen mit Migrationshintergrund können Sie darauf achten, durch Fragen mehr über die Lebensgeschichten von Patienten zu erfahren. Damit signalisieren Sie auch Beziehungsorientiertheit, die positive Auswirkungen auf die Interaktion haben kann. Eine ausführliche Auseinandersetzung mit den kulturellen Hintergründen und soziokulturellen Aspekten von Migranten ist jedoch zu empfehlen, wenn Sie in diesem Umfeld tätig sind.

SCHLUSSBEMERKUNG

DIESES BUCH WURDE IM VERLAUF EINES JAHRES geschrieben, es ist aber Ergebnis meiner zehn Jahre langen Tätigkeit als interkulturelle Trainerin und Coach und meiner sechzehnjährigen Auslandszeit davor, welche die Ausgangsbasis für meinen Beruf bildet. Erfahrungen, Weiterbildungen, Diskussionen mit Fachkolleginnen und -kollegen, Reisen und kontinuierliche Selbstauseinandersetzung bilden das Rückgrat, zahlreiche Gespräche, die ich mit Fachleuten führte, und Erkenntnisse, die ich aus meinen Seminaren und meiner Lehrtätigkeit erwarb, geben dem Buch die nötige Fülle und Komplexität.

Mein Dank gilt allen Gesprächspartnern, die in diesem Buch ihre Spuren hinterlassen haben. Zahlreiche von ihnen wollten namentlich nicht genannt werden, bei allen möchte ich mich explizit für ihre Bereitschaft an der Mitwirkung an diesem Buch in Form von Interviews bedanken – ohne sie wäre es unvollständig: Amila Crnalic, Heidi Schrodt, Wolfgang Riedl, Maggie Friedl, Silvia Neumann-Ponesch, Michael Nouri, Zheng Ye, Bianca Reiterer, Silvia Scherer.

Mein Dank gilt auch meiner Assistentin Claudia Kappes für ihre Unterstützung bei den Recherchen, meiner Lektorin Dorothee Dziewas für ihre Sorgfalt und ihr Engagement und meiner Verlegerin Mathilde Fischer für ihre unerschütterliche Unterstützung.

ANMERKUNGEN

1 Vgl. Mary Yoko Brannen/Jane E. Salk (2000): »Partnering across Borders«, in: Human Relations Vol. 53, Nr. 4, 451–487.
2 Vgl. Christoph Barmeyer/Eric Davoine (2014): »Interkulturelle Synergie als ›ausgehandelte‹ Interkulturalität«, in: Moosmüller, Alois/Möller-Kiero, Jana (Hg.) (2014): Interkulturalität und kulturelle Diversität, S. 163.
3 Vgl. Alexander Thomas (1996): Psychologie interkulturellen Handelns.
4 Vgl. Alexander Thomas (2006): Die Bedeutung von Vorurteil und Stereotyp im interkulturellen Handeln.
5 Vgl. Martha Maznevski/Joseph DiStefano (2004): Synergies from individual Differences.
6 Vgl. Ursula Brinkmann/Oscar Van Weerdenburg (2014): Intercultural Readiness, S. 136f.
7 Rainer Bauböck, Interview in der Wiener Zeitung, 22. 8. 2014.
8 Vgl. Milton Bennett (1998): Basic Concepts of Intercultural Communication.
9 Brigitte Wiesmeier/Klaudia Jacobs (Hg.) (2014): Paarbeziehungen. Bikulturalität. Globalisierung.
10 Vgl. Edward Said (2009): Orientalismus.
11 Nacherzählt aus: snapshots (2016), BOKU Wien.
12 Vgl. Regine Bendl/Edeltraud Hanappi-Egger/Roswitha Hofmann (Hg.) (2012): Diversität und Diversitätsmanagement.
13 Vgl. Dániel Z. Kádár/Sara Mills (Hg.) (2011): Politeness in East Asia.
14 Vgl. Karin Schreiner (2013): Würde, Respekt, Ehre.
15 Vgl. Paul Connerton, (2008): How Societies Remember; Paul Connerton (2011): The Spirit of Mourning; Pierre Bourdieu (1987): Die feinen Unterschiede.
16 Vgl. Gunther Hirschfelder (2005): Europäische Esskultur.
17 Bryan und Yi Ellis (2011): 101 Geschichten für Ausländer, um Chinesen zu verstehen, S. 61.
18 Vgl. Jeremy Williams (1998): Don't They know it's Friday?
19 Li Jin (2012): Cultural Foundation of Learning, S. 313.
20 Vgl. Karin Schreiner (2013): Würde, Respekt, Ehre, S. 123.
21 Vgl. Sylvia Schroll-Machl (2007): Die Deutschen – wir Deutsche, S. 86.
22 Vgl. Peter Wilk (2005): Rumänische Kulturstandards, Wien.
23 Vgl. August Minke (2012): Conducting Transatlantic Business.

24 Vgl. Ning Huang (2008): Wie Chinesen denken; Patrick Bräuer (2009): Die »Lehre des Scheiterns« in der chinesischen Dialektik.

25 Astrid Frefel, »Angst zwingt Araber in westliche Kleidung«, in: Der Standard 6.7.2016.

26 Vgl. Ingeborg Bachmann (2011): Die Wahrheit ist dem Menschen zumutbar. Essays.

27 Stewart Hamilton/Jinyuang Zhang (2012): Doing Business with China, S. 169.

28 Sylvia Schroll-Machl (2007): Die Deutschen – Wir Deutsche, S. 49.

29 Vgl. Ursula Brinkmann/Oscar Van Weerdenburg (2014): Intercultural Readiness.

30 Vgl. Pierre Bourdieu (1979): Entwurf einer Theorie der Praxis auf der ethnologischen Grundlage der kabylischen Gesellschaft.

31 Peter Wilk (2005): Rumänische Kulturstandards.

32 Vgl. ebd.

33 Sonja Radatz/Elsbeth Balmer/Fritz B. Simon (2007): Interrelationales Konfliktmanagement, S. 14.

34 Vgl. Regina Mahlmann (2011): Führungsstile gezielt einsetzen; Seliger Ruth: Das Dschungelbuch der Führung.

35 Vgl. Hussain Waseem (2009): »Wer wen wann in Indien führt«, in: Connie Voigt (Hg.), Interkulturell Führen: Diversity 2.0 als Wettbewerbsvorteil.

36 Alexandra Ferenczy (2016): Retaining generation Y in medium sized companies, Masterthese, Wien.

37 Vgl. Anne Karin Klein (2008): Entwicklung und Überprüfung eines Kontingenzmodells der kulturbewussten Mitarbeiterführung.

38 Robert Levine (2011): Eine Landkarte der Zeit.

39 ILO, Pressemitteilung 12.1.2015.

40 https://www.destatis.de/Europa/DE/Thema/BevoelkerungSoziales/Arbeitsmarkt/ArbeitsmarktFrauen.html (23.11.2016), und OECD_Beschäftigungsentwicklung_Ländervergleich_Frauen (pdf).

41 OECD Wirtschaftsausblick 2015/1.

42 http://www.business-circle.com.au/en/?p=3281.

43 http://www.mbastudies.com/MBA-in-Womens-Leadership/United-Arab-Emirates/SUD/.

44 https://www.youtube.com/watch?v=yHtHhLKtIrE.

45 http://www.karriere.de/karriere/frauen-in-der-ferne-167556/5/.

46 http://www.karriere.de/karriere/frauen-in-der-ferne-167556/2/.

47 Christiane Funken (2016), Sheconomy. Warum die Zukunft der Arbeitswelt weiblich ist, S. 172.

48 Vgl. Heidi Schrodt (2014): Sehr gut oder Nicht genügend.

49 Elisabeth Furch (2009), Migration und Schulrealität. Eine empirische Untersuchung an Grundschullehrerinnen.

50 Vgl. Heidi Schrodt (2014): Sehr gut oder Nicht genügend.

51 Heidi Schrodt (2014): Sehr gut oder Nicht genügend, S. 160.

52 http://derstandard.at/1369363238209/Mittelschule-und-AHS-in-einem-Haus-Grazer-Schule-erhaelt-Schulpreis.

53 Vgl. dazu Heidi Schrodt (2014): Sehr gut oder Nicht genügend, S. 165.

54 Vgl Stachel, P. (2002): Das Österreichische Bildungssystem zwischen 1749 und 1918. Geschichte der österreichischen Humanwissenschaften, Wien. Online im Internet: URL: http://www.kakanien-revisited.at/beitr/fallstudie/pstachel2.pdf.

55 Walter Lukan, Ljubinka Trgovčevi, Dragan Vukčević (2006): Serbien und Monte-negro: Raum und Bevölkerung. Österreichische Osthefte, Zeitschrift für Mittel-, Ost- und Südeuropaforschung, S. 208.

56 Vgl. Eberhard Helmut, Kaser Karl (1997): Albanien. Stammesleben zwischen Tradition und Moderne.

57 Regine Wieser, Helmut Dornmeyer, Barbara Neubauer, Barbara Rothmüller (2008): Bildungs- und Berufsberatung für Jugendliche mit Migrationshintergrund gegen Ende der Schulpflicht, öibf-Studie, Wien, S. 154.

58 Serap Çileli (2010): Eure Ehre – unser Leid, S. 48.

59 Vgl. Serap Çileli (2010): Eure Ehre – unser Leid.

60 Ebd., S. 59.

61 Vgl. Jin Li (2012): Cultural Foundations of Learning, East and West.

62 Ebd., S. 119.

63 Heidi Schrodt (2014): Sehr gut oder Nicht genügend, S. 166.

64 Vgl. Paul Mecheril, Inci Dirim (2010): Die Sprache(n) der Migrationsgesellschaft, S. 100.

65 Vgl. ebd, S. 105.

66 Heidi Schrodt (2014): Sehr gut oder Nicht genügend, S. 137.

67 Ebd., S. 128.

68 Paul Mecheril, Inci Dirim (2010): Die Sprache(n) der Migrationsgesellschaft, S. 109.

69 Vgl. Hans Reich (2005): »Zweisprachig schreiben lernen«, in: Grundschule Sprache 6/02, S. 38 – 42, und Inci Dirim (2005): »Deutsch lernen auf der Grundlage der Erstsprache Türkisch«, in: Horst Bartnitzky, Angelika Speck-Hamdan: Deutsch als Zweitsprache lernen, Frankfurt 2005.

70 Paul Mecheril, Inci Dirim (2010): Die Sprache(n) der Migrationsgesellschaft, S. 117.

71 Serap Çiceli (2010): Eure Ehre – unser Leid, S. 128.

72 Eva Burkard, Genny Russo (2004): global_kids.ch – Kinder der Immigranten in der Schweiz, S. 82.

73 Heidi Schrodt (2014): Sehr gut oder Nicht genügend, S. 113.

74 Ebd., S. 84.

75 Andrea Lanfranchi (2001): »Migrationskinder«, in: Dagmar Domenig (Hg.), Transkulturelle Kompetenz. Lehrbuch für Pflege-, Gesundheits- und Sozialberufe, S. 380.

76 Vgl. Dagmar Domenig (2007): Transkulturelle Kompetenz, S. 437.

77 Ebd., S. 174.

78 Vgl. Türkan Akkaya-Kalayci (2017): »Transkulturelle Aspekte in der psycho-therapeutischen Behandlung von Klienten mit Migrationshintergrund«, Vortrag bei den Imago-Tagen 2017.

79 Vgl. Dagmar Domenig (2007): Transkulturelle Kompetenz, und: Interview mit J. Zawadynska, https://www.redcross.ch/de/file/12241/download.

80 Vgl. Klara Akinyosoye (2008): »Gesundheit: Kollaps ohne Migranten«, in: Die Presse.com, 12.9.2008.

81 MDK-Forum. Das Magazin der medizinischen Dienste der Krankenversicherung (2012), Heft 2/2012, S. 11f.

82 Gesundheit: Kollaps ohne Migranten, Die Presse, 12. 9. 2008.

83 Vgl. Hürrem Tezcan-Güntekin, Jürgen Beckenkamp, Oliver Razum (2015): Pflege und Pflegeerwartungen in der Einwanderungsgesellschaft.

84 Vgl. Dagmar Domenig (2007): Transkulturelle Kompetenz.
85 Studie zur Gesundheit Erwachsener in Deutschland 2008.
86 Ludwig Boltzmann Institut (2015): Forschungsbericht: Die Gesundheitskompetenz und Migration.
87 Magistratsabteilung 24, Einfluss der Migration auf Leistungserbringung und Inanspruchnahme von Pflege- und Betreuungseinrichtungen in Wien (2016).
88 Vgl. Dagmar Domenig (2007): Transkulturelle Kompetenz, S. 399f.
89 Vgl. Zeynep Elibol (2012): »Eine islamische Sicht auf das Alter. Arbeit mit Biografien«, Vortrag beim Symposium der ARGE NÖ Heime, 17.10.2012.
90 Ebd.
91 Ebd.
92 Ebd.
93 Vgl. Das kultursensible Krankenhaus. Ansätze zur interkulturellen Öffnung, erstellt vom bundesweiten Arbeitskreis Migration und öffentliche Gesundheit, 2013.
94 Hürrem Tezcan-Güntekin, Jürgen Beckenkamp, Oliver Razum (2015): Pflege und Pflegeerwartungen in der Einwanderungsgesellschaft.
95 Krankenpflegerinnen Krankenhaus Brixen (2006): Wenn Migranten zu Patienten werden, S. 28.
96 Vgl. Domenig Dagmar (2007): Transkulturelle Kompetenz, S. 174.
97 Vgl. Katharina Liewald (2012): Diversität in Alters-und Pflegeheimen.
98 Dagmar Domenig (2007): Transkulturelle Kompetenz, S. 231.
99 Das kultursensible Krankenhaus, Ansätze zur interkulturellen Öffnung (2013).
100 Ebd.
101 Vgl. ebd.
102 aerzteblatt.de – 10.4.2016: http://www.aerzteblatt.de/nachrichten/66274.
103 Dagmar Domenig (2007): Transkulturelle Kompetenz, S. 216.
104 Ebd., S. 215.
105 aerzteblatt.de, 10.4.2016.
106 medonline.at, 21.1.2015.
107 Wiener Zeitung, 6.12.2014, »Diagnose: Missverständnis«.
108 Der Standard, 25.1.2011, Andrea Topitz im Gespräch mit Redakteurin Mascha Dabic.
109 medonline.at, 21.1.2015.
110 Eva Burkhard, Genny Russo (2004): Global_Kids, S. 82f.
111 Vgl. Karin Schreiner (2009): Die Psychologie des Kulturschocks.
112 Eva Burkard, Genny Russo (2004): global_kids.ch, S. 77.
113 Ebd., S. 63.
114 Andrea Lanfranchi (2007): »Migrationskinder«, in: Dagmar Domenig (Hg.), Transkulturelle Kompetenz. S. 384.
115 Eva Burkard, Genny Russo (2004), global_kids.ch, S. 84.
116 Andrea Lanfranchi (2007): »Migrationskinder«, in: Dagmar Domenig (Hg.), Transkulturelle Kompetenz, S. 385.
117 Vgl. ebd., S. 386.
118 Ernestine Wohlfahrt/Manfred Zaumseil (2006): Transkulturelle Psychiatrie – Interkulturelle Psychotherapie: Interdisziplinäre Theorie und Praxis, S. 98.
119 Andrea Lanfranchi, »Migrationskinder«, in: Dagmar Domenig (Hg.), Transkulturelle Kompetenz, S. 388.
120 Ebd.

121 Ebd., S. 388f.

122 Ebd.

123 Solmaz Golsabahi-Broclawski, Dachverband der transkulturellen Psychotherapie, Psychiatrie und Psychosomatik, 2008.

124 Solmaz Golsabahi-Broclawski: http://www.lwl.org/psychiatrieverbund-download/ Interkultur/Materialien/Vortrag_Solmaz_Golsabahi.pdf.

125 Das kultursensible Krankenhaus, Ansätze zur interkulturellen Öffnung (2013).

LITERATUR

aerzteblatt.de: 10.4.2016, http://www.aerzteblatt.de/nachrichten/66274

AKINYOSOYE, KLARA (2008): »Gesundheit: Kollaps ohne Migranten«, in: *Die Presse*, 12.9.2008, Wien

AKKAYA-KALAYCI, TÜRKAN (2017): Transkulturelle Aspekte in der psychothera-peutischen Behandlung von Klienten mit Migrationshintergrund. Vortrag bei den Imago-Tagen 2017, Wien

BACHMANN, INGEBORG (2011): *Die Wahrheit ist dem Menschen zumutbar. Essays, Reden, kleinere Schriften*, Piper, München

BARTNITZKY, HORST, ANGELIKA SPECK-HAMDAN (2005): *Deutsch als Zweit-sprache lernen*, Grundschulverband, Frankfurt am Main

BECK, ULRICH (1997): *Was ist Globalisierung? Irrtümer des Globalismus – Antworten auf Globalisierung*, Suhrkamp, Berlin

BECK, ULRICH/BECK-GERNSHEIM, ULLA (Hg.) (2011): *Fernliebe Lebensformen im globalen Zeitalter*, Suhrkamp, Berlin

BENDL, REGINE/HANAPPI-EGGER, EDELTRAUD/HOFMANN, ROSWITHA (Hg.) (2012): *Diversität und Diversitätsmanagement*, facultas, Wien

BENNETT, MILTON (1998): *Basic Concepts of Intercultural Communication. Selected Readings*, Intercultural Press, Boston

BOURDIEU, PIERRE (1979): *Entwurf einer Theorie der Praxis auf der ethnolo-gischen Grundlage der kabylischen Gesellschaft*, Suhrkamp Wissenschaft, Berlin

BOURDIEU, PIERRE (1987): *Die feinen Unterschiede*, Suhrkamp Wissenschaft, Berlin

BRANNEN, MARY YOKO/SALK, JANE E. (2000): »Partnering across Borders. Ne-gotiating Organizational Culture in a German-Japanese Joint Venture«, *Human Relations* Vol. 53 Nr. 4, S. 451–487

BARMEYER, CHRISTOPH/DAVOINE, ERIC (2014): »Interkulturelle Synergie als ›ausgehandelte‹ Interkulturalität«, in: Moosmüller, Alois/Möller-Kiero, Jana (Hg.) (2004): *Interkulturalität und kulturelle Diversität*, Waxmann Verlag, Münster

BRÄUER, PATRICK (2009): *Die »Lehre des Scheiterns« in der chinesischen Dialektik*, VDM Verlag Dr. Müller, Saarbrücken

BRINKMANN, URSULA/VAN WEERDENBURG, OSCAR (2014): *Intercultural Readiness. Four Competences for Working Across Cultures*, palgrave macmillan, Basingstoke

BRÖKELMANN, SUSANNA/FUCHS, CHRISTIN-MELANIE/KAMMHUBER, STEFA/THOMAS, ALEXANDER (2005): *Beruflich in Brasilien. Trainingsprogramm für Manager, Fach- und Führungskräfte*, Vandenhoeck & Ruprecht, Göttingen

BURKARD, EVA/RUSSO, GENNY (2004): *global_kids.ch – Kinder der Immigranten in der Schweiz*, Limmat Verlag, Zürich

ÇILELI, SERAP (2010): *Eure Ehre – unser Leid*, blanvalet, München

CONNERTON, PAUL (2008): *How Societies Remember*, Cambridge University Press, Cambridge

CONNERTON, PAUL (2011): *The Spirit of Mourning*, Cambridge University Press, Cambridge

COULMAS, FLORIAN (2014): *Die Kultur Japans*. Tradition und Moderne, C. H. Beck, München

DIRIM, INCI (2005): *»Deutsch lernen auf der Grundlage der Erstsprache Türkisch«*, in: Bartnitzky, Horst/Speck-Hamdan, Angelika, *Deutsch als Zweitsprache lernen*, Grundschulverband, Frankfurt a. M.

DIRIM, INCI/MECHERIL, PAUL (2010): *»Die Sprache(n) der Migrationsgesellschaft«*, in: Mecheril, Paul/Mar Castro Varela, Maria/Dirim, Inci/Kalpaka, Annita/Melter, Claus, *Migrationspädagogik*, Beltz Verlag, Weinheim

DOMENIG, DAGMAR (Hg.) (2007): *Transkulturelle Kompetenz. Lehrbuch für Pflege-, Gesundheits- und Sozialberufe*, Huber, Bern

DRECHSEL, PAUL/SCHMIDT, BETTINA/GÖLZ, BERNHARD (2000): *Kultur im Zeitalter der Globalisierung. Von Identität zu Differenz*, Verlag für Interkulturelle Kommunikation, Frankfurt a. M.

EBERHARD, HELMUT/KASER, KARL (1997): *Albanien. Stammesleben zwischen Tradition und Moderne*, Böhlau, Wien

ELIBOL ZEYNEP (2012): *»Eine islamische Sicht auf das Alter. Arbeit mit Biografien«*, Vortrag beim Symposium der ARGE NÖ Heime, 17.10.2012: http://www.noeheime.at/fileadmin/bilder/Aktuelles/Symposium2012/Arbeit_mit_Biographien.pdf

FERENCZY, ALEXANDRA (2016): *Retaining generation Y in medium sized companies*. Masterthesis FH bfi, Wien

FREFEL, ASTRID (2016): *»Angst zwingt Araber in westliche Kleidung«*, in: *Der Standard*, 6.7.2016, Wien

FURCH, ELISABETH (2009): *Migration und Schulrealität. Eine empirische Untersuchung an Grundschullehrerinnen*, LIT Verlag, Wien/Berlin/Münster

HAMILTON, STEWART/ZHANG JINYUANG (2012): *Doing Business with China*, palgrave macmillan, Basingstoke

HANNERZ, ULF (1996): *Transnational Connections: Culture, People, Places*, Routledge, London

HIRSCHFELDER, GUNTHER (2005): *Europäische Esskultur*, campus, Frankfurt am Main

HUANG, NING (2008): *Wie Chinesen denken. Denkphilosophie, Welt- und Menschenbilder in China*, Oldenbourg, München

JIN, LI (2012): *Cultural Foundations of Learning, East and West*, Cambridge University Press, Cambridge

KÁDÁR, DÁNIEL Z./MILLS, SARA (Hg.) (2011): *Politeness in East Asia*, Cambridge University Press, Cambridge

KLEIN, ANNE KARIN (2008): *Entwicklung und Überprüfung eines Kontingenz-modells der kulturbewussten Mitarbeiterführung*, Dissertation Universität Bayreuth

KREFF, FERDINAND/KNOLL, EVA-MARIA/GINGRICH, ANDRE (Hg.) (2011): *Lexikon der Globalisierung*, transcript Verlag, Bielefeld

KRANKENPFLEGERINNEN KRANKENHAUS BRIXEN (2006): *Wenn Migrant/innen zu Patient/innen werden. Anregungen und Impulse für den Pflegealltag*, Qualitätsprojekt der Pflegedirektion, Brixen

KULTURSENSIBLE KRANKENHAUS, DAS, *Ansätze zur interkulturellen Öffnung* (2013): erstellt vom bundesweiten Arbeitskreis Migration und öffentliche Gesundheit, Berlin

ANDREA LANFRANCHI (2007): »Migrationskinder«, in: Dagmar Domenig (Hg.), *Transkulturelle Kompetenz. Lehrbuch für Pflege-, Gesundheits- und Sozialberufe*, Huber, Bern

LAUNGANI, PITTU D. (2007): *Understanding Cross-Cultural Psychology*, Sage Publications, Thousand Oaks et al.

LEVINE, ROBERT (2011): *Eine Landkarte der Zeit. Wie Kulturen mit Zeit umgehen*, (16. Aufl.) Piper, München

LIEWALD, KATHARINA (2012): *Diversität in Alters- und Pflegeheimen*. Schweizerisches Rotes Kreuz (Hg.), Wabern

LUDWIG BOLTZMANN INSTITUT (2015): *Forschungsbericht: Die Gesundheitskompetenz und Migration*, Wien

LUKAN, WALTER/TRGOVCEVIC, LJUBINKA/VUKCEVIC, DRAGAN (2006): *Serbien und Montenegro, Raum und Bevölkerung*. Österreichische Osthefte, Zeitschrift für Mittel-, Ost- und Südeuropaforschung 2006, LIT Verlag, Wien/Berlin/Münster

MAHLMANN, REGINA (2011): *Führungsstile gezielt einsetzen. Mitarbeiterorientiert, situativ und authentisch führen*, Beltz Verlag, Weinheim

MAGISTRATSABTEILUNG 24 WIEN (2016): *Einfluss der Migration auf Leistungserbringung und Inanspruchnahme von Pflege- und Betreuungsleistungen in Wien*

MATAR, ZEINA (2014): *Geschäftskultur Arabische Golfstaaten kompakt*, Conbook Medien, Meerbusch

MAZNEVSKI, MARTHA/DISTEFANO, JOSEPH (2004): *Synergies from individual Differences*, Perspectives for Managers 108, März 2004

MDK-FORUM. Das Magazin der medizinischen Dienste der Krankenversicherung (2012): Heft 2

MECHERIL, PAUL u. a. (2010): *Migrationspädagogik*, Beltz Verlag, Weinheim

MINKE, AUGUST G. (2012): *Conducting Transatlantic Business. Basic legal Distinctions in the US and Europe*, August Minke, Eigenverlag

MOOSMÜLLER, ALOIS/MÖLLER-KIERO, JANA (Hg.) (2014): *Interkulturalität und kulturelle Diversität*, Waxmann Verlag, Münster

MORGENSTERN, CHRISTIAN (1989): *Gesammelte Werke*, Piper, München

NYDELL, MARGRET K. (2012): *Understanding Arabs. A Contemporary Guide to Arab Society*, Nicholas Brealey Publishing, London

OECD WIRTSCHAFTSAUSBLICK (2015): 1

RADATZ, SONJA/BALMER, ELSBETH/SIMON, FRITZ B. (2007): *Interrelationales Konfliktmanagement. Konflikte anders betrachtet und anders behandelt*, Verlag Systemisches Management, Wien

REICH, HANS (2002): »Zweisprachig schreiben lernen«, in: *Grundschule Sprachen 6/02*, S. 38 – 42

ROBERT KOCH INSTITUT (2008): *Studie zur Gesundheit Erwachsener in Deutschland*, Berlin

ROBERTSON, ROLAND (Hg.) (2003): Globalization. Critical concepts in Sociology, Vol 1-6., Routledge, London

SAID, EDWARD (2009): *Orientalismus*, S. Fischer, Frankfurt a. M.

SANDBERG, SHERYL (2015): *Lean in. Frauen und der Wille zum Erfolg*, Ullstein, Berlin

SCHREINER, KARIN (2009): *Die Psychologie des Kulturschocks und die Situation der Trailing Spouse*, Verlag für interkulturelle Kommunikation, Frankfurt a. M.

SCHREINER, KARIN (2013): *Würde, Respekt, Ehre.* Werte als Schlüssel zum Verständnis anderer Kulturen, Huber, Bern

SCHRODT, HEIDI (2014): *Sehr gut oder Nicht genügend. Schule und Migration in Österreich*, Molden Verlag, Wien

SCHROLL-MACHL, Sylvia (2007): *Die Deutschen – Wir Deutsche*, Vandenhock & Ruprecht, Göttingen

SELIGER, RUTH (2014): *Das Dschungelbuch der Führung. Ein Navigationssystem für Führungskräfte*, Carl Auer Verlag, Heidelberg

snapshots (2016), Video: https://www.youtube.com/watch?v=NN-lE5J-j_g
BOKU – Universität für Bodenkultur, Wien

STACHEL, PETER (1999): *Das Österreichische Bildungssystem zwischen 1749 und 1918*, in: Acham, Karl (Hg.), *Geschichte der österreichischen Humanwissenschaften*, Bd. 1, Passagen, Wien

STOMPE, THOMAS/RITTER, M. KRISTINA (Hg.) (2014): *Krankheit und Kultur. Einführung in die kulturvergleichende Psychiatrie*, Medizinisch Wissenschaftliche Verlagsgesellschaft, Berlin

TERKESSIDIS, MARK (2010): *Interkultur*, Edition suhrkamp, Berlin

TEZCAN-GÜNTEKIN, HÜRREM/BECKENKAMP, JÜRGEN/RAZUM, OLIVER (2015): *Pflege und Pflegeerwartungen in der Einwanderungsgesellschaft*, Institut für Innovationstransfer, Universität Bielefeld, Sachverständigenrat deutscher Stiftungen für Integration und Migration, Bielefeld

THOMAS, ALEXANDER (1996): *Psychologie interkulturellen Handelns*, Hogrefe Verlag, Göttingen

THOMAS, ALEXANDER (2006): »Die Bedeutung von Vorurteil und Stereotyp im interkulturellen Handeln«, *Interculture Journal* 2006/2, Jena

VOIGT, CONNIE (Hg.) (2009), *Interkulturell Führen: Diversity 2.0 als Wettbewerbsvorteil*, Gabal Verlag, Offenbach

WASEEM, HUSSAIN (2009): »Wer wen wann in Indien führt«, in: Voigt, Connie (Hg.), *Interkulturell Führen: Diversity 2.0 als Wettbewerbsvorteil*, Gabal Verlag, Offenbach

WEIR, TOMMY (2013): *10 Tips for Leading in the Middle East*, CreateSpace Independent Publishing Platform, North Charleston

WIESER, REGINE/DORNMEYER, HELMUT/NEUBAUER, BARBARA/ROTHMÜLLER, BARBARA (2008): *Bildungs- und Berufsberatung für Jugendliche mit Migrationshintergrund gegen Ende der Schulpflicht*, öibf-Studie, Wien

WIESMEIER, BRIGITTE/JACOBS KLAUDIA (Hg.) (2014): *Paarbeziehungen. Bikulturalität. Globalisierung*, LIT Verlag, Wien/Berlin/Münster

WILK, PETER (2005): *Rumänische Kulturstandards*. Masterthese an der Donau Universität, Krems

WILLIAMS, JEREMY (1998): *Don't They know it's Friday? A cross-cultural Guide for Business and Life in the Gulf*, Motivate Publishing, Dubai

WOHLFAHRT, ERNESTINE/ZAUMSEIL, MANFRED (2006): *Transkulturelle Psychiatrie – Interkulturelle Psychotherapie: Interdisziplinäre Theorie und Praxis*, Springer, Heidelberg

YI, ELLIS (2011): *101 Geschichten für Ausländer, um Chinesen zu verstehen*, China Intercontinental Press, Peking

ZAMOJSKI, EVA-KATHARINA (2004): *Hybridität und Identitätsbildung. Die Asymmetrie der Anerkennung von Vermischungsprozessen in westlichen Diskurs der kulturellen Differenz*, Ibidem Verlag, Stuttgart

KARIN SCHREINER

EIN PAAR – ZWEI KULTUREN

SO GELINGT DIE LIEBE IN EINER GLOBALISIERTEN WELT

14 × 22 cm, ca. 222 Seiten
ISBN 978-3-903072-01-5

DANK DER GLOBALISIERUNG sind sie längst keine Seltenheit mehr: bikulturelle Paare. Was macht die Faszination und den Zauber einer solchen Beziehung aus? Was sind die Voraussetzungen, damit sie gelingt? Wenn Partner aus zwei Kulturen kommen, stoßen zwei Wirklichkeiten aufeinander – zwei Lebenswelten mit ihren Traditionen, Prägungen und Werten. Meist erfordert es viel Empathie und Kompromissfähigkeit, um den Alltag gemeinsam zu leben. Wie geht man mit konträren Standpunkten um: etwa wenn es um autoritäre oder liberale Kindererziehung geht oder um den Einfluss der Großfamilie?

Anhand von Interviews mit Betroffenen und vielen konkreten Fallgeschichten erklärt Karin Schreiner die Besonderheiten von bikulturellen Partnerschaften. Sie zeigt Lösungswege bei Konflikten auf und gibt viele Tipps, wie man eine gute Gesprächskultur aufbaut – der Schlüssel für eine gelingende Paarbeziehung.

fischer & gann

Das gesamte Verlagsprogramm finden Sie unter www.fischerundgann.com

KLAUS SEJKORA
HENNING SCHULZE

DIE KUNST DER STARKEN FÜHRUNG

**PERSÖNLICHE POTENZIALE KRAFTVOLL NUTZEN
RESSOURCEN DER MITARBEITER STÄRKEN**

14 × 22 cm, 450 Seiten
ISBN 978-3-903072-22-0

WAS MACHT LETZTENDLICH GUTE FÜHRUNG AUS? Stark zu führen erfordert den bewussten Umgang mit unseren inneren Ressourcen, so die Autoren. Basierend auf dem Konzept der Transaktionsanalyse haben sie ihr eigenes Führungsmodell entwickelt.

Dreh- und Angelpunkte starken, wertschätzenden Führens sind fünf entscheidende Stellschrauben: *Autonomie, Rollenklarheit, Umgang mit Grenzen, Motivation* und *Resilienz*. Wie das Modell im Führungsalltag umgesetzt werden kann, zeigt dieses umfassende Standardwerk.

fischer & gann

Das gesamte Verlagsprogramm finden Sie unter www.fischerundgann.com